Existenzgründung

von
Prof. Dr. Andreas Wien

Oldenbourg Verlag München

Bibliografische Information der Deutschen Nationalbibliothek

Die Deutsche Nationalbibliothek verzeichnet diese Publikation in der Deutschen
Nationalbibliografie; detaillierte bibliografische Daten sind im Internet über
<http://dnb.d-nb.de> abrufbar.

© 2009 Oldenbourg Wissenschaftsverlag GmbH
Rosenheimer Straße 145, D-81671 München
Telefon: (089) 45051-0
oldenbourg.de

Lektorat: Wirtschafts- und Sozialwissenschaften, wiso@oldenbourg.de
Herstellung: Anna Grosser
Coverentwurf: Kochan & Partner, München
Titelbild: www.sxc.de; Bearbeitung: Sarah Voit
Gedruckt auf säure- und chlorfreiem Papier
Gesamtherstellung: MB Verlagsdruck, Schrobenhausen

ISBN 978-3-486-58744-9

Vorwort

„Der Unternehmer sieht Chancen, die andere nicht sehen. Er überwindet die Angst vor dem Neuen". Dieses Zitat von Branco Weiss, eines High-Tech-Unternehmers und schweizerischen Venture Capital Spezialisten, spiegelt auch genau die Ausgangslage eines deutschen Existenzgründers wider (Zitat aus: Bulletin 4/05 der Schweizerischen Akademie der Technischen Wissenschaften). Jungunternehmer haben Visionen und neue Unternehmensideen, deren Umsetzung immer ein Wagnis darstellt. Doch wer im Wirtschaftsleben an seine Ziele glaubt, der hat auch die Möglichkeit sie umzusetzen. Voraussetzung hierfür ist allerdings, dass der Existenzgründer nicht die sich bietenden Chancen ungenutzt verstreichen lässt.

Für viele Existenzgründer bietet bereits der Schritt in die Selbständigkeit eine große Chance. So können Selbständige ihre Arbeitszeit selbst einteilen und ihre Ideen umsetzen, ohne von Weisungen eines Arbeitgebers abhängig zu sein. Doch ist die Existenzgründung auch ein abenteuerlicher und riskanter Weg. Die Statistik von Unternehmensinsolvenzen der letzten Jahre zeigt deutlich, dass es vorwiegend junge Unternehmen sind, die innerhalb weniger Jahre nach ihrer Gründung bereits Insolvenz anmelden müssen. Ziel dieses Buches ist es, den Weg von der Idee über die Unternehmensanmeldung bis hin zu den ersten geschäftlichen Transaktionen darzustellen und dem Existenzgründer somit einen Überblick über die wesentlichen Verfahrensabläufe, wirtschaftlichen Zusammenhänge und rechtlichen Rahmenbedingungen zu geben. Denn es ist wichtig, dass sich die Existenzgründer bereits im Vorfeld der Unternehmensgründung mit den hier beschriebenen Aspekten auseinandersetzen. Nach der Gründung entwickeln Unternehmen nämlich häufig eine solche Eigendynamik, dass ein Umwerfen grundlegender Entscheidungen nur schwer möglich ist und oftmals auch mit finanziellen Verlusten verbunden sein könnte. Der Leser dieses Buches soll in die Lage versetzt werden, unternehmerische Gelegenheiten zu erkennen, richtig einschätzen und nutzen zu können. Das hierzu erforderliche Grundlagenwissen soll ebenso vermittelt werden wie die im Zentrum der Betrachtung stehende Umsetzung der unternehmerischen Pläne.

Dieses Buch richtet sich an Studierende und Dozenten der Wirtschaftswissenschaften an Universitäten, Fachhochschulen und Berufsakademien aber auch an Praktiker, die sich aus Eigeninteresse oder im Beratungsalltag mit Existenzgründung befassen. Erläuterungen und Hinweise sollen bei der Entwicklung eines Gründungskonzeptes und der Abschätzung der Chancen und Risiken helfen. Der Aufbau des Buches folgt den einzelnen Planungsstufen von der Geschäftsidee über Gründungsformalitäten bis hin zur Abwicklung wesentlicher Geschäfte.

Senftenberg im November 2008   Prof. Dr. jur. Andreas Wien

Inhalt

1   Einleitung

Der Wechsel von der Tätigkeit als Angestellter in die Selbständigkeit ist ein großer Schritt und sollte gut vorbereitet und geplant werden. Existenzgründer stehen in der heutigen Zeit vor schnell wechselnden Problemfeldern und sich verändernden Situationen am Markt. Der Vorteil ist sicherlich die große Unabhängigkeit, die einem Existenzgründer zuteil wird. Probleme, mit denen sich ein Existenzgründer gewöhnlich in der Gründungsphase auseinandersetzen muss, sind Finanzierung und Geldbeschaffung sowie eine gut durchdachte Planung der Selbständigkeit. Um eine Existenzgründung erfolgreich durchzuführen, ist es für viele Gründer erforderlich, einen Prozess des Umdenkens einzuleiten. Viele Existenzgründer, die zuvor lange Zeit als Arbeiter oder Angestellte tätig waren, haben eine ganz andere Sichtweise auf ihre berufliche Tätigkeit.

Bei allen Freiheiten und Vorteilen, die die Selbständigkeit mit sich bringt, soll aber nicht außer Acht gelassen werden, dass für den Existenzgründer auch Risiken auftreten können. Damit es nicht bereits in den ersten Jahren zu einem Scheitern des neu gegründeten Unternehmens kommt, sollte sich der Existenzgründer kritisch mit den möglichen Risiken seiner Unternehmung auseinandersetzen und sich des Rückhalts innerhalb der Familie und des Freundeskreises versichern. Bevor er sich in die Selbständigkeit stürzt, sollte sich ein Existenzgründer kritisch fragen, ob er:

- in der Lage ist, sich selbst zu motivieren;
- über genug Selbstdisziplin verfügt, Aufgaben konsequent anzugehen und zu einem Ziel zu führen;
- in der Lage ist, gut zu verhandeln und Geld für eigene Leistungen zu verlangen;
- in der Lage ist, in Zeiten hohen Arbeitseinsatzes den Kontakt zum Freundes- und Familienkreis aufrecht zu halten;
- bereit ist, Geld und Energie in ein Vorhaben zu investieren, obwohl bei Existenzgründungen immer die Gefahr eines Scheiterns bestehen kann.

Nur wenn diese Fragen mit „Ja" beantworten werden können, besteht die Chance, dass die Existenzgründung zur Erfüllung der eigenen Vision und damit einhergehend auch zu einer Verbesserung der eigenen Lebensqualität führen kann.

2   Die Geschäftsidee

Am Anfang von Allem steht die Geschäftsidee. Erst wenn der Existenzgründer eine konkrete Vorstellung davon hat, mit welchem Produkt bzw. mit welcher Dienstleistung er sich selbständig machen möchte, kann er mit der konkreten Planung beginnen. Eine interessante Vision alleine genügt jedoch zumeist nicht. Zunächst ist es erforderlich, die Idee einer kritischen Prüfung zu unterziehen. Das bedeutet, es müssen Überlegungen zur Durchführbarkeit angestellt und die Marktchancen geklärt werden. Hierbei kommt es oftmals dazu, dass die Produktidee verbessert oder verworfen wird.

Schwerpunkt der Betrachtung sollten immer die Kernbereiche „Kundenanalyse und Produktstrategie" bilden. Diese stehen nämlich in einem engen Zusammenhang zur Geschäftsidee. Der Existenzgründer sollte niemals aus den Augen verlieren, auf die Bedürfnisse seiner Kunden zu achten. Leider nehmen heutzutage viele Unternehmen zu Unrecht an, der Kunde würde sich nur für ein Produkt selbst interessieren. Als vermeintlich leicht zu handhabendes Instrument setzen daher sehr viele Unternehmer am Preis des Produktes an, um Kunden für dieses zu begeistern. Dabei übersehen sie oftmals, dass das Produkt selbst nur der Bedürfnisbefriedigung des Kunden dient. Er möchte mit dem Kauf des Produktes vielleicht andere beeindrucken, er möchte Sicherheit, Bequemlichkeit, Zusatznutzen oder einfach nur sein Selbstwertgefühl verbessern. Der Kunde wägt also nicht ab, ob ihm „das Produkt" den Preis den er dafür zu zahlen hat wert ist; er wägt ab, ob ihm „der Nutzen", den ihm das Produkt im Rahmen seiner Bedürfnisbefriedigung bringt, den Preis den das Produkt kostet wert ist. Deshalb sollte ein guter Unternehmer sich nicht nur Gedanken um die Reduktion des Produktpreises machen, sondern sich bereits vor dem Anbieten des Produktes fragen, was es zur Bedürfnisbefriedigung seiner Kunden beitragen kann. Sinnvollerweise sollte es sich nicht nur um einen Aspekt handeln, sondern es sollten mehrere Aspekte gefunden werden. Der Existenzgründer sollte die langfristigen Bedürfnisse seiner potentiellen Kunden hinterfragen, bevor er sich für eine Angebotspalette entscheidet. Ein wesentlicher weiterer Punkt ist die Selbstanalyse. Nachdem der Unternehmer sich gefragt hat, was seine Kunden möchten, sollte er sich fragen, was er selbst anbieten möchte. Viele Existenzgründer verzetteln sich im Rahmen ihrer geschäftlichen Tätigkeit, weil sie aus Furcht vor wirschaftlichem Misserfolg möglicherweise viele unterschiedliche, vielleicht nicht einmal zusammenpassende Produkte oder Dienstleistungen innerhalb eines Unternehmens anbieten möchten. In der Praxis ist oftmals festzustellen, dass dieses nicht funktioniert. Zum einen verzetteln sich die Jungunternehmer oftmals, wenn sie versuchen, mehrere Sachen gleichzeitig aufzubauen; zum anderen wird die Kundschaft dadurch abgeschreckt, wenn ein Unternehmen kein klar strukturiertes Profil aufweist. Ein weiterer Fehler, den Existenzgründer sehr oft machen, ist, dass sie selbst zwar ein klares Bild von ihrem Produkt bzw. ihrer Dienstleistung haben und deshalb automatisch davon ausgehen, auch dem Kunden seien die Vorzüge des Produktes bzw. der Dienstleistung bekannt. Deshalb vergessen sie bei Angeboten oftmals ihr Produkt bzw. ihre Leistung genauer zu spezifizieren. Es macht einen Unterschied, ob ein Bauunternehmen den Kunden mitteilt: „Wir bauen ein schlüsselfertiges Haus" oder ob das Unternehmen darunter die Leistungen genauer spezifiziert und den Text fortsetzt mit: „Im Leistungsumfang sind Bauantrag und Statik ebenso enthalten wie Bauleitung, Bodengutachten, Erdarbeiten ...". Das, was für den Unternehmer aufgrund seiner Produktplanung als selbstverständlich erscheint, muss dem Kunden näher gebracht werden. Erst wenn der Unternehmer seine Produktpalette bzw. Dienstleistungen nachvollziehbar und in getrennte Sparten strukturiert, hat er eine Chance, den Kunden zu erreichen.

Kundenanalyse, Produktstrategie und Geschäftsidee hängen also eng zusammen. Im Endeffekt bedeutet es, dass es drei wesentliche Kriterien gibt, die der Existenzgründer im Rahmen der Vorüberlegungen für seine Planungen und die Produktstrategie berücksichtigen sollte:

- Das Produkt sollte geeignet sein, möglichst mit mehreren Aspekten zur Bedürfnisbefriedigung der Kunden beizutragen.
- Das Angebot des Existenzgründers sollte sich nachweisbar und gesichert am regionalen Markt orientieren.
- Es genügt nicht allein, dass das Produkt dazu geeignet ist, der Bedürfnisbefriedigung des Kunden zu dienen. Der Kunde muss dies auch vermittelt bekommen, selbst entdecken oder empfinden.

Vor diesem Hintergrund sollte auch die Geschäftsidee ersonnen und umgesetzt werden.

2.1   Theoretischer Ansatz

Ein unzufriedener Kunde wird sich zwar möglicherweise nicht mit Beschwerden an das Unternehmen wenden; er wird aber wahrscheinlich anderen potentiellen Kunden seine Erfahrungen schildern. Insofern stellt sich für Unternehmensgründer in besonderem Maße die Frage nach einer optimalen Bedürfnisbefriedigung und der Bindung potentieller Kunden. Viele Existenzgründer gehen motiviert an die Gründung ihres Unternehmens heran; doch müssen sie sich noch viel stärker als bereits bestehende Unternehmen an Kundenwünsche anpassen und eine genaue Kundenanalyse und Produktstrategie entwickeln, um Anfangsschwierigkeiten zu bewältigen und gegen die Konkurrenz bestehen zu können. Sie müssen sich die Fragen stellen:

- Wer ist meine Zielgruppe?
- Welche Bedürfnisse haben meine Kunden?
- Wie kann ich diese Bedürfnisse und Wünsche optimal befriedigen?

Darüber hinaus gibt der Staat einige rechtliche Richtlinien vor, welche es ebenfalls zu beachten gilt. Juristische Konflikte können weitreichende Folgen haben und den Start einer erfolgreichen Unternehmung erschweren oder gar unmöglich machen.

Insofern wird im Folgenden ein Überblick über die Thematik der „Kundenanalyse und Produktstrategie" gegeben. Darüber hinaus soll dargestellt werden, welche Überlegungen sich der Existenzgründer über das zu vermarktende Produkt oder die von ihm dargebotene Dienstleistung machen sollte und welche Strategien er für die Darbietung seines Produktes planen kann.

Die Kundenanalyse sollte man gerade im Rahmen einer Existenzgründung nicht losgelöst von der Produktstrategie betrachten. Denn wenn ein Unternehmensgründer seine Zielgruppe und damit seine Kunden nicht genau kennt, so ist es ihm unmöglich, eine geeignete Strategie zu entwickeln, mit welcher das Produkt erfolgreich vermarktet werden kann. Deshalb gehören neben dem methodischen Vorgehen auch eine genaue Analyse, eine gute Beobachtungsgabe sowie Phantasie zu den grundlegenden Voraussetzungen eines Existenzgründers.

2.2   Das strategische Dreieck als Ausgangspunkt

Viele Existenzgründer fixieren sich von Anfang an zu sehr auf die Vermarktung ihrer Leistungen und damit zu stark auf die funktionellen Aspekte ihres Angebots. Dies ist vor allem dann der Fall, wenn das Unternehmen eher technisch geprägt ist. Oftmals werden Produkte und Dienstleistungen ausgehend von den verfügbaren Ressourcen, also von der Frage „Was können wir anbieten?" festgelegt, ohne dass hierbei genauer die Frage beleuchtet wird, wer die Zielgruppen im Einzelnen sind und was diese von dem Produkt oder der Dienstleistung erwarten. Ebenfalls wichtig sind folgende Überlegungen:

- Welche Entlohnung kann für die angebotene Leistung verlangt werden?
- Wie kann man sich beständig am Markt etablieren?
- Wie kann man es schaffen, von den Kunden als zuverlässiges Unternehmen wahrgenommen zu werden?

Darüber hinaus müssen Aspekte bedacht werden, die nicht in der Hand des Gründers liegen und von äußeren Aspekten beeinflusst werden. Diese Einflüsse liegen beispielsweise in der tatsächlichen Wahrnehmung der Leistung potentieller Abnehmer. Das Marketing, also das „Denken vom Markt her", spielt deshalb im Rahmen der Führung junger Unternehmen eine zentrale Rolle. Der Fokus auf diese Aspekte ist deshalb wichtig, da diese Entscheidungen nicht kurzfristig und nicht spontan veränderbar sondern grundsätzlicher Art sind. Sie legen den Rahmen fest, in dem alle nachgelagerten Entscheidungen, wie z. B. Art und Umfang der Werbemaßnahmen, getroffen werden.

Insbesondere wenn sich ein Unternehmen am Markt neu etablieren möchte, müssen viele verschiedene Faktoren bedacht werden. Es lässt sich in diesem Zusammenhang feststellen, dass der alleinige Fokus auf den Aspekt des Kundennutzens gewöhnlich nicht ausreicht. Die Beziehung zwischen Unternehmen und Kunden ist die Basis für eine erfolgreiche Positionierung am Markt, jedoch wird die Bewertung des eigenen Angebots aus der Sicht des Kunden erst dann aussagekräftig, wenn auch die Konkurrenz in diese Überlegungen eingeschlossen wird. Damit liegen die drei wichtigsten Determinanten jeglicher Strategieentwicklung im

Leistungsangebot des Unternehmens, den Bedürfnissen der Kunden und dem Leistungsangebot der Konkurrenz. Diese drei Determinanten verbinden sich zum so genannten strategischen Dreieck. Aus den Drei Eckpunkten „Kunde", „Konkurrenz" und „eigenes Unternehmen" lassen sich sechs strategische Themenfelder ableiten, auf die sich der Unternehmensgründer konzentrieren sollte. Diese sechs Fragestellungen, welche sich aus dem strategischen
Dreieck ableiten lassen, sind:

• Wer wird mit dem neu gegründeten Unternehmen angesprochen; wer ist die Zielgruppe?
• Wo ist der Kundennutzen für diese Zielgruppe?
• Wie muss die Leistungsgestaltung erfolgen, um die Bedürfnisse der Kunden zu befriedi-
  gen?
• Wo ist die potentielle Konkurrenz des neu gegründeten Unternehmens?
• Welche strategischen Wettbewerbsvorteile werden angestrebt?
• Welche internen Voraussetzungen müssen gegeben sein, um die angestrebte strategische
  Position zu erreichen?

Jedes Themenfeld befasst sich mit eigenen Fragestellungen, über die sich ein Existenzgründer bei der Gründung klar werden sollte, um so auch die Richtung und den Rahmen für spätere Entscheidungen festlegen zu können. Für die Orientierung am Kunden ist die Frage nach
Zielgruppen, Kundennutzen und Leistungsgestaltung besonders wichtig. Ein klarer Kundenfokus ist im Rahmen der strategischen Orientierung erkennbar. Auf diesen Kundenfokus,
welcher zentrale Elemente für die Produktstrategie enthält, wird deshalb nun näher eingegangen.

2.3   Kundenanalyse

2.3.1   Unterschiedliche Kunden innerhalb der Zielgruppe

Die Frage, welche Zielgruppen mit dem angebotenen Produkt bzw. der angebotenen Dienstleistung bedient werden, stellt eine der zentralen Fragen im Existenzgründungsprozess dar.
Jeder Unternehmer sollte diese Zielgruppen im Vorfeld sehr genau definieren, um seine
Strategien, wie beispielsweise Produktstrategie oder Preisstrategie, diesen Zielgruppen anzupassen. Es ist hierbei sehr wichtig, sich diese „Nachfrageseite" bewusst zu machen und die
Konzentration nicht nur auf die Leistung an sich zu richten. Viele Existenzgründer sind sich
dessen nicht bewusst und haben ein zu optimistisches Bild von der Bedarfslage des angestrebten Marktes. Die Nachfrage potentieller Kunden wird hierbei oft überschätzt, weil die
Bedürfnisse der Abnehmer im Vorfeld nicht oder nur unzureichend analysiert werden. Für
den Existenzgründer ist es daher von Bedeutung, sich bereits im Vorfeld bewusst zu machen,
dass Kunden sehr unterschiedliche Bedürfnisse haben. Er muss die unterschiedlichen Kunden mittels verschiedener Segmentierungskriterien identifizieren und daraus seine Zielgruppe ableiten. Kunden haben grundsätzlich sehr unterschiedliche Bedürfnisse. Aus dieser Tatsache heraus entspringt automatisch das Prinzip, dass diese verschiedenen Kunden auch auf
unterschiedliche Art und Weise bedient werden müssen. Dies ist wichtig, um einer undiffe-

renzierten und monolithischen Kundenpflege vorzubeugen. Professionellerweise muss eine angemessene Differenzierung nach unterschiedlichen Kundengruppen erfolgen.

Die Kundenorientierung spielt eine zentrale Rolle, da sich aufgrund von Angebot und Nachfrage die Stellung von Unternehmer und Käufer gewandelt hat. Aufgrund des großen Angebots und der Tatsache, dass der Kunde heute eine sehr große Auswahl hat, ist der Unternehmer noch mehr gezwungen, das Produkt nach den Wünschen, Meinungen und Vorstellungen seines Kundenstammes zu konzipieren. Selbst bei neuen Märkten ist es dem Kunden nach einiger Zeit möglich, unter verschiedenen Anbietern ähnlicher bzw. vergleichbarer Leistungen auszuwählen.

2.3.2   Die Identifikation der verschiedenen Kundensegmente

Bei der Identifikation der verschiedenen Kundensegmente liegt der Fokus auf den soziodemographischen, psychographischen, kaufverhaltensbezogenen und nutzenbezogenen Kriterien. Mit Hilfe dieser vier Arten der Kundensegmentierung möchte der Existenzgründer in sich homogene und untereinander möglichst heterogene Kundensegmente identifizieren.

Soziodemographische Kriterien sind beispielsweise Alter, Geschlecht, Bildung, Größe des Haushaltes, Einkommen bzw. Umsatz der Branche. Die soziodemographischen Kriterien sind zwar recht problemlos zu beobachten, besitzen jedoch wenig Kaufverhaltensrelevanz. Die Einordnung bezüglich der Definition der Zielgruppe ist trotzdem wichtig. Greift man beispielsweise den Faktor „Alter" heraus, dürfte einfach nachvollziehbar sein, dass die Vermarktung an eine jugendliche Zielgruppe ein anderes Konzept erfordert, als die Vermarktung an Personen mittleren Alters oder alte Menschen. Ähnlich sieht es auch mit den anderen Faktoren aus. Am Beispiel „Bildung" lässt sich die Wichtigkeit soziodemographischer Kriterien ebenfalls verdeutlichen. Dieser Faktor ist deshalb von großer Bedeutung, da er Aufschluss über das Käuferverhalten in Sachen „Kritik" gibt. Menschen mit höheren Bildungsabschlüssen haben eine starke Tendenz zu einem höheren Maß an Kritik. Solche Menschen sind schwerer zu überzeugen und es dauert länger, diese Kundengruppen für sich zu gewinnen. Die professionelle Analyse soziodemographischer Kriterien ist meist sehr kostspielig. Die Beauftragung von Marktforschungsinstitutionen ist für Gründer und kleine Unternehmen häufig finanziell nicht zu tragen. Dagegen stehen aber gerade im Rahmen einer Existenzgründung oder für die Verwendung der Daten in einem Businessplan durchaus auch kostenlose Quellen im Internet zur Verfügung.

Die psychologische Kundensegmentierung wird seltener angewandt. Die Segmentierungskriterien, wie Lebensstil, Persönlichkeit, Einstellung, sind aus Unternehmenssicht schwer zu beobachten; sie weisen jedoch eine höhere Käuferverhaltensrelevanz auf. Für die Planung der Existenzgründung und dem damit verbundenen Businessplan ist eine Erwähnung der psychographischen Daten jedoch sehr vorteilhaft, da es den Investoren einen sehr professionellen Eindruck vermittelt und fundierte Marktkenntnisse voraussetzt, die eine erfolgreiche Positionierung am Markt begünstigen.

Darüber hinaus lässt sich das beobachtbare Kaufverhalten untersuchen. Hierbei wird das Kaufverhalten potentieller Kunden beobachtet und daraus auf das zukünftige Verhalten dieser Kunden geschlossen. Der Existenzgründer muss sich jedoch klar darüber sein, dass sich in der Praxis von kaufverhaltensbezogenen Kriterien allein keine Ursachen für Kaufentscheidungen oder gar feststehende Regeln ableiten lassen.

Ein großer Nachteil aller bisher diskutierten Methoden stellt sich in der mangelnden Aussagekraft über die unterschiedlichen Bedürfnisse der Kunden dar. Diese unterschiedlichen Bedürfnisse sind von großer Bedeutung, da Kunden Leistungen grundsätzlich nicht um ihrer selbst willen kaufen, sondern sie tun es, um Bedürfnisse zu befriedigen und sich damit einen Nutzen zu verschaffen. Je höher der Grad der Bedürfnisbefriedigung ist, desto größer ist der vom Kunden empfundene Nutzen. Daher bietet sich eine Benefit- oder Nutzensegmentierung als viel versprechende Möglichkeit an, um hinsichtlich der Nutzenstruktur möglichst homogene Kundensegmente zu identifizieren. Um diese Nutzensegmentierung durchzuführen, gibt es vielfältige Möglichkeiten, wie beispielsweise die Clusteranalyse oder die Conjoint-Analyse. Unter Clusteranalyse (Ballungsanalyse) versteht man ein strukturentdeckendes, multivariates Analyseverfahren zur Ermittlung von Gruppen (Clustern) von Objekten, deren Eigenschaften oder Eigenschaftsausprägungen bestimmte Ähnlichkeiten (bzw. Unähnlichkeiten) aufweisen. Hingegen ist die Conjoint-Analyse eine Methode, die in der Psychologie entwickelt wurde. Der Begriff bezeichnet eine Vorgehensweise zur Messung der Bewertung eines gegebenenfalls fiktiven Gutes. Dazu werden bestimmte Eigenschaften des Gutes (Stimuli) mit bestimmten Bedeutungsgewichten versehen, um daraus ein möglichst allgemein gültiges Gesamt-Präferenzurteil der Verbraucher über das Gut ableiten zu können.

Eine weitere Möglichkeit stellt die Konstantsummenskala dar. Sie bietet dem Unternehmensgründer eine einfache Möglichkeit, eine nutzenorientierte Segmentierung durchzuführen. Dem Kunden werden Leistungsmerkmale vorgegeben, auf die er 100 Punkte verteilen muss. Je wichtiger ein Merkmal ist, desto mehr Punkte erhält es. Auf der Basis dieser Abwägung, welche auch als Trade-Off bezeichnet wird, kann man, durch die ähnliche Punkteverteilung auf der Konstantsummenskala, Kunden mit ähnlicher Nutzenstruktur zu Gruppen zusammenfassen und damit Kundensegmente bilden.

2.4   Produktstrategie

Ausgehend von den eben dargestellten Grundlagen zum Thema „Kundenanalyse" schließt sich nun das Thema „Kundennutzen" und damit auch die Herausforderung an, die geeignete Produktstrategie zur Vermarktung des Produktes zu finden.

2.4.1   Der Begriff „Produktstrategie"

Die Produktstrategie bezeichnet eine Strategie, die auf ein Produkt eines Unternehmens angewendet wird. Sie ist hierbei ein langfristiger Plan, um das Produkt erfolgreich auf dem Markt zu positionieren. Hierbei ist es wichtig, dass die Produktstrategie Elemente aus der Unternehmensstrategie enthält, also quasi eine Untermenge oder Ableitung der Unternehmensstrategie darstellt. Die Produktstrategie stellt in der Regel auch die Voraussetzung einer Marketingstrategie dar. Typische Elemente einer Produktstrategie sind:

- Produktgestaltung,
- Produktvariationen,
- Differenzierung des Produktes,
- Alleinstellungsmerkmale,
- Produktinnovation,
- Lebenszyklus,
- Produktversionen,
- Produktentwicklung,
- Produktion.

Ausgehend von dieser Definition des Begriffs „Produktstrategie" wird im Anschluss nun die Bedeutung der Produktstrategie für den Existenzgründer dargestellt. Schließlich muss dieser sich frühzeitig über den Kundennutzen und sein Leistungsangebot Gedanken machen.

2.4.2 Kundennutzen als Basis der Produktstrategie

Nachdem eben die Wichtigkeit der Kundenanalyse für den Existenzgründer deutlich gemacht wurde, gilt es nun, sich mit dem zu vermarktenden Produkt auseinanderzusetzen. Kunden kaufen Leistungen, weil sie Bedürfnisse befriedigen und sich einen Nutzen verschaffen wollen. Dies steht auch bei technischen Innovationen im Vordergrund. Auch wenn die Innovation vom Entwickler zumeist als herausragend, verglichen mit der Konkurrenz als überlegen empfunden wird, so zählt dennoch nicht die Innovation an sich, sondern einzig und allein der vom Kunden wahrgenommene Nutzen. Dieser bestimmt letztendlich den erzielbaren Preis. Daher ist es kaum verwunderlich, dass auch der Preis ein wesentliches Element der Produktstrategie ist. Wie aber muss ein Produkt konzipiert und präsentiert werden, damit es vom Kunden angenommen wird? Bei der Konzeption eines Produktes muss bereits unterschieden werden, ob es sich um ein Produkt handelt, welches einen Grundnutzen oder einen Zusatznutzen befriedigt. Unter Grundnutzen ist das Ausmaß zu verstehen, in welchem ein Unternehmen seinen Kunden grundlegende Leistungen anbietet. Der Zusatznutzen hingegen beinhaltet jene Aspekte, die über den Grundnutzen hinausgehen. Wie diese beiden Aspekte genau kategorisiert sind, hängt von der jeweilig betrachteten Leistung und vom Kundensegment ab. Auch hier werden die Unterschiedlichkeit der Kunden und das damit erforderliche Verständnis sowie die Anpassung an die verschiedenen Zielgruppen klar ersichtlich. Dies mag folgendes Beispiel verdeutlichen:

Möchte man beispielsweise ein Transportunternehmen eröffnen, so liegt der Grundnutzen der Unternehmung in der Beförderung bestimmter Waren von einem Ort zum anderen. Der Zusatznutzen läge dann bei einer preisbewussten Zielgruppe in einer geringen Bezahlung, während er sich bei einer anderen Zielgruppe hingegen durch einen schnellen Transport oder eine umfassende Versicherung auszeichnen würde.

Vor allem in der heutigen Zeit, in der ein großes Angebot in nahezu allen Branchen vorhanden ist, ist die Bedeutung des Zusatznutzens sehr groß. Daher sollte sich ein Existenzgründer hinsichtlich seiner Produktstrategie überlegen, welchen Zusatznutzen das jeweilige Produkt der Zielgruppe bietet. Darüber hinaus ist ebenfalls zu bedenken, dass viele Kundensegmente den Grundnutzen als gegeben voraussetzen. Dies kann bei Neugründungen dazu motivieren, mehrere Zusatznutzen anzubieten. Auch diese Überlegung ist höchst praxisrelevant, da im Laufe der Zeit auch ein ursprünglich bestehender Zusatznutzen zu einem Grundnutzen verkümmern kann. Beispielsweise kann dies bei einem Fitnessstudio beobachtet werden, welches die Gratisnutzung der hauseigenen Sauna ursprünglich als Zusatznutzen angeboten hat. Bieten jedoch alle Fitnessstudios diesen Service an, so wird der Zusatznutzen für den Kunden nicht mehr ersichtlich und es hat automatisch eine Umwandlung vom Zusatznutzen zum Grundnutzen stattgefunden, ohne dass der Inhaber des Fitnessstudios dieses beeinflussen könnte.

Über derartige Prozesse sollte sich der Existenzgründer im Klaren sein. Kunden gewöhnen sich grundsätzlich im Laufe der Zeit an neue Leistungen und aus anfänglich besonderen Leistungen (Zusatznutzen) wird ein als selbstverständlich anzusehender, alltäglicher Zustand (Grundnutzen). Die Gefahr für den Existenzgründer besteht also darin, dass die Konkurrenz in der Lage ist, den Wandel von Zusatznutzen in Grundnutzen zu beschleunigen. Wird eine Leistung von allen Anbietern zur Verfügung gestellt, die identische oder ähnliche bzw. gleichartige Leistungen anbieten, so geht die Attraktivität des Zusatznutzens verloren und wird vom Kunden als selbstverständlich wahrgenommen. Haben junge Unternehmen jedoch mehrere Zusatznutzen in der Produktstrategie verankert, so können sie dieser Entwicklung gelassener entgegensehen.

2.4.3   Leistungsgestaltung als Teil der Produktstrategie für Gründer

Der Grundnutzen und der Zusatznutzen charakterisieren das Produkt bzw. eine Dienstleistung und stellen das Angebot des Unternehmensgründers dar. Die grundlegende Forderung, welche jeder Kunde bezüglich der Leistungsgestaltung hat, ist, dass dessen Gestaltung auf die identifizierten Kundensegmente und den auf angestrebten Kundennutzen abgestimmt sind. In der Praxis wird häufig beobachtet, dass Unternehmen den angestrebten Kundennutzen teilweise vernachlässigen. Dies könnte sich für den Gründer als fatal erweisen; denn wird der vom Kunden geforderte Nutzen nicht erbracht, so kann sich das Unternehmen nicht am gewünschten Markt etablieren.

Im Rahmen der Implementierung eines oder mehrerer Zusatznutzen in die Produktstrategie ist es wichtig, ein „Overengeneering" zu vermeiden. Viele Existenzgründer gehen übermotiviert an die Kreierung eines Leistungsangebotes heran und „überfrachten" den Kunden nahezu mit ihren Ideen. Diese Überfrachtung schwächt das eigenständige Profil des Produktes und verursacht zudem hohe Kosten. Der Existenzgründer sollte sich immer wieder vor Augen halten, dass Kunden in der Regel nicht mehr als drei kaufentscheidende Charakteristika der Leistung gedanklich verarbeiten. Gerade neu gegründete Unternehmen, die deshalb den anderen Marktteilnehmern noch nicht bekannt sind, haben die Schwierigkeit, dass die potentielle Zielgruppe ihre Leistungsfähigkeit nicht einschätzen kann. Deshalb sollte die Produktstrategie eine umfassende Leistungsstrategie beinhalten, die sich gegebenenfalls durch einen großen Gewährleistungsumfang auszeichnet. Für die Praxis bedeutet das: Ist der Kunde in einem festgelegten Zeitrahmen nicht mit dem angebotenen Produkt oder der angebotenen Dienstleistung zufrieden, so kann er es umtauschen bzw. muss nichts dafür bezahlen. Eine weitere Möglichkeit, die Seriosität zu verstärken, ist eine Kooperation mit etablierten Unternehmen, da neugegründete Unternehmen von deren Bekanntheitsgrad profitieren können. Für die Produktstrategie ist es zudem sehr hilfreich, Angebote der Konkurrenz zu betrachten, da diese sich durch die Charakteristika auszeichnen, welche der Unternehmensgründer sozusagen mit zusätzlichen Leistungen ergänzen muss, um sich von den Leistungen identischer, ähnlicher oder gleichartiger nutzenverwandter Anbieter abzuheben. Wichtig ist hierbei, sich nicht nur auf die direkte Konkurrenz zu beschränken, sondern auch die relevanten Entwicklungen des äußeren Konkurrenzfeldes wahrzunehmen.

2.4.4   Der Preis

Ein weiterer Inhalt der Produktstrategie ist der Preis. Dies bereitet vielen Existenzgründern Kopfzerbrechen, da sie sich auf unbekanntem Terrain befinden und mit dem Problem des „deckungsbeitragsoptimalen Preises" konfrontiert werden. Zudem ist es wichtig, extrem angesetzte Preise in beide Richtungen zu vermeiden. Ist der Preis zu gering, hat er möglicherweise den negativen Ausstrahlungseffekt „zu billig". Ist der Preis zu hoch, könnten Kunden durch den negativen Ausstrahlungseffekt „zu teuer" abgeschreckt werden. Der Preis sollte deshalb kosten-, kunden- und wettbewerbsorientiert festgelegt werden. Es müssen mindestens die eigenen Kosten gedeckt werden, die Preisbereitschaft der Nachfrager muss ausgeschöpft werden und die Beziehung zwischen eigenem Preis und dem der Konkurrenz muss angemessen sein. Eine allgemeingültige Regel gibt es nicht. In der Praxis hat sich aber die Anwendung eines Methodenmix bewährt. Es gibt hierbei verschiedene Methoden zur Preisfindung. Der Existenzgründer hat im Rahmen seiner Preisgestaltung die Möglichkeit, eine marktorientierte oder eine kostenorientierte Festlegung des Preises vorzunehmen. Die marktorientierte Festlegung kann wiederum danach unterteilt werden, ob sie nachfrageorientiert oder konkurrenzorientiert ist.

Im Rahmen der marktorientierten Preisfindung stehen insbesondere die Verhaltensweisen der Marktteilnehmer im Vordergrund. Da sowohl Kunden als auch Mitwettbewerber am Markt agieren, kann der marktorientierte Ansatz die Festlegung des Preises entweder nachfrageorientiert oder konkurrenzorientiert ausrichten. Die nachfrageorientierte Ausrichtung hat ihren Anknüpfungspunkt bei der Zahlungsbereitschaft des Kunden. Somit geht die Grundform dieses Ansatzes bei der Festlegung des Preises von der Nachfrage aus. Hiernach kann die simple Formel „große Nachfrage, hohe Preise" und „geringe Nachfrage, niedrige Preise" aufgestellt werden. Dieser vereinfachende Ansatz klammert aber die Kosten der Leistungserbringung vollkommen aus. In der Praxis sollten jedoch die Kosten, die für die Erstellung und Verwertung eines Produktes entstehen, gewöhnlich gedeckt sein. Eine Deckungsbeitragsrechnung bietet die Möglichkeit, die Preisuntergrenzen kostenorientiert zu ermitteln. Hierbei entspricht die kurzfristige Preisuntergrenze den variablen Kosten und die langfristige Preisuntergrenze den variablen Kosten und fixen Kosten.

Doch gibt es von der Theorie der marktorientierten Preisfindung auch eine differenzierende Ausprägung, welche darüber hinaus auch die so genannte Preiselastizität mit einbezieht. Im Rahmen dieser Methode wird abgeglichen, welche Abhängigkeit zwischen der prozentualen Preisänderung und der prozentualen Nachfragesegmentänderung besteht. Hierbei ist grundsätzlich zu konstatieren, dass der Verbraucher auf eine Preiserhöhung mit einer sinkenden Nachfrage reagiert.

Der konkurrenzorientierte Ansatz berücksichtigt darüber hinaus die Preise der Mitwettbewerber. Diese Methode bietet mehrere unterschiedliche Reaktionsalternativen. So gibt es als erste mögliche Reaktion die Unterbietung des Preises. Dieses Verhalten wird oftmals von Mitbewerbern angewandt, die als Verfolger dem Marktführer aggressiv gegenübertreten möchten. Hierbei besteht allerdings die Gefahr, dass dadurch alle Wettbewerber sich auf dieses Vorgehen einlassen und versuchen, sich preislich zu unterbieten. Als ökonomisch rentabel kann dieses Vorgehen nicht angesehen werden.

Eine zweite Reaktionsmöglichkeit ist das genaue Gegenteil der eben beschriebenen Verhaltensweise. Anstatt den Mitwettbewerber preislich zu unterbieten, findet ein Überbieten statt. Solch ein Vorgehen kann beispielsweise dann beobachtet werden, wenn ein Wettbewerber versucht, am Preisführer vorbei in eine Premium-Marktposition zu rücken.

Als dritte Möglichkeit ist in der Praxis in einigen Sparten eine Orientierung an einem Leitpreis zu beobachten. Anstatt einen eigenen Preis für seine Produkte festzulegen, orientiert sich der Unternehmer an einem so genannten Preisführer. Ein solches Vorgehen kann zum einen dann entstehen, wenn ein Einzelunternehmen Marktführer ist und die übrigen Mitbewerber sich daher genötigt fühlen, sich an dessen Preisen anzupassen. Hier wird von einer dominierenden Preisführerschaft gesprochen. Zum anderen kann eine Orientierung an einem Leitpreis aber auch dann entstehen, wenn kein Marktführer existiert und wenige etwa gleich starke Mitwettbewerber sich nicht auf einen Wettbewerb einlassen möchten, in welchem sie sich in ruinöser Weise gegenseitig unterbieten. Dann wird einfach stillschweigend ein Preisführer anerkannt, an welchem die übrigen Unternehmer ihre Preise ausrichten. Ein derartiges Vorgehen der Orientierung an Leitpreisen ist in der Praxis beispielsweise in den Bereichen der Zigarettenindustrie oder auch unter den Mineralölgesellschaften zu erkennen.

Letztlich hängt die Wahl der Preisstrategie stark davon ab, welches Ziel der Unternehmer verfolgt. Möchte er von Anfang an einen möglichst hohen Ertrag erzielen, so wird dies als Abschöpfungsstrategie bezeichnet. Ist sein Ziel hingegen, den Markt durch einen niedrigen Preis schnell zu durchdringen, so wird dies als Penetrationsstrategie bezeichnet. Existenzgründern und jungen Unternehmen ist in der Praxis gewöhnlich anzuraten, die Abschöpfungsstrategie zu verfolgen. Denn ein hoher Preis hat zumeist auch eine höhere Gewinnmarge zur Folge und ermöglicht es dem Existenzgründer somit, aus den Gewinnen Neuinvestitionen zu tätigen und damit das Wachstum seines Unternehmens selbst finanzieren zu können. Möchte der Existenzgründer hingegen lieber die Penetrationstheorie verfolgen, so sollte er bedenken, dass er, um der vermehrten Nachfrage nachkommen zu können, in der Regel hohe Anfangsinvestitionen zu tätigen hat. Doch das damit erhöhte Investitionsrisiko wird oftmals zu Recht von Investoren gefürchtet.

Das deutsche Recht setzt der Preisstrategie des Unternehmers aber auch Grenzen. Beispielsweise empfinden viele Verbraucher Preissenkungen als ansprechende Aktionen. Im Rahmen der Werbung für derartige Preissenkungen sind jedoch gesetzliche Vorschriften zu beachten. So stellt der § 5 Abs. 4 UWG klar, dass es unlauter ist, wenn Werbung mit der Herabsetzung eines Preises durchgeführt wird, sofern der Zeitraum in dem der Preis verlangt wurde, unangemessen kurz war. Wenn also z. B. bereits vor Einführung eines Sonderangebots der Preis des Produktes extra kurzfristig erhöht wurde, um daraufhin dann die attraktive Preissenkung vornehmen zu können, so verstößt dieses Vorgehen gegen § 5 Abs. 1 UWG. Darüber hinaus wird durch diese Norm eine Beweislastumkehr geregelt, so dass der Anbieter nachweisen muss, dass der Zeitraum eine angemessene Länge hatte.

Der Kunde soll nicht in die schwierige Lage gebracht werden, dass er Produktpreise nicht vergleichen kann, weil der Anbieter unterschiedliche, unüberschaubare und nicht vergleichbare Preisangaben macht. Damit die Preise von Produkten und Dienstleistungen für den Kunden transparent und verständlich dargelegt werden, hat der Gesetzgeber mit der Preisangabenverordnung (PAngV) Vorschriften geschaffen, welche diese Materie regeln. Dieses Regelwerk gibt Auskunft darüber, ob ein Preis überhaupt anzugeben ist, welcher Preis zu nennen und wie er bekannt zu geben ist. Die Vorschriften der Preisangabenverordnung kommen nach § 1 Abs. 1 PAngV immer dann zur Anwendung, wenn jemand insbesondere gewerbsmäßig an einen Letztverbraucher Waren oder Dienstleistungen anbietet. Der Begriff des „Letztverbrauchers" bezeichnet Personen, welche die ihnen angebotenen Waren oder Leistungen nicht weiterverkaufen, sondern selbst in Anspruch nehmen. Ausnahmen von diesem Grundsatz sind nur dann zu machen, wenn die Personen die Waren oder Dienstleistungen zwar nicht weiterverkaufen, diese aber im Rahmen ihrer gewerblichen Tätigkeit einkaufen. Da eine derartige Personengruppe nach Auffassung des Gesetzgebers nicht so schutzwürdig ist, wie ein privater Endverbraucher, klammert § 9 Abs. 1 Ziff. 1 PAngV auch die Gruppe der gewerblichen Letztverbraucher von der Anwendung der Vorschriften aus. Sofern der Abschluss des Vertrages per Fernkommunikationsmittel wie beispielsweise Bestellkarte, Brief, Telefon oder Internet stattfindet, so ist es nach § 1 Abs. 2 PAngV erforderlich, nicht nur den Endpreis anzugeben, sondern darüber hinaus auch die Liefer- und Versandkosten. Darüber hinaus ist darzustellen, dass im Preis die Umsatzsteuer sowie sonstige Preisbestandteile enthalten sind. Bei Waren die „auf Bildschirmen angeboten werden" ist nach § 4 Abs. 4 PAngV die Angabe des Preises sogar entweder unmittelbar neben den Abbildungen respektive Beschreibungen oder in Preisverzeichnissen vorzunehmen und nach § 5 Abs. 1 Satz 3 PAngV auf der Website bereitzuhalten. Nach § 4 Abs. 1 PAngV sind Waren, die in Schaufenstern bzw. Schaukästen innerhalb oder außerhalb von Verkaufsräumen auf Verkaufsständen oder auf andere Weise sichtbar ausgestellt werden, ebenso wie Ware, die vom Verbraucher unmittelbar entnommen werden kann, durch Preisschilder oder eine Beschriftung der Ware preislich auszuzeichnen. Sofern dem Endverbraucher Ware in einer Fertigverpackung, in einer offenen Verpackung oder nach Gewicht, Volumen, Länge oder Fläche als Verkaufseinheit ohne Umhüllung offeriert wird, ist der Verkäufer verpflichtet, neben dem Endpreis zusätzlich auch den Preis je Mengeneinheit anzugeben, wobei hier zu berücksichtigen ist, dass in diesem Preis sowohl die Umsatzsteuer als auch der so genannte Grundpreis enthalten und in unmittelbarer Nähe des Endpreises auszuweisen ist. Nach § 2 Abs. 2 PAngV ist nur dann allein der Grundpreis anzugeben, wenn gewerbs- oder geschäftsmäßig bzw. regelmäßig in sonstiger Weise an Letztverbraucher in deren Anwesenheit unverpackte Ware oder lose Ware nach Gewicht, Volumen, Länge oder Fläche angeboten oder beworben wird.

Auch für das Gaststättengewerbe hat die Preisangabenverordnung Regelungen vorgesehen. So müssen in Gaststätten und ähnlichen Betrieben die Preise der dort offerierten Speisen und

Getränke in Preisverzeichnissen vermerkt sein, welche nach § 7 Abs. 1 PAngV dort entweder auf den Tischen auszulegen oder dem Gast zumindest vor der Bestellung und auf Nachfrage auch bei der Abrechnung vorzulegen oder gut lesbar anzubringen sind.

2.4.5   Produktstrategie

Die Überlegungen zur Produktstrategie führen zum strategischen Wettbewerbsvorteil, welcher das Produkt bzw. die Dienstleistung des neu gegründeten Unternehmens zu etwas Besonderem macht und es aus der Masse herausstechen lässt. Es muss ein Merkmal betreffen, das dem potentiellen Kunden wichtig ist. Es muss tatsächlich wahrgenommen werden und darf von der Konkurrenz nicht schnell einholbar sein. Dies lässt sich mit den Schlagworten „Relevanz", „Wahrnehmbarkeit" und „Dauerhaftigkeit" zusammenfassen. Die eben genannten drei Kriterien stellen eine hohe Messlatte für neu gegründete Unternehmen dar, sind jedoch wichtig, wenn das Unternehmen langfristig im Wettbewerb überleben soll. Junge Unternehmen können diese strategischen Wettbewerbsvorteile durch Einhaltung zweier Prinzipien erlangen: dem Chancenprinzip und dem Konzentrationsprinzip. Das *Chancenprinzip* drückt die Möglichkeit aus, dass jeder Wettbewerbsparameter zur Schaffung strategischer Wettbewerbsvorteile dient. Das heißt, dass man sich neben den Merkmalen der Kernleistung auch auf folgende Punkte konzentrieren sollte:

- Kosten,
- Standort,
- spezielles Know-how,
- Vertriebsform,
- Kundendienst.

Es bietet sich für den Existenzgründer an, auf Merkmale zu setzen, die nicht leicht imitiert werden können. Wie genau diese Ressourcen eingesetzt werden, hängt vom jeweiligen Unternehmen ab und kann nicht pauschalisiert werden.

Das *Konzentrationsprinzip* hält zur Konzentration auf wenige strategische Wettbewerbsvorteile an. Junge Unternehmen sollten sich auf wenige Leistungsmerkmale beschränken, anstatt übermotiviert versuchen zu wollen, bei allen Leistungsmerkmalen überlegen zu sein. Dies erleichtert die Prioritätensetzung sowohl bei den Kunden und am Markt, als auch innerhalb des Betriebes und unter den Mitarbeitern, da man klar kommunizieren kann, welche Faktoren wichtig sind. Damit kann dem Produkt bzw. der Dienstleistung ein ganz eigenes und übersichtliches Profil verliehen werden.

Im Hinblick auf Leistung und Produktstrategie sind auch interne Voraussetzungen zu berücksichtigen. Wichtig ist hierbei, dass die Produktstrategie mit den harten Parametern (Systeme, Ausstattung, Strukturen) und den weichen Parametern (Wissen, Kompetenz, Unternehmenskultur) vereinbar sind. Dies bedeutet, dass der Existenzgründer sich zunächst klar machen muss, wie seine technischen Gegebenheiten sind, welche Ausstattung er besitzt und welche Maschinen ihm zur Verfügung stehen bzw. welche Dinge er zur Erstellung des Produktes bzw. zur Ausführung der Dienstleistung benötigt. Im Falle des oben erwähnten Beispiels des Fitnessstudios wäre es beispielsweise notwendig, Geräte zu kaufen, die für die Umsetzung notwendig sind. Befindet sich im angemieteten Gebäude bereits ein Schwimmbad, so kann dieses für die Vermarktung der Dienstleistung ebenfalls genutzt werden und stellt positiverweise sogar einen Zusatznutzen dar, der die Akzeptanz und Annahme bei der passenden Zielgruppe beeinflussen könnte. Nun muss man sein eigenes Wissen prüfen. Reicht es aus, um die Dienstleistung angemessen zu vermarkten? Passt die Dienstleistung zur Unternehmenskultur? Die Unternehmenskultur ist sehr vielschichtig und prägt das Denken und Handeln des Unternehmens. Für die Praxis lässt sich die Empfehlung aussprechen, bereits in der Produktstrategie eine Offenheit zu demonstrieren, die ein positives Image erzeugt. Für die Gestaltung der Unternehmenskultur spielt zudem der Gründer eine große Rolle, da er seine Unternehmenskultur im Idealfall lebt und dies auch in seine Produkte bzw. Dienstleistungen einfließen lässt.

2.5 Fazit und Schlussfolgerungen

Ein Existenzgründer sollte vor der Gründung seines Unternehmens die von ihm anvisierte Zielgruppe genau kennen. Hierzu sollte er eine Kundenanalyse durchführen und darüber hinaus eine Strategie erstellen, wie er sein Produkt vermarkten kann. Der gute Einstieg am Markt stellt eine große Herausforderung dar. Bei der Kundenanalyse sollte eine genaue Definition der Zielgruppe erfolgen, während im Rahmen der Produktstrategie diverse Aspekte, wie beispielsweise Kundennutzen, Leistungsangebot oder Konkurrenz, zu beachten sind. Hinzu kommt der rechtliche Rahmen, in dem sich jede Existenzgründung und Unternehmensführung vollzieht. Es gibt viele Gesetze und Normen, die speziell das unternehmerische Planen und Handeln betreffen. Mit diesen muss der Existenzgründer seine Produktstrategie in Einklang bringen. So ist der Unternehmer beispielsweise gesetzlich dazu verpflichtet, dem Kunden eine Gewährleistung auf das Produkt bzw. die Dienstleistung zu geben. Hierdurch kann der Kunde innerhalb einer gesetzlich vorgegebenen Frist (nämlich § 438 BGB bei Kaufvertrag bzw. § 634a BGB bei Werkvertrag) Mängel geltend machen, sofern sie nicht selbst verschuldet sind. Diese Tatsache erlaubt jedoch die Schlussfolgerung, dass ein intelligenter Unternehmer sich diese gesetzlichen Vorgaben bereits bei der Kundenanalyse und im Rahmen der Kundenansprache zunutze machen kann. Er könnte ein Beschwerdemanagement einrichten, mit dessen Hilfe er die Kundenbeziehungen stabilisieren kann. Das bedeutet, dass Reklamationen schnell und zuverlässig gelöst werden. Vom Gesetz her ist er bis zu einem bestimmten Grad zu diesem Service verpflichtet. Rasches Handeln und gute Kundenkommunikation sowie gezielte diesbezügliche Werbemaßnahmen können das Vertrauen des Kunden in Produkt und Unternehmen wecken. Laut Angaben des Bundesministeriums für Wirtschaft und Technologie würden 82% der Kunden, deren Reklamationen schnell bearbeitet wurden, wieder beim gleichen Unternehmen kaufen (vgl. www.bmwi.de). Dieser Service und auch laufende Kundenkontakte sowie Informationsaustausch aber auch persönliche Hotlines und Mailings geben dem Kunden das Gefühl, dass man sich um ihn kümmert und stellen einen wichtigen Grundstein für die Akzeptanz des neuen Unternehmens am Markt dar. Auch Bonusprogramme und Kundenprogramme, welche nach der Abschaffung des Rabattgesetzes nun nicht mehr gesetzlich eingeschränkt sind, leisten einen wichtigen Beitrag zur Strategie, das Produkt erfolgreich vermarkten zu können. Wichtig ist vor allem, dass sich das Produkt bzw. die Dienstleistung vermarkten lässt und die Produktstrategie zur Zielgruppe passt. So wäre es wahrscheinlich nicht von Erfolg gekrönt, wenn man die Werbung für einen 1-Euro-Laden auf Millionäre ausrichtet oder die Produkte des 1-Euro-Ladens technisch so kompliziert gestaltet, dass die potentiellen Kunden sich davon nicht angesprochen fühlen.

An dieser Stelle ist es wichtig, sich über die eigenen Fähigkeiten und Stärken und damit auch über die Stärken des Produktes oder der Dienstleistung im Klaren zu sein. Zudem müssen diese eine Schnittstelle zu den Bedürfnissen der Zielgruppe besitzen. Darüber hinaus sollten konkurrierende Angebote gesichtet und verarbeitet werden. Man sollte ähnliche Anbieter als „Vorbild" nehmen und zusätzlich zu deren angebotenen Leistungen einen Zusatznutzen für die Kunden schaffen, welcher zum Kauf animiert. Sehr wichtig ist hierbei auch die Unternehmenskultur, da sie ein Image kreiert und damit auch eine Reputation darstellt, welche dem Existenzgründer eine Zukunftssicherheit verschafft, da im optimalen Fall seine Leistungen genutzt werden.

3 Existenzgründung und Gewerbefreiheit

3.1 Der Gewerbebegriff

Unter Gewerbe ist jede erlaubte, auf Erzielung eines Gewinnes gerichtete, auf Dauer angelegte, selbständige Tätigkeit zu verstehen, sofern sie nicht zu den freien Berufen, zur Urproduktion oder zur Verwaltung des eigenen Vermögens gehört. Diese Kriterien finden sich so oder mit leichten Abwandlungen im gesamten Rechtssystem wieder. So lautet beispielsweise der § 15 Abs. 2 Satz 1 des Einkommensteuergesetzes: „Eine selbständige nachhaltige Betätigung, die mit der Absicht, Gewinn zu erzielen, unternommen wird und sich als Beteiligung am allgemeinen wirtschaftlichen Verkehr darstellt, ist Gewerbebetrieb, wenn die Betätigung weder als Ausübung von Land- und Forstwirtschaft noch als Ausübung eines freien Berufs noch als eine andere selbständige Arbeit anzusehen ist".

Grundsätzlich besteht in der Bundesrepublik Deutschland Gewerbefreiheit. Dieser Grundsatz ist in § 1 Abs. 1 der Gewerbeordnung (GewO) festgelegt und gestattet den Betrieb eines Gewerbes jedem, soweit nicht durch die Normen der Gewerbeordnung Ausnahmen oder Beschränkungen vorgeschrieben oder zugelassen sind. Garant und Grundlage der Gewerbefreiheit ist die Regelung des Art. 12 Abs. 1 GG zur Berufsfreiheit, worin verbürgt ist, dass der Staat grundsätzlich weder die Aufnahme eines Berufes noch die Ausübung des Berufes grundlos und willkürlich einschränken darf. Es existieren in der Bundesrepublik Deutschland jedoch einige rechtliche Normen, die dazu dienen, Gefahren im Bereich der gewerblichen Tätigkeit abzuwehren. Hierfür existiert aber keine einheitliche Gesetzesgrundlage. Vielmehr ergeben sich die Vorschriften des Gewerberechts aus einer Vielzahl von unterschiedlichen Gesetzen. Hierbei kann die Gewerbeordnung (GewO) sozusagen als Grundordnung des Gewerberechts betrachtet werden. Auf sie kann subsidiär immer dann zurückgegriffen werden, wenn Normen in Spezialgesetzen keine genauen Regelungen treffen oder die Thematik in den Spezialgesetzen überhaupt nicht erfasst wird.

3.2   Erlaubnispflichtige und anzeigepflichtige Gewerbebetriebe

Damit der Staat überhaupt die im Staatsgebiet vorgenommene gewerbliche Tätigkeit kontrollieren kann, ist es für ihn erforderlich, in Erfahrung zu bringen, ob und welche gewerblichen Tätigkeiten ausgeübt werden. Hierfür stehen zwei Möglichkeiten zur Verfügung. Entweder ist der Gewerbetreibende nur zur Anzeige der Aufnahme seiner Tätigkeit verpflichtet oder er bedarf zur Ausübung dieser Tätigkeit sogar der behördlichen Erlaubnis. So ist für die so genannten erlaubnisfreien Gewerbe vor Aufnahme ihrer Tätigkeit lediglich eine Anzeige erforderlich.

3.2.1   Anzeigepflichtige Gewerbebetriebe

Da nach § 1 GewO ein erlaubnisfreies Gewerbe grundsätzlich in der Bundesrepublik erlaubt ist, nimmt die zuständige Behörde hierbei keine Zulässigkeitsprüfung mehr vor. Ihre Aufgabe ist es lediglich, festzustellen, ob die Qualifizierung als erlaubnisfreies Gewerbe zutrifft und die Weiterleitung der Daten an andere Stellen. Darüber hinaus ist die Anzeige nicht formlos zulässig, sondern sie bedarf der in § 14 Abs. 4 GewO festgelegten Verwendung bestimmter Formblätter. Daraufhin wird dem Gewerbetreibenden der Empfang der Anzeige durch eine Eingangsbestätigung, dem so genannten Gewerbeschein, bestätigt. Der Gewerbeschein dient wohlgemerkt nur dem Nachweis, dass der Gewerbetreibende seiner Pflicht zur Anzeige seines Gewerbes nachgekommen ist; eine eventuell erforderliche behördliche Erlaubnis zum Betreiben des Gewerbes vermag er jedoch nicht zu ersetzen. Es ist dem Existenzgründer zwingend anzuraten, seine Anzeigepflicht ernst zu nehmen. Eine Nichtbeachtung bzw. eine nicht rechtzeitig gemachte Anzeige stellt nach § 146 Abs. 2 Nr. 1 GewO eine Ordnungswidrigkeit dar, die mit einem Bußgeld geahndet werden kann.

Manche der anzeigepflichtigen Gewerbebetriebe können darüber hinaus auch überwachungspflichtig sein. Der § 38 Abs. 1 GewO zählt folgende Gewerbezweige auf, die er als überwachungsbedürftig einordnet:

*   An- und Verkauf von hochwertigen Konsumgütern, insbesondere von Unterhaltungselektronik, Computern, optischen Erzeugnissen, Fotoapparaten, Videokameras, Teppichen, Pelz- und Lederbekleidung;
*   An- und Verkauf von Kraftfahrzeugen und Fahrrädern;
*   An- und Verkauf von Edelmetallen und edelmetallhaltigen Legierungen sowie Waren aus Edelmetall oder edelmetallhaltigen Legierungen;
*   An- und Verkauf von Edelsteinen, Perlen und Schmuck;
*   An- und Verkauf von Altmetallen, soweit es sich nicht um den Handel mit Edelmetallen oder Waren aus Edelmetall handelt und er von auf den Handel mit Gebrauchtwaren spezialisierten Betrieben durchgeführt wird;
*   Auskunftserteilung über Vermögensverhältnisse und persönliche Angelegenheiten (Auskunfteien, Detekteien);
*   Vermittlung von Eheschließungen, Partnerschaften und Bekanntschaften;

- Betrieb von Reisebüros und Vermittlung von Unterkünften;
- Vertrieb und Einbau von Gebäudesicherungseinrichtungen einschließlich der Schlüsseldienste;
- Herstellen und Vertreiben spezieller diebstahlsbezogener Öffnungswerkzeuge.

Die hier aufgeführten überwachungsbedürftigen Gewerbebetriebe sind nach § 29 Abs. 1 Nr. 3 GewO verpflichtet, diejenigen Auskünfte zu erteilen, die für die Überwachung erforderlich sind. Darüber hinaus muss die Behörde unverzüglich nach der Gewerbeanmeldung die Zuverlässigkeit des Gewerbetreibenden überprüfen. Hierzu wird dem Gewerbetreibenden auferlegt, ein Führungszeugnis und eine Auskunft aus dem Bundeszentralregister zu beantragen.

Die zuständige Behörde, also die Behörde, in deren Bezirk der Gewerbetreibende eine gewerbliche Niederlassung unterhält oder unterhalten will, kann nach § 35 Abs. 1 GewO die Ausübung eines Gewerbes ganz oder teilweise untersagen, wenn Tatsachen vorliegen, welche die Unzuverlässigkeit des Gewerbetreibenden oder einer mit der Leitung des Gewerbebetriebes beauftragten Person erkennbar ist, sofern die Gewerbeuntersagung zum Schutz der Allgemeinheit oder der im Betrieb beschäftigten Personen erforderlich ist. Doch ist der Begriff der „Unzuverlässigkeit" weder in der Gewerbeordnung noch in anderen spezielleren Gesetzesmaterien genau definiert. Aus diesem Grunde kann hier nur auf Fallgruppen zurückgegriffen werden, welche diesbezüglich von der Rechtsprechung entwickelt worden sind. Hierzu gehören insbesondere:

- die Nichtabführung von Steuern und Sozialversicherungsbeiträgen,
- das Begehen von Straftaten oder Ordnungswidrigkeiten, sofern sie mit dem Gewerbe in einem Zusammenhang stehen,
- wenn die Finanzkraft des Gewerbetreibenden langfristig derart schwach anmutet, dass eine ordnungsgemäße Ausübung des Gewerbes als unmöglich angesehen wird.

Hierzu ist anzumerken, dass es für die Annahme einer Unzuverlässigkeit nicht ausreicht, dass nur einer der eben genannten Aspekte vorliegt. Die Behörde ist vielmehr dazu angehalten für jeden konkreten Einzelfall individuell eine Prognose über das künftige Verhalten des Gewerbetreibenden abzugeben.

3.2.2 Erlaubnispflichtige Gewerbebetriebe

Nicht alle gewerbliche Tätigkeiten sind lediglich nur dem Gewerbeamt anzuzeigen. Die Tätigkeiten, die eine Ausnahme der Gewerbefreiheit darstellen, bei denen der Existenzgründer also neben der Anzeige des Gewerbes auch noch eine Erlaubnis vorweisen können muss, sind in der Gewerbeordnung (GewO) sowie den dazu gehörenden Nebengesetzen wie beispielsweise im Gaststättengesetz oder in der Handwerksordnung genannt. Diese Tätigkeiten dürfen erst dann aufgenommen werden, wenn bestimmte Voraussetzungen erfüllt sind und von Seiten der Behörden die entsprechende Bewilligung, Konzession oder Genehmigung erteilt wurde. Nach § 35 Abs. 1 GewO ist die Ausübung eines Gewerbes von der zuständigen Behörde ganz oder teilweise zu untersagen, wenn Tatsachen vorliegen, welche die Unzuverlässigkeit des Gewerbetreibenden oder einer mit der Leitung des Gewerbebetriebes beauftragten Person in Bezug auf das Gewerbe offenkundig werden, sofern die Untersagung zum Schutze der Allgemeinheit oder der im Betrieb Beschäftigten erforderlich ist.

Es gibt in Deutschland eine große Anzahl von erlaubnispflichtigen Gewerbebetrieben, für deren Ausübung zusätzlich zur Gewerbeanmeldung auch noch das Einholen einer behördlichen Genehmigung erforderlich ist. Zu derartigen erlaubnispflichtigen Gewerbebetrieben gehören beispielsweise:

- gewerblicher Güterkraftverkehr;
- gewerblicher Personenverkehr;
- Betrieb von Spielhallen;
- Betrieb einer Apotheke;
- Handel mit alkoholischen Getränken;
- Handel mit Altmetallen;
- Unternehmen, die mit Tieren handeln;
- Unternehmen, welche mit Waffen handeln;
- Discotheken und Tanzlokale;
- Hotel- und Gaststättengewerbe;
- Bewachungsunternehmen;
- Bauträger;
- Baubetreuer;
- Makler;
- Pfandleiher bzw. Pfandvermittler;
- Unternehmen, die ein Gewerbe zur Überlassung von Arbeitskräften betreiben.

Im Rahmen der Anmeldung genehmigungspflichtiger Unternehmen können grundsätzlich folgende Arten von Nachweisen erbeten werden:

- Sofern es auf die persönliche Zuverlässigkeit des Existenzgründers ankommt, kann von ihm verlangt werden, ein polizeiliches Führungszeugnis oder eine Unbedenklichkeitsbescheinigung des Finanzamtes vorzulegen.
- Sofern es bei dem Gewerbebetrieb um das Vorliegen bestimmter fachlicher Qualifikationen geht, kann im Rahmen der Anmeldung verlangt werden, einen Nachweis über ein Studium oder eine Aus- bzw. Weiterbildung vorzulegen.
- Sofern bestimmte andere Voraussetzungen, wie beispielsweise eine bestimmte wirtschaftliche Potenz, erforderlich sind, kann verlangt werden, dass ein Auszug aus dem Insolvenz- oder aus dem Zentralschuldenregister vorgelegt wird.

3.2.3   Gaststättengesetz

Zum Betreiben eines Gaststättengewerbes, in welchem in einem stehenden Gewerbe Getränke und zubereitete Speisen an einem jedem zugänglichen Ort zum Verzehr an Ort und Stelle angeboten oder Gäste beherbergt werden, ist nach § 2 in Verbindung mit § 1 Abs. 1 GastG eine besondere Erlaubnis erforderlich. Die Erlaubnis kann bei dem zuständigen Gewerbeamt bzw. Ordnungsamt beantragt werden. Zum Betreiben einer Gaststätte ist es erforderlich, dass nach § 4 Abs. 1 GastG keine Gründe für eine Versagung der Gaststättenerlaubnis vorliegen. Versagungsgründe können beispielsweise sein:

- Nichteignung der Räumlichkeiten für einen Gaststättenbetrieb. Zwar spielt es hierbei keine Rolle, ob die Gaststätte innerhalb eines Gebäudes oder draußen betrieben wird, doch müssen die Räumlichkeiten so gestaltet sein, dass sie den Anforderungen der öffentlichen Sicherheit und Ordnung gerecht werden. So zählt hierzu insbesondere auch die Beachtung des Gesundheitsschutzes sowohl für die Gäste als auch für die Beschäftigten des Betriebes.
- Ein weiterer Versagungsgrund könnte eine Unzuverlässigkeit im Sinne des § 4 Abs. 1 Nr. 1 GastG sein. Von Unzuverlässigkeit kann dann gesprochen werden, wenn der Betreiber der Gaststätte aufgrund objektiver Tatsachen nicht gewährleisten kann, dass er das Gewerbe ordnungsgemäß ausüben kann. Dies kann insbesondere angenommen werden, wenn eine Alkoholabhängigkeit besteht oder wenn zu befürchten ist, dass er unerfahrene, leichtsinnige oder willensschwache Personen ausbeuten oder dem Alkoholmissbrauch, dem verbotenen Glücksspiel, der Hehlerei oder der Unsittlichkeit Vorschub leisten wird respektive wenn er die Vorschriften des Gesundheits- oder Lebensmittelrechts, des Arbeits- oder Jugendschutzes nicht einhalten wird.
- Ferner ist eine Erlaubnis zu versagen, wenn der Antragsteller einer Gaststättenerlaubnis nicht durch eine von einer Industrie- und Handelskammer ausgestellte Bescheinigung nachweisen kann, dass er selbst oder einer seiner Stellvertreter Kenntnisse über die Grundzüge der für den Betrieb notwendigen lebensmittelrechtlichen Vorschriften besitzt.
- Ebenso kann die Erlaubnis versagt werden, wenn der Betrieb hinsichtlich seiner örtlichen Lage oder der Verwendung der Räumlichkeiten dem öffentlichen Interesse widerspricht, insbesondere schädliche Umwelteinwirkungen im Sinne des Bundesimmissionsschutzgesetzes (BImSchG) oder sonst erhebliche Nachteile, Gefahren oder Belästigungen für die Allgemeinheit befürchten lässt.

Darüber hinaus eröffnet das Gaststättengesetz den Behörden im Einzelfall die Möglichkeit, gestützt auf § 5 Abs. 1 GastG jederzeit auch nachträglich Auflagen zu erteilen, sofern sie dem Schutz dienen:

- gegen Ausbeutung der Gäste und gegen Gefahren für Leben, Gesundheit oder Sittlichkeit,
- gegen Gefahren für Leben, Gesundheit und Sittlichkeit der im Betrieb Beschäftigten oder
- gegen schädliche Umwelteinwirkungen im Sinne des Bundesimmissionsschutzgesetzes und sonst gegen erhebliche Nachteile, Gefahren oder Belästigungen für die Bewohner des Betriebsgrundstücks oder der Nachbargrundstücke sowie der Allgemeinheit.

Um die Möglichkeit zu haben, die ordnungsgemäße Ausübung des Gaststättengewerbes überwachen zu können, gibt der § 22 GastG der zuständigen Behörde Auskunftsrechte und das Recht im Betrieb nach dem Rechten zu sehen. Das bedeutet, der Inhaber der Gaststätte ist zu bestimmten Auskünften verpflichtet und muss den Bediensteten der Behörde den Zugang zu seiner Gaststätte gestatten.

Doch es gibt auch Ausnahmen vom Erfordernis der Gaststättenerlaubnis. Die in § 2 Abs. 2 GastG explizit aufgeführten Betriebe, wie beispielsweise Milchbars und Kantinen, sowie bestimmte Fälle der Darbietung alkoholfreier Getränke, wie sie beispielsweise in Getränkeautomaten oder in Bussen vorkommen, bedürfen keiner Erlaubnis. Darüber hinaus entfällt das Erfordernis einer Erlaubnis nach § 2 Abs. 4 GastG auch im Rahmen von Beherbergungsbetrieben für weniger als acht Gäste und nach § 2 Abs. 3 GastG für Ladenlokale des Lebensmitteleinzelhandels oder -handwerks, in welchen zu den üblichen Geschäftszeiten alkoholfreie Getränke und/oder Speisen verabreicht werden, sofern keine Sitzgelegenheit gewährt wird. Die Überwachungsbefugnisse des § 5 GastG, also das Auskunftsrecht und der freie Zugang zu den Geschäftsräumen, steht der zuständigen Behörde jedoch auch bei zulassungsfreien Betrieben des Gaststättengewerbes zu.

Das Gaststättengesetz schreibt aber auch einige weitere Besonderheiten für das erlaubnispflichtige Gaststättengewerbe vor. So müssen nach § 6 GastG auf Verlangen auch alkoholfreie Getränke zum Verzehr an Ort und Stelle angeboten werden, sofern der Ausschank alkoholischer Getränke gestattet ist. Hinzu kommt, dass mindestens ein alkoholfreies Getränk nicht teurer sein darf als das billigste alkoholische Getränk gleicher Menge.

3.2.4   Selbständigkeit ausländischer Staatsangehöriger

Selbstverständlich können auch ausländische Existenzgründer in der Bundesrepublik tätig werden. Für die Darstellung der Voraussetzungen, die für eine Aufnahme einer selbständigen Tätigkeit ausländischer Staatsangehöriger erfüllt sein müssen, ist danach zu differenzieren, ob die ausländischen Gründer Staatsangehörige eines EU-Mitgliedsstaates sind oder Staatsangehörige eines Staates, welcher nicht der EU angehört. Die Vorschriften des EG-Vertrages geben jedem Bürger eines EU-Mitgliedsstaates die folgenden Grundfreiheiten:

- Freiheit des Warenverkehrs;
- Freiheit des Personenverkehrs mit Freizügigkeit und Niederlassungsfreiheit;
- Freiheit für Dienstleistungen;
- Freiheit des Zahlungs- und Kapitalverkehrs.

Insofern haben EU-Bürger kaum Schwierigkeiten, in Deutschland ein Unternehmen zu eröffnen. Sie benötigen keinen Aufenthaltstitel und sind grundsätzlich berechtigt, eine selbständige Erwerbstätigkeit aufzunehmen.

Ausländische Staatsangehörige eines Nicht-EU-Staates benötigen für ihre Einreise und den Aufenthalt in die Bundesrepublik gewöhnlich einen Aufenthaltstitel. Dies kann entweder ein Visum, eine Aufenthaltserlaubnis oder die Erlaubnis zur Niederlassung sein. Staatsangehörige von Nicht-EU-Staaten sind nur berechtigt, eine Erwerbstätigkeit auszuüben, sofern das Aufenthaltsgesetz oder der Aufenthaltstitel selbst die Ausübung einer Erwerbstätigkeit gestattet. Ihnen kann nach § 21 Abs. 1 AufenthG eine Aufenthaltserlaubnis respektive eine Erlaubnis zur Ausübung einer selbständigen Tätigkeit erteilt werden, wenn:

- ein übergeordnetes wirtschaftliches Interesse oder ein besonderes regionales Bedürfnis besteht,
- die Tätigkeit positive Auswirkungen auf die Wirtschaft erwarten lässt und
- die Finanzierung der Umsetzung durch Eigenkapital oder durch eine Kreditzusage gesichert ist.

3.3 Die Kaufmannseigenschaft

Wann ist ein Existenzgründer Kaufmann? Die Kaufmannseigenschaft ist deshalb so wichtig, weil für Kaufleute spezielle Vorschriften gelten. Insbesondere die Regelungen des Handelsgesetzbuchs (HGB) finden als Sonderrecht für Kaufleute Anwendung. Eine Qualifizierung als Kaufmann hat zur Folge, dass man nach Handelsrecht, nämlich nach § 238 HGB, verpflichtet ist, Bücher zu führen bzw. zu bilanzieren. Darüber hinaus ist nach § 29 HGB jeder Kaufmann verpflichtet, seine Firma im Handelsregister eintragen zu lassen. Auch aus diesem Grund ist es wichtig, Kaufmann und Nichtkaufmann voneinander abgrenzen zu können.

3.3.1 Nichtkaufleute

Keine Kaufleute sind die Angehörigen der freien Berufe, also beispielsweise Architekten, Ärzte, Rechtsanwälte, Journalisten und Ingenieure. Auf sie ist das HGB gewöhnlich nicht anwendbar.

3.3.2 Kaufmann kraft Betätigung

Der § 1 Abs. 1 HGB regelt den so genannten Kaufmann kraft Betätigung. Dies ist ein einheitlicher Tatbestand, der für alle Betreiber eines Handelsgewerbes ohne Rücksicht auf deren Branche gilt. Es wird also nicht mehr nach Warenhandel, Dienstleistung oder Handwerk differenziert. Er ist quasi der Grundtyp des Handelstreibenden, wenn sein Unternehmen nach Art und Umfang einen in kaufmännischer Weise eingerichteten Geschäftsbetrieb erfordert. In kaufmännischer Art und Weise eingerichteter Geschäftsbetrieb bedeutet, dass er Einrichtungen benötigt, welche Kaufleute gewöhnlich für eine ordnungsgemäße Geschäftsführung benötigen. Hierzu zählen beispielsweise Buchführung und Bilanzierung. Die Frage, wann ein Unternehmen einen in kaufmännischer Weise eingerichteten Geschäftsbetrieb erfordert, kann nicht pauschal beantwortet werden. Es ist nur nach dem Einzelfall zu beurteilen. Kriterien, die hierbei eine große Rolle spielen können, sind beispielsweise:

- die Höhe des Umsatzes,
- die Anzahl der im Unternehmen beschäftigten Personen,
- der Umfang der zu zahlenden Löhne,
- die Zahl der unterhaltenen Betriebsstätten,
- die Anzahl der Geschäftsvorfälle,

- die Vielfalt der zu verkaufenden Produkte,
- der Umfang der geschäftlichen Korrespondenz.

Nur eine Zusammenschau aller oder mehrerer dieser Kriterien ergibt ein Gesamtbild, welches es ermöglicht, für den jeweiligen Einzelfall zu entscheiden, ob ein in kaufmännischer Weise eingerichteter Gewerbebetrieb erforderlich ist. Damit der Existenzgründer nicht vor dem Problem steht, diese eher vage gehaltenen Kriterien auf gut Glück auf sein Unternehmen anwenden zu müssen, bietet es sich an, sich mit der regional zuständigen Industrie- und Handelskammer in Verbindung zu setzen. Dort kann sich der Existenzgründer nach branchenspezifischen Richtwerten erkundigen.

3.3.3   Der Kaufmann kraft Eintragung bzw. Kleingewerbetreibende

Der Kleingewerbetreibende ist in § 2 HGB geregelt. Das Gesetz schafft hiermit die Möglichkeit eines „Kaufmanns kraft Eintragung". Grundsätzlich werden Kleingewerbetreibende den Privatpersonen gleichgestellt. Das bedeutet, dass für sie normalerweise nicht das HGB als Sonderprivatrecht für Kaufleute, sondern das BGB gilt. Hintergrund dieser gesetzlichen Wertung ist, dass Personen, die sich als Kleinunternehmer nur in geringem Umfang am wirtschaftlichen Verkehr beteiligen und möglicherweise nicht über viele juristische und wirtschaftliche Kenntnisse verfügen, nicht durch kaufmännische Pflichten belastet werden sollen. Durch § 2 gibt das HGB den Kleingewerbetreibenden, also den Unternehmen, die keinen in kaufmännischer Weise eingerichteten Gewerbebetrieb besitzen, die Möglichkeit, durch eine freiwillige Eintragung in das Handelsregister zu einem Status als Kaufmann zu optieren. Sofern nach der Eintragung ins Handelsregister die Grenzen zum Kaufmann kraft Betätigung nicht überschritten werden, kann der Kleingewerbetreibende sich jederzeit auch durch antragsgemäße Löschung aus dem Handelsregister wieder vom Status eines Kaufmanns lösen. Der § 2 HGB beschreibt diese Möglichkeit explizit:

„Ein gewerbliches Unternehmen, dessen Gewerbebetrieb nicht schon nach § 1 Abs. 2 Handelsgewerbe ist, gilt als Handelsgewerbe im Sinne dieses Gesetzbuchs, wenn die Firma des Unternehmens in das Handelsregister eingetragen ist. Der Unternehmer ist berechtigt, aber nicht verpflichtet, die Eintragung nach den für die Eintragung kaufmännischer Firmen geltenden Vorschriften herbeizuführen. Ist die Eintragung erfolgt, so findet eine Löschung der Firma auch auf Antrag des Unternehmers statt, sofern nicht die Voraussetzung des § 1 Abs. 2 eingetreten ist".

Weshalb gibt es in der Praxis eine große Zahl an Kleinunternehmern die sich freiwillig in das Handelsregister eintragen lassen und damit zum Kaufmann optieren, obwohl für sie damit weniger Schutz und stärkere Pflichten nach HGB verbunden sind? Viele Kleinunternehmer nutzen die Optionsmöglichkeit, damit die Angaben über die Handelsregistereintragung auf ihren Geschäftsbriefen das Unternehmen größer und damit seriöser erscheinen lassen. Darüber hinaus sind die Regelungen des HGB nicht immer nur für den Unternehmer mit Nachteilen behaftet. So können Vorteile beispielsweise in einer Beschleunigung des Rechtsverkehrs oder in dem Recht liegen, im Rahmen von Handelsgeschäften höhere Verzugszinsen fordern zu können.

3.3.4   Der Kannkaufmann

Die Vorschrift des § 3 HGB, die den so genannten Kannkaufmann gesetzlich regelt, richtet sich an Betriebe der Land- und Forstwirtschaft. Der § 3 HGB sieht ausdrücklich vor, dass die Regelung des § 1 HGB auf Betriebe der Land- und Forstwirtschaft nicht anzuwenden ist. Doch diejenigen land- und forstwirtschaftlichen Betriebe, die nach Art und Umfang einen in kaufmännischer Weise eingerichteten Geschäftsbetrieb benötigen, können sich nach § 3 Abs. 2 HGB entsprechend § 2 HGB freiwillig in das Handelsregister eintragen lassen. Aber anders als bei einem Kaufmann kraft Eintragung, der das Wahlrecht nach „Gutdünken" ausüben und die Eintragung nach „Belieben" wieder löschen lassen darf, findet bei einem eingetragenen Land- oder Forstwirt nach § 3 Abs. 2 HGB eine Löschung nur nach den allgemeinen Vorschriften, also dem § 31 Abs. 2 HGB und dem § 142 FGG statt. Das bedeutet, dass eine Löschung nur dann in Betracht kommt, wenn das Unternehmen entweder keinen in kaufmännischer Weise eingerichteten Geschäftsbetrieb mehr erfordert oder wenn der Unternehmer seine gewerbliche Tätigkeit aufgibt.

3.3.5   Der Scheinkaufmann

Der § 5 HGB regelt den so genannten Scheinkaufmann. Nach dieser Vorschrift gelten alle Personen als Scheinkaufmann, die im Handelsregister eingetragen sind, unabhängig davon, ob sie ein Handelsgewerbe betreiben oder überhaupt zur Eintragung im Handelsregister verpflichtet sind. Sie gelten als Kaufmann, weil ihre Eintragung in das Handelsregister den Rechtsschein gesetzt hat, es handele sich bei den dort Eingetragenen um Kaufleute, für die das HGB Anwendung findet.

3.3.6   Der Formkaufmann

Der § 6 Abs. 1 HGB legt fest, dass auf Handelsgesellschaften wie die offene Handelsgesellschaft und die Kommanditgesellschaft die HGB-Vorschriften für Kaufleute angewandt werden. Darüber hinaus gibt es nach § 6 Abs. 2 HGB Unternehmen, die unabhängig davon, ob sie nach Art oder Umfang einen in kaufmännischer Weise eingerichteten Geschäftsbetrieb benötigen, allein aufgrund ihrer Rechtsform immer als Kaufmann eingestuft werden. Diese Kaufleute kraft Rechtsform sind: die Gesellschaft mit beschränkter Haftung, die Aktiengesellschaft, die Kommanditgesellschaft auf Aktien und die eingetragene Genossenschaft.

3.4   Handelsregister

Der Existenzgründer, aber auch jeder andere, der am Geschäftsverkehr teilnimmt, hat bei der Vornahme von geschäftlichen Transaktionen ein Interesse daran, feststellen zu können, mit wem er es zu tun hat. Diesem Informationsbedürfnis dient das Handelsregister. Das Handelsregister ist ein öffentliches Verzeichnis. In ihm sind die Rechtsverhältnisse von Kaufleuten eines Amtsgerichtsbezirks verzeichnet. Es wird in der Regel vom Registergericht des zuständigen Amtsgerichts geführt und ist nach § 9 Abs. 1 Satz 1 HGB für jedermann frei einsehbar. Inhalt und Zweck des Handelsregisters sind in den §§ 8 bis 16 HGB geregelt. Zweck des Registers ist es, durch Offenlegung der Rechtsverhältnisse die Sicherheit im Handelsverkehr zu gewährleisten. Das Handelsregister wird nach § 8 Abs. 1 HGB elektronisch geführt und gliedert sich ähnlich wie das Grundbuch in mehrere Abteilungen. In Abteilung A werden die Einzelunternehmen und Personengesellschaften eingetragen. Hier finden sich also:

- Einzelkaufleute,
- offene Handelsgesellschaften,
- Kommanditgesellschaften.

Dieser Abteilung können folgende Informationen entnommen werden:

- Firma und Rechtsform,
- Sitz,
- Name des Unternehmensinhabers bzw. der persönlich haftenden Gesellschafter,
- Höhe der Kommanditeinlage (nur bei KG),
- Bestellung und Abberufung von Prokuristen,
- Eröffnung, Einstellung oder Aufhebung eines Insolvenzverfahrens,
- Auflösung der Gesellschaft.

In Abteilung B werden hingegen die Kapitalgesellschaften registriert. Hier finden sich also:

- Gesellschaften mit beschränkter Haftung,
- Aktiengesellschaften,
- Kommanditgesellschaften auf Aktien.

Dieser Abteilung können folgende Informationen entnommen werden:

- Firma und Rechtsform,
- Sitz und Gegenstand des Unternehmens,
- Stammkapital und Geschäftsführer (bei GmbH),
- Höhe des Grundkapitals sowie Mitglieder des Vorstandes (bei AG),
- Höhe des Grundkapitals sowie die Gesellschafter mit persönlicher Haftung (bei der Kommanditgesellschaft auf Aktien),
- Bestellung und Abberufung von Prokuristen,
- Eröffnung, Einstellung oder Aufhebung eines Insolvenzverfahrens,
- Auflösung der Gesellschaft.

Das Eintragungsverfahren kann in drei Schritte unterteilt werden: Anmeldung, Eintragung und Bekanntmachung. Nach § 12 Abs. 1 Satz 1 HGB sind Anmeldungen zur Eintragung in das Handelsregister elektronisch in öffentlich beglaubigter Form einzureichen. Nachdem eine Anmeldung erfolgt ist, kann eine Eintragung vorgenommen werden. Wie diese genau zu vollziehen ist, ist in einem als „Handelsregisterverfügung" bezeichneten Regelwerk niedergelegt. Hiernach ist bei jeder Eintragung das Datum der Eintragung zu bezeichnen und jede Eintragung mit einer laufenden Nummer zu versehen und von den darauf folgenden Eintragungen mittels eines die Spalten des Registers durchschneidenden Querstrichs zu trennen. Der § 10 HGB schreibt vor, dass alle Neueintragungen in das Handelsregister ihrem ganzen Inhalt nach durch Veröffentlichung bekannt zu machen sind.

3.5 Angaben auf Geschäftsbriefen

Wer sich in das Geschäftsleben begibt, muss bestimmte Vorgaben einhalten. Selbst bei scheinbaren Kleinigkeiten, wie etwa Geschäftsbriefen sind Besonderheiten zu beachten. Generell sind Geschäftsbriefe alle schriftlichen Mitteilungen, welche im Rahmen der geschäftlichen Tätigkeit an andere Personen abgegeben werden. Hierzu zählen beispielsweise Quittungen, Angebote, Fristsetzungen und Mängelrügen. Für all diese Geschäftsbriefe gelten scharfe Regelungen über Pflichtangaben. So müssen etwa auf Geschäftsbriefen folgende Angaben zwingend enthalten sein:

- eine genaue Bezeichnung des Unternehmens (Firma inklusive Rechtsform),
- der Sitz des Unternehmens,
- sofern das Unternehmen in das Handelsregister eingetragen ist: Handelsregister-Nummer und Registergericht.

Je nach Gesellschaftsform sind darüber hinaus zusätzlich noch folgende Angaben zu machen:

Bei einer AG oder KGaA:
- der Vorsitzende des Aufsichtsrates,
- die Vorstandsmitglieder,
- die genaue Bezeichnung des Vorstandsvorsitzenden,
- sofern Angaben über das Grundkapital gemacht werden, ist das Grundkapital und sofern auf die Aktien der Ausgabebetrag nicht vollständig gezahlt wurde, ist auch der Gesamtbetrag der noch ausstehenden Einlagen zu nennen.

Bei einer GmbH:
- alle Geschäftsführer,
- sofern es zur Bildung eines Aufsichtsrates gekommen ist, ist der Aufsichtsratsvorsitzende zu nennen,
- sofern Angaben über das Stammkapital gemacht werden, sind Stammkapital und gegebenenfalls ausstehende Einlagen zu nennen.

Weiterhin ist anzuraten, zusätzlich auf Geschäftsbriefen auch die Steuernummer und die Bankverbindung anzugeben, damit etwaige Vertragspartner diese wichtigen Informationen schnell zur Hand haben. Politisch begründet werden die Verschärfungen der Pflichtangaben auf Geschäftsbriefen damit, dass wegen der Zulassung von Sach- und Phantasiefirmenbezeichnungen ein Schutz des Rechtsverkehrs erforderlich ist (vgl. BT-Drs. 340/97, S. 38 ff.).

Zwar sind die auf Geschäftsbriefen mit fehlenden oder fehlerhaften Pflichtangaben getätigten Erklärungen dennoch gültig, doch kann das Registergericht gemäß § 37a Abs. 4 HGB in Verbindung mit § 14 Satz 2 HGB wegen Verstößen ein Zwangsgeld von bis zu 5.000 Euro aussprechen. Dies kommt in der Praxis allerdings nur sehr selten vor.

3.5.1   Angaben in E-Mails

Seit dem 1. Januar 2007 besteht für Kaufleute und Gesellschaften zwingend die Pflicht, in der von ihnen per E-Mail geführten geschäftlichen Korrespondenz bestimmte Angaben zu machen. Grundlage für diese Pflicht ist das am 1. Januar 2007 in Kraft getretene „Gesetz über elektronische Handelsregister und Genossenschaftsregister sowie das Unternehmensregister (EHUG)". Nach diesem Gesetz haben nun sowohl Einzelkaufleute als auch Personen- und Kapitalgesellschaften in ihren geschäftlichen E-Mails die in §§ 37a, 125a und 177a HGB, 35a GmbHG, § 80a AktG, § 7 Abs. 5 PartGG und § 25a GenG für die jeweilige Gesellschaftsform im Einzelnen aufgeführte Angaben zu machen. Für eine GmbH lauten diese Angaben nach § 35a Abs. 1 GmbHG:

- die Rechtsform und der Sitz der Gesellschaft,
- das Registergericht des Sitzes der Gesellschaft,
- die Nummer, unter der die Gesellschaft in das Handelsregister eingetragen ist,
- alle Geschäftsführer,
- bei Bestehen eines Aufsichtsrates: Name des Vorsitzenden,
- sofern Angaben über das Kapital der Gesellschaft gemacht werden, so müssen in jedem Falle das Stammkapital sowie, wenn nicht alle in Geld zu leistenden Einlagen eingezahlt sind, der Gesamtbetrag der ausstehenden Einlagen angegeben werden.

Oft und gerne versuchen Mitwettbewerber Verstöße gegen die Pflicht zu Angaben auf Geschäftsbriefen oder in E-Mails durch Abmahnungen nach dem Gesetz (UWG) zu sanktionieren. Doch nicht jeder Verstoß gegen die vorgeschriebenen Angaben führt tatsächlich zu einer Wettbewerbsbeeinträchtigung. So hat in diesem Zusammenhang das OLG Brandenburg im Jahre 2007 eine interessante Entscheidung getroffen. Das Gericht sieht, wenn bei dem Geschäftsbrief bzw. der E-Mail eines einzelkaufmännischen Unternehmens lediglich die Angabe von Vor- und Zunamen des Inhabers fehlt, keine abmahnfähige unlautere Wettbewerbshandlung, die geeignet ist, den Wettbewerb zum Nachteil der Mitwettbewerber oder Verbraucher zu beeinträchtigen (vgl. OLG Brandenburg, Urteil vom 10.07.2007 – 6 U 12/07, CR 2007, 658 f.).

3.6   Wichtig für Handwerksbetriebe

Unter einem Handwerksbetrieb kann nach § 1 Absatz 2 der Handwerksordnung (HandwO) ein stehendes Gewerbe verstanden werden, welches handwerksmäßig betrieben wird und vollständig ein Gewerbe umfasst, dass in Anlage A zur Handwerksordnung aufgeführt ist oder in dem Tätigkeiten ausgeübt werden, die für ein solches Gewerbe wesentlich sind. In erster Linie sind die rechtlichen Rahmenbedingungen des Handwerks bundesgesetzlich in der Handwerksordnung und landesgesetzlich in den Handwerksverordnungen der einzelnen Bundesländer normiert.

3.6.1   Mitgliedschaft in der Handwerkskammer

Nach § 90 Abs. 2 der Handwerksordnung besteht für Inhaber von zulassungspflichtigen Handwerksbetrieben (Anlage A zur Handwerksordnung) und auch von zulassungsfreien Handwerksbetrieben sowie handwerksähnlichen Gewerben (Anlage B zur Handwerksordnung) eine Pflicht zur Mitgliedschaft in der Handwerkskammer.

3.6.2   Die Eintragung in die Handwerksrolle

Für den Bereich des Handwerks gibt es eine Besonderheit: die Handwerksrolle. Für zulassungspflichtige Handwerksbetriebe ist das Führen des Unternehmens nur nach Eintragung in die Handwerksrolle erlaubt. Ansprechpartner ist die zuständige Handwerkskammer. Hier wird die Rolle auch geführt. Zulassungspflichtige Handwerksbetriebe sind vor allem solche, die entweder Gefahren für Leib, Leben oder Gesundheit mit sich bringen können oder es handelt sich um Berufe, die einen hohen Ausbildungsstandard voraussetzen. Die zulassungspflichtigen Handwerksbetriebe sind in Anlage A der Handwerksordnung aufgeführt. Zulassungspflichtig sind:

Zulassungspflichtige Handwerksbetriebe	Zulassungspflichtige Handwerksbetriebe
• Augenoptiker,	• Konditoren,
• Bäcker,	• Kraftfahrzeugtechniker,
• Boots- und Schiffbauer,	• Landmaschinenmechaniker,
• Brunnenbauer,	• Maler und Lackierer,
• Büchsenmacher,	• Maurer und Betonbauer,
• Chirurgiemechaniker,	• Metallbauer,
• Dachdecker,	• Ofen- und Luftheizungsbauer,
• Elektromaschinenbauer,	• Orthopädieschuhmacher,
• Elektrotechniker,	• Orthopädietechniker,
• Feinwerkmechaniker,	• Schornsteinfeger,
• Fleischer,	• Seiler,
• Friseure,	• Steinmetzen und Steinbildhauer,
• Gerüstbauer,	• Straßenbauer,
• Glaser,	• Stukkateure,

• Glasbläser, Glasapparatebauer,	• Tischler,
• Hörgeräteakustiker,	• Vulkaniseure, Reifenmechaniker,
• Informationstechniker,	• Wärme-, Kälte- und Schallschutzisolie-
• Installateur und Heizungsbauer,	rer,
• Kälteanlagenbauer,	• Zahntechniker,
• Karosserie- und Fahrzeugbauer,	• Zimmerer,
• Klempner,	• Zweiradmechaniker.

Nach § 10 Abs. 1 HwO wird die Eintragung in die Handwerksrolle auf Antrag oder von Amts wegen vorgenommen und der Eingetragene erhält als Eintragungsnachweis eine so genannte Handwerkskarte von der Handwerkskammer ausgestellt. Auf dieser Karte finden sich Angaben über:

• Name des Inhabers,
• Anschrift,
• Betriebssitz,
• das zulassungspflichtige Handwerk,
• der Zeitpunkt, an dem das Handwerk in die Handwerksrolle eingetragen wurde.

Neben den zulassungspflichtigen Handwerksbetrieben, die in Anlage A zur Handwerksordnung aufgeführt sind, gibt es auch zulassungsfreie Handwerksbetriebe und handwerksähnliche Gewerbe. Bei diesen Betrieben besteht keine Verpflichtung, dass sie von einer Person geführt werden, die eine entsprechende Meisterprüfung oder eine vergleichbare Qualifikation besitzt. Diese Gewerbe sind in Anlage B zur Handwerksordnung aufgeführt.

Zulassungsfreie Handwerksbetriebe	Zulassungsfreie Handwerksbetriebe
• Behälter- und Apparatebauer,	• Korbmacher,
• Betonstein- und Terrazzohersteller,	• Kürschner,
• Böttcher,	• Klavier- und Cembalobauer,
• Bogenmacher,	• Metallbildner,
• Brauer und Mälzer,	• Metallblasinstrumentenmacher,
• Buchbinder,	• Metall- und Glockengießer,
• Buchdrucker; Schriftsetzer; Drucker,	• Modellbauer,
• Damen- und Herrenschneider,	• Modisten,
• Drechsler (Elfenbeinschnitzer) und	• Müller,
Holzspielzeugmacher,	• Orgel- und Harmoniumbauer,
• Edelsteinschleifer und -graveure,	• Parkettleger,
• Estrichleger,	• Raumausstatter,
• Feinoptiker,	• Rollladen- und Jalousiebauer,
• Flexografen,	• Sattler und Feintäschner,
• Fliesen-, Platten- und Mosaikleger,	• Schilder- und Lichtreklamehersteller,
• Fotografen,	• Schneidwerkzeugmechaniker,
• Galvaniseure,	• Schuhmacher,

- Gebäudereiniger,
- Geigenbauer,
- Glas- und Porzellanmaler,
- Glasveredler,
- Gold- und Silberschmiede,
- Graveure,
- Handzuginstrumentenmacher,
- Holzbildhauer,
- Holzblasinstrumentenmacher,
- Keramiker,

- Segelmacher,
- Siebdrucker,
- Sticker,
- Textilreiniger,
- Uhrmacher,
- Vergolder,
- Wachszieher,
- Weber,
- Weinküfer,
  Zupfinstrumentenmacher.

Handwerksähnliche Gewerbebetriebe	Handwerksähnliche Gewerbebetriebe

- Änderungsschneider,
- Appreteure, Dekorateure,
- Asphaltierer (ohne Straßenbau),
- Ausführung einfacher Schuhreparaturen,
- Bautentrocknungsgewerbe,
- Bestattungsgewerbe,
- Betonbohrer und -schneider,
- Bodenleger,
- Bügelanstalten für Herren-Oberbekleidung,
- Bürsten- und Pinselmacher,
- Daubenhauer,
- Dekorationsnäher (ohne Schaufensterdekoration)
- Einbau von genormten Baufertigteilen (z. B. Fenster und Türen),
- Eisenflechter,
- Fahrzeugverwerter,
- Fleckteppichhersteller,
- Fleischzerleger, Ausbeiner,
- Fuger (im Hochbau),
- Gerber,
- Getränkeleitungsreiniger,
- Handschuhmacher,
- Herstellung von Drahtgestellen für Dekorationszwecke in Sonderanfertigung,
- Holzblockmacher,
- Holz-Leitermacher (Sonderanfertigung),
- Holzreifenmacher,
- Holzschindelmacher,

- Innerei-Fleischerei (Kuttler),
- Kabelverleger im Hochbau (ohne Anschlussarbeiten),
- Klavierstimmer,
- Klöppler,
- Kosmetiker,
- Kunststopfer,
- Lampenschirmhersteller (Sonderanfertigung),
- Maskenbildner,
- Metallschleifer und Metallpolierer,
- Metallsägen-Schärfer,
- Muldenhauer,
- Plisseebrenner,
- Posamentierer,
- Rammgewerbe (Einrammen von Pfählen im Wasserbau),
- Requisiteure,
- Rohr- und Kanalreiniger,
- Schirmmacher,
- Schlagzeugmacher,
- Schnellreiniger,
- Speiseeishersteller (mit Vertrieb von Speiseeis mit üblichem Zubehör),
- Steindrucker,
- Stoffmaler,
- Stricker,
- Tankschutzbetriebe (Korrosionsschutz von Öltanks für Feuerungsanlagen ohne chemische Verfahren),

• Holzschuhmacher,	• Teppichreiniger,
• Holz- und Bautenschutzgewerbe (Mauerschutz und Holzimprägnierung in Gebäuden),	• Textil-Handdrucker,
	• Theaterkostümnäher,
	• Theater- und Ausstattungsmaler,
	• Theaterplastiker.

Nach § 18 Abs. 1 HwO ist der selbständige Betrieb eines zulassungsfreien Handwerks oder handwerksähnlichen Gewerbes bei der örtlich zuständigen Handwerkskammer anzuzeigen.

3.7   Die Firma

Anders als im umgangssprachlichen Gebrauch wird im Handelsrecht unter dem Begriff „Firma" nicht etwa der Betrieb oder das Unternehmen verstanden, sondern nach § 17 HGB der Name, unter dem ein Kaufmann seine Geschäfte betreibt und die Unterschrift abgibt. Ein Kaufmann kann unter seiner Firma klagen und verklagt werden.

Es kann zwischen Personen-, Sach- und Phantasiefirmen differenziert werden. Die Personenfirma leitet sich vom Namen des Kaufmannes ab, während eine Sachfirma vom Unternehmensgegenstand abgeleitet wird (z. B. entstand BASF AG als Kürzel der Badischen Anilin- & Soda-Fabrik AG). Eine Phantasiefirma hingegen kann frei erfunden werden und muss nichts mit dem Firmengegenstand und auch nichts mit den Namen der Gesellschafter zu tun haben.

Im Handelsrecht existieren feststehende Grundsätze, die im Rahmen der Firmenbildung zu berücksichtigen sind, Existenzgründer sollten sie kennen. Zunächst gilt für den Bereich der Firmenbildung das Prinzip der Firmenwahrheit. Dieser Grundsatz hat seinen Ursprung in § 18 Abs. 2 Satz 1 HGB. Nach dieser Vorschrift darf eine Firma keine Angaben enthalten, die geeignet sind, über geschäftliche Verhältnisse, die für die angesprochenen Verkehrskreise wesentlich sind, irrezuführen. Insofern wäre beispielsweise ein Verstoß gegen den Grundsatz der Firmenwahrheit darin zu sehen, wenn ein Transportunternehmer, der lediglich kleine Transporte in Dresden und der näheren Umgebung durchführt, sein Transportunternehmen „X-Transporte International" nennt. Zum einen hätte er damit über den Umfang seiner Tätigkeit und zugleich über die Größe seines Unternehmens getäuscht; zum anderen hätte er auch noch gegen die Regelung des § 19 HGB verstoßen, nach welcher alle Firmen einen Zusatz enthalten müssen, der die Rechtsform des Unternehmens offen legt (e. Kfm., OHG, KG, GmbH). Der Grundsatz der Firmenwahrheit wird jedoch durch den Grundsatz der Firmenbeständigkeit durchbrochen. Nach dem Grundsatz der Firmenbeständigkeit darf die Firma in bestimmten Fällen ohne Veränderung bestehen bleiben, obwohl dadurch ihre Aussage im Kern unrichtig respektive unwahr wird. So darf beispielsweise bei der Fortführung und dem Erwerb eines Handelsgeschäftes nach § 22 Abs. 1 HGB die bisherige Firma des Unternehmens auch dann fortgeführt werden, wenn sie den Namen des bisherigen Geschäftsinhabers enthält.

4 Planung der Finanzierung

Wohl dem, der als Existenzgründer über genügend Eigenkapital verfügt. Doch wie kann festgestellt werden, ob der Finanzbedarf ausreichend gedeckt ist? Existenzgründer können für die Gründungsfinanzierung zunächst auf ihr Eigenkapital zurückgreifen. Sofern Eigenkapital-Quellen wie Bareinlagen (Ersparnisse, Aktien, Lebensversicherungen u.ä.) oder Sacheinlagen (Büromöbel, Computer u.a.) allerdings nur den minimalen Primärbedarf abdecken, ist zu überlegen, inwiefern die Finanzierung durch Fremdkapital getragen werden soll. Im Rahmen der Fremdkapitalbeschaffung gibt es verschiedene Möglichkeiten. Eine Möglichkeit bietet die Finanzierung durch mittel- oder langfristige Kredite. Eine Alternative zu Bankkrediten bieten Darlehen von Bund und Ländern, die günstiger konditioniert sind. Die Zinsen sind hierbei niedriger und es werden teilweise nur geringe oder auch keine Sicherheiten verlangt. Bund und Länder fördern zudem kleine und mittlere Unternehmen mit unterschiedlichen Förderprogrammen.

Um überprüfen zu können, welches Förderprogramm für das Unternehmen geeignet ist, müssen vorerst alle mit der Existenzgründung verbundenen Kosten kalkuliert werden. Dazu empfiehlt es sich, eine Übersicht über die Aufwands- und Ausgabenplanung zu erstellen. Es besteht für viele Existenzgründungsprojekte auch die Möglichkeit, auf öffentliche Förderprogramme zurückzugreifen. Die Voraussetzungen für derartige Förderungen und auch die Antragsabläufe variieren von Bundesland zu Bundesland erheblich und sind einem ständigen Wandel unterworfen. Insgesamt sind jedoch im Rahmen der Förderung einige Aspekte zu erkennen, die den unterschiedlichen öffentlichen Fördermöglichkeiten gemein sind und auf die bei der Antragstellung besonderes Augenmerk gelegt werden sollte: So darf das zu fördernde Vorhaben noch nicht begonnen worden sein. Auch wird in der Regel ein Nachweis über die Verwendung der zur Verfügung gestellten Fördermittel verlangt. Sofern die Mittel nicht entsprechend den Förderkriterien verwendet werden, ist damit zu rechnen, dass sie zurückgefordert werden. Allgemein lässt sich sagen, dass es öffentliche Förderungsmöglichkeiten für folgende Anknüpfungspunkte gibt:

- für Existenzgründung generell,
- für Umweltschutz,
- für Unternehmenssanierungen,
- für den Einsatz oder die Produktion von neuen Technologien,
- für die Schaffung von Arbeitsplätzen.

Auch bei der Art der Förderung können große Unterschiede bestehen. So reicht die Bandbreite der unterschiedlichen Fördermöglichkeiten von Bürgschaften über Darlehen und Eigenkapitalhilfen bis hin zu Investitionszuschüssen. Während die Bürgschaften Kredite absichern sollen und Eigenkapitalhilfen durch eigenkapitalersetzende Darlehen aus öffentlichen Mitteln des Bundes einen Teil des benötigten Kapitals abdecken sollen, stellen Zuschüsse Betriebseinnahmen dar, so dass sie zur Erhöhung des Betriebsgewinns beitragen.

Alle Finanzierungsmöglichkeiten – Eigenkapital, Kredite, Darlehen und die unterschiedlichen Förderprogramme untereinander – können auch miteinander kombiniert werden, so dass eine Art „Finanzierungsmix" entsteht. Als Tipp sei dem Existenzgründer allerdings anzuraten, zunächst mit Eltern oder Verwandten zu sprechen, bevor ein Bankdarlehen aufgenommen wird. Denn anders als Kreditinstitute nehmen Verwandte in der Regel keine so hohen Zinsen und kündigen bei finanziellen Engpässen nicht sofort den Darlehensvertrag. Damit das Finanzamt Darlehensverträge mit nahen Verwandten und die Zinszahlungen des Existenzgründers als Betriebsausgaben anerkennt, muss er jedoch unbedingt darauf achten, dass der Darlehensvertrag klar und unmissverständlich formuliert und am besten schriftlich fixiert worden ist. Es versteht sich von selbst, dass die im Vertrag vereinbarten Zinsen auch tatsächlich gezahlt werden. Darüber hinaus sollte der Vertrag, damit das Finanzamt ihn auch wirklich anerkennt, Vereinbarungen enthalten, wie sie auch unter fremden Dritten üblich sind. Das heißt, dass die Höhe des Zinssatzes und die Absicherung des Darlehens nach Möglichkeit unter Verwandten ähnlich vereinbart wird, wie es in Verträgen mit fremden Personen vereinbart worden wäre.

4.1   Die Planung

In den letzten Jahren wagten viele Personen den Schritt in die Selbständigkeit. Existenzgründungen sind unerlässlich für das Wachstum und den Fortschritt der Wirtschaft und der Staat bietet zur Unterstützung zahlreiche öffentliche Finanzierungshilfen und Förderprogramme für junge Unternehmen an. Dennoch sind es vor allem die jungen Unternehmen, die aufgrund von vermehrt endogenen Faktoren wieder die Insolvenz anmelden müssen. Hierdurch wird deutlich, dass eine innovative, visionäre Geschäftsidee zwar eine wichtige Voraussetzung für einen Unternehmensstart ist, aber allein für ein erfolgreiches Halten am Markt noch nicht ausreicht.

Neben der fachlichen und branchenspezifischen Kompetenz muss der Existenzgründer auch über betriebswirtschaftliches und kaufmännisches Grundlagenwissen verfügen, um auch die komplexen steuerlichen und rechtlichen Bereiche überblicken zu können. Deshalb ist es im Prozess der Unternehmensgründung nicht zu unterschätzen, vor allem in der Planung der Finanzierung sorgfältig zu sein. Überstürzte Entscheidungen im Gründungsprozess machen sich vor allem im Bereich der Unternehmensfinanzierung bemerkbar.

Insbesondere steuerliche und rechtliche Aspekte sind für den späteren Unternehmensalltag finanziell relevant und müssen bereits beim Unternehmensstart mitkalkuliert werden. Die Wahl der Unternehmensform entscheidet über die laufenden Kosten wie Steuern und Versicherungen. Die Ermittlung des zukünftigen Kapitalbedarfs und der optimalen Finanzierungsform unter Berücksichtigung der ständigen Zahlungsfähigkeit des Unternehmens ist Aufgabe der Finanzplanung.

4.1.1   Der Kapitalbedarf

Ist die Geschäftsidee ausgereift, heißt es für den Existenzgründer, den Kapitalbedarf zu ermitteln. Der Kapitalbedarf kann zu Beginn nur geschätzt werden. Dennoch sollte die Kapitalbedarfsplanung möglichst realistisch sein. „Schönfärberei" oder überschwänglich positive
Prognosen sollten hierbei vermieden werden. Durch Einsicht in die aktuelle Marktsituation
und das Einholen von anerkannten Schätzgrößen bei Beratern und Banken kann sich der
Existenzgründer einen fundierten Überblick verschaffen und seinen Kapitalbedarf darauf
einstellen.

Zunächst sollte eine erste Unterscheidung der benötigten Investitionen in Form von Anlage-
und Umlaufvermögen erfolgen. Daraus kann eine detaillierte Planung des kurzfristigen und
langfristigen Kapitalbedarfs abgeleitet werden. Kosten der laufenden Umsatztätigkeit, wie
Ausgaben für Roh-, Hilfs- und Betriebsstoffe, unfertige Erzeugnisse / Leistungen, und laufende Kosten, wie beispielsweise Personal, Miete / Pacht, Büro / Verwaltungskosten, Ener-
gie- / Fahrzeugkosten, Zins- / Tilgungskosten und Privatentnahmen, werden zum Umlaufvermögen gezählt und sind von kurzfristigem Charakter. Das Anlagevermögen beinhaltet die
Investitionen für Grundstücke, Gebäude, Umbaumaßnahmen, Maschinen, Geräte, Einrich-
tungsgegenstände und Fahrzeuge und setzt eine langfristige Kapitalbedarfsplanung voraus.

Der Erstausstattungsbedarf bei Gründung eines Unternehmens muss ebenso wie der außerordentliche Kapitalbedarf, bedingt durch Absatzrückgang und unvorhergesehene betriebliche
Störungen, in der Planung Berücksichtigung finden. Selbstverständlich unterscheidet sich der
Kapitalbedarf für die einzelnen Unternehmen je nach Branche und Rechtsform. Er ist z. B.
abhängig von der Betriebsgröße, dem Vermögensaufbau, den Zahlungsgewohnheiten, dem
Produktionsprogramm, dem Absatz des Unternehmens, dem Investitionsplan, von Saison-
und Konjunktureinflüssen und den Bedingungen auf den Beschaffungsmärkten, um nur einige Faktoren zu nennen.

Gerade im ersten Jahr nach der Gründungsphase, in der so genannten Anlaufphase, entstehen
Kosten, die unbedingt mitkalkuliert werden müssen. Die einzelnen Phasen der Existenzgründung erfordern eine unterschiedliche Schwerpunktsetzung in der Kapitalbedarfsplanung. In
der Seed-Phase ergeben sich vor allem Ausgaben für Forschung und Entwicklung, Marktanalysen, Standortplanung und Erstellung des Geschäftsplanes. In der Start-up-Phase fallen vor
allem Ausgaben für die Erarbeitung von Gesellschaftsverträgen, Gewerbeanmeldung, Genehmigungen, Registereinträgen sowie für die Aufbringung der Einlagen an. Diese Gründungskosten sind abhängig von der jeweiligen Rechtsform des Unternehmens. Auch die
Markteinführungskosten für Werbung, Marktforschung, Einrichtung von Internetseiten und
des Corporate Designs dürfen nicht vergessen werden. Die anfallenden Erstinvestitionen
wirken sich ebenso wie die zu erwartenden Anfangsverluste bei der laufenden Geschäftstä-
tigkeit auf die Höhe des Gesamtkapitalbedarfs aus. Dieser muss kurz-, mittel und langfristigen Kapitalbedarf enthalten.

4.1.2   Das Eigenkapital

Ausgehend von der gegenwärtigen Situation des Existenzgründers erfolgt eine Selbstanalyse der eigenen finanziellen Mittel. Es muss untersucht werden, was konkret an Eigenkapital vorhanden ist und in welcher Form es dem Unternehmer verfügbar ist. Barvermögen, Vermögenswerte, Grundbesitz, Eigentumswohnungen, Sparverträge, Bausparverträge, Lebensversicherungen, Wertpapiere und Sparguthaben sind verschiedene Formen von Eigenkapital, auf welche der Unternehmer zurückgreifen oder sie zumindest bei Banken als Kreditsicherheit hinterlegen kann. Existieren private Schulden, so müssen diese ebenfalls in die Planung einbezogen werden. Sicher ist jedoch, dass ohne jedwedes Eigenkapital nicht erwogen werden sollte, ein Unternehmen zu gründen. Mindestens 1/5 sollte die Unternehmensfinanzierung aus Eigenkapital bestehen und zumindest das Anlagevermögen sollte durch Eigenmittel gedeckt sein. Denn die Wahrung der Liquidität ist eine wichtige Voraussetzung zum Erfolg eines Unternehmens. Die Finanzierung des Umlaufvermögens muss so geplant werden, dass der Unternehmer laufende Verbindlichkeiten innerhalb der gesetzten Zahlungsfristen begleichen kann.

Alternativ bietet sich dem Unternehmer die Möglichkeit, Eigenkapital durch Dritte bereitstellen zu lassen. In der Bilanz wird dieses Geld als Eigenkapital aufgeführt und kann somit weitere Kreditaufnahmen unterstützen. Staatliche Förderprogramme, wie das ERP-Kapital, bieten Existenzgründern damit die Chance, den Traum vom eigenen Unternehmen zu realisieren. Öffentliche Stellen, wie z. B. Innovation-Market, das Eigenkapitalforum der Deutschen Börse AG und KfW oder das Business Angels Network Deutschland vermitteln den jungen Unternehmern ganz konkret solvente Partner. Greifen die Existenzgründer auf öffentliche oder private Beteiligungsgesellschaften zurück (Venture Capital Gesellschaften), so fließt ihnen Eigenkapital in Form von Einlagen als Stamm- oder Grundkapital zu. Stille Beteiligungen an Unternehmen sind ebenfalls möglich. Die Unternehmer müssen sich jedoch bewusst darüber sein, dass vor allem die offenen Beteiligungsgesellschaften auch in Unternehmensentscheidungen einbezogen werden, Einfluss auf betriebliche Handlungen nehmen und eine Gewinnbeteiligung erhalten. Die diesbezüglichen Rechte variieren je nach Höhe und Form der Beteiligung.

4.1.3   Das Fremdkapital

Sofern sich nach Ermittlung des Kapitalbedarfs und nach Aufstellung des zur Verfügung stehenden Eigenkapitals eine Diskrepanz in Form eines höheren Kapitalbedarfwertes ergibt, so muss geprüft werden, inwieweit ein Ausgleich durch öffentliche Bürgschaftsprogramme gegeben sein könnte. Aus den Sicherungswerten errechnet die Bank die Bonität des Unternehmers. Je mehr Sicherheiten vorhanden sind, desto größer ist die Chance einer Kreditvergabe. Neben einem hervorragenden Finanzbedarfs- und Finanzierungsplans beeinflusst auch der Businessplan und die Unternehmerpersönlichkeit die Entscheidung der Kapital- und Kreditnehmer. Eine kompetente Präsentation mit Darstellung der Zukunftsfähigkeit des Gründungsvorhabens und der persönlichen Qualifikation bei Bankgesprächen ist somit von großer Bedeutung.

Der Unternehmer kann auf unterschiedliche Kreditarten zurückgreifen, welche sich in kurzfristige und langfristige Fremdfinanzierungen unterteilen lassen. Wenn die Kreditlaufzeit
unter sechs Monaten liegt, wird von kurzfristigen Krediten gesprochen. Bei mittelfristigen
Krediten liegt die Laufzeit zwischen sechs Monaten und vier Jahren. Bei einer Laufzeit von
vier Jahren und darüber handelt es sich um langfristige Kredite. Die Frage, welcher Kreditgeber oder welche Kreditart in Betracht kommt, ist vom Umfang und der Nutzungsdauer
abhängig. Kredite werden zumeist von der eigenen Hausbank vergeben. Es ist jedoch von
großer Notwendigkeit, sich bei verschiedenen Banken und Beratern vorab zu informieren
und aufklären zu lassen, denn häufig werden dem Unternehmer nicht immer die günstigsten
Modelle angeboten oder aufgezeigt. Um die passenden Kredite für sein Unternehmen zu
erlangen, bedarf es also einer ausführlichen Prüfung der verschiedenen Alternativen. Fühlt
sich der Existenzgründer mangels eigener Fachkenntnisse auf diesem Gebiet nicht in der
Lage diese Entscheidung zu treffen, sollte er sich nicht davor scheuen, bei Experten Rat
einzuholen. Falsche Entscheidungen bei Kreditverträgen und Förderprogrammen können
schwerwiegende Ausmaße mit sich bringen und Chancen nehmen, da z. B. nicht alle Kredite
miteinander kombinierbar sind.

Langfristige Kredite sind unter anderem Bankdarlehen, Darlehen von Verwandten, Investiti-
onsdarlehen und Gesellschafterdarlehen. Alternative Finanzierungsformen zum herkömmli-
chen Bankkredit sind z. B. das Immobilienleasing, die Betriebsaufspaltung, das Mobilienleasing und das Factoring.

Zu den kurzfristigen Kreditarten zählt der Lieferantenkredit. In der betrieblichen Praxis ist
dies ein Kredit, auf welchen häufig zurückgegriffen wird, da er ohne großen Aufwand in
Anspruch genommen werden kann. In der Regel erfolgt der Lieferantenkredit als Warenkre-
dit. Der Lieferant gewährt dem Kunden eine bestimmte Zahlungsfrist, die es ermöglicht, die
Beschaffung mit den erzielten Einnahmen zu finanzieren. Da bei diesem kurzfristigen Kredit
Skontoabzug verloren geht, ist er allerdings für den Unternehmer ein teurer Kredit. Weitere
Formen der kurzfristigen Kreditfinanzierungen für den Unternehmer sind die Kundenanzah-
lung, der Kontokorrentkredit, der Wechselkredit, der Diskontkredit, der Akzentkredit, der
Avalkredit, der Lombardkredit und der Saisonkredit.

Neben den Realsicherheiten in Form von Gegenständen und Rechten, können auch Personalsicherheiten wie die Bürgschaft zur Kreditwürdigkeit verwendet werden. Häufig sind es
Verwandte oder nahe stehende Personen, die sich bei dem Bürgschaftskredit für den Kreditnehmer verbürgen. Bei diesem Kredit werden jeweils zwei Verträge abgeschlossen. Ein
Kreditvertrag zwischen dem Hauptschuldner und dem Gläubiger und ein einseitig verpflichtender Vertrag zwischen Bürge und Gläubiger. Kann der Kreditnehmer seinen Zahlungsverpflichtungen nicht nachkommen, muss der Bürge für die Erfüllung der Verbindlichkeiten
aufkommen. In der Regel wird der Bürgschaftsvertrag schriftlich abgeschlossen. Es gibt zwei
Arten von Bürgschaften: die Ausfallbürgschaft und die selbstschuldnerische Bürgschaft. Bei
der Ausfallbürgschaft hat der Bürge die „Einrede der Vorausklage", wohingegen der Bürge
bei der selbstschuldnerischen Bürgschaft wie der Hauptschuldner selbst und unmittelbar
haftet. Deshalb sollte jeder Bürge vor Abschluss einer Bürgschaft genau hinterfragen, welches Risiko er eingehen möchte.

4.2   Das Bankgespräch

Da die meisten Existenzgründer für die Verwirklichung ihres Unternehmenskonzeptes nicht über genügend finanzielle Mittel verfügen, sind sie darauf angewiesen, sich Fremdkapital zu beschaffen. Die meisten Existenzgründer wenden sich hierbei an eine Bank. Die Verhandlung mit Banken sollte nicht unterschätzt werden, denn in der Praxis werden ungefähr zwei Drittel aller Anfragen von Existenzgründern, die Kapital für ihr Unternehmenskonzept benötigen von den Banken abgelehnt. Schon bei der Wahl der Bank bietet es sich an, geschickt zu taktieren. So bietet es sich für den zukünftigen Unternehmer an, bei einer Bank anzufragen, die ihn bereits als Kunden kennt. Hier ist eher damit zu rechnen, dass sie ihn und das Risiko einer Kreditvergabe an ihn besser abschätzen kann. Innerhalb einer Bank haben Unternehmenskunden oftmals immer den selben Gesprächspartner. Wichtig ist hierbei, dass der Existenzgründer darauf achten sollte, ob er mit seinem Gegenüber zufrieden ist und mit ihm auskommen kann. Denn es ist nervenaufreibend, sich permanent und über Monate mit einem Gesprächspartner auseinandersetzen zu müssen, mit dem ein vernünftiges Zusammenarbeiten unmöglich ist. Deshalb kann nur angeraten werden, bei dauerhafter Unzufriedenheit über einen Bankwechsel nachzudenken. Bei der Wahl des richtigen Ansprechpartners sollte der Existenzgründer folgende Punkte bedenken:

- Ist der Berater gut zu erreichen?
- Ist er sympathisch oder unsympathisch?
- Ist er fachlich kompetent?
- Kennt er sich mit der Existenzgründung aus?
- Ist der Bankberater entscheidungsbefugt oder muss er erst Entscheidungsträger innerhalb der Bank einschalten?

Wurde die richtige Bank und der richtige Bankberater gefunden, so kommt es darauf an, den Gesprächspartner im Rahmen des Bankgespräches von der Unternehmensgründung und dem Erfolg des Konzeptes zu überzeugen. Hierfür ist es zunächst erforderlich, dass der Existenzgründer selbst an sein Konzept glaubt und auch bereit ist, viel dafür zu tun, damit er es verwirklichen kann. Nur wenn der Existenzgründer selbst an sein Konzept glaubt, wird er auch in der Lage sein, seinen Gesprächspartner davon zu überzeugen. Damit das Bankgespräch reibungslos abläuft, bietet es sich an, den Banktermin so zu vereinbaren, dass weder der Existenzgründer noch der Gesprächspartner von der Bank unter Zeitdruck geraten kann. Zur Vorbereitung des Gesprächs, bietet es sich an, der Bank schon im Vorfeld und frühzeitig notwendige Unterlagen zu überlassen. Sofern ein oder mehrere Mitgesellschafter an der Existenzgründung beteiligt sind, sollten auch diese am Bankgespräch teilnehmen. Wird erwogen, einen professionellen Berater wie beispielsweise einen Rechtsanwalt oder Steuerberater mit zu dem Gesprächstermin hinzuzubitten, so sollte dieses der Bank angekündigt werden. Das Gespräch selbst sollte nicht unvorbereitet stattfinden. Es kann nur dazu geraten werden, sich für die Vorbereitung Zeit und Ruhe zu nehmen und selbst die Kleidung der Situation des Beratungsgesprächs angemessen zu wählen. Es versteht sich von selbst, dass der Existenzgründer zu dem vereinbarten Termin pünktlich erscheint. Deshalb sollten Stau und ähnliches eingeplant werden. Sinn des Gespräches ist es, die Bank vom eigenen Konzept zu überzeugen. Hierfür ist es erforderlich, dass es im Rahmen des Bankgespräches noch einmal vorgestellt wird. Dies sollte möglichst professionell und sicher geschehen. Es kann nur gelingen, wenn der Bank gezeigt wird, dass man hundertprozentig hinter dem Konzept steht. Doch bei allem Enthusiasmus ist es wichtig, immer sachlich zu bleiben. Sollten seitens der Bank Bedenken geäußert werden, so sollten diese Punkte nach Möglichkeit sofort in dem Gespräch diskutiert werden. Ein Verschieben würde nur einen negativen Beigeschmack hinterlassen. Doch sollten Diskussionen über Probleme nicht ohne Substanz geführt werden. Sollten Fragen der Bank Punkte berühren, die der Existenzgründer nicht aus dem Stand darstellen oder beantworten kann, so sollte er nicht davor zurückschrecken, die Beantwortung der Punkte zu verschieben, um zuvor relevante Informationen einzuholen oder zusammenzustellen. Sofern dies dem Gesprächspartner plausibel kommuniziert wird, gibt es keinen Grund, weshalb er sich nicht darauf einlassen sollte. Für die Klärung offener Fragen sollten konkrete Termine gesetzt und auch unbedingt eingehalten werden. Oftmals kann es sogar von Vorteil sein, wenn der Existenzgründer von sich aus Punkte anspricht, die in seinem Konzept als problematisch angesehen werden könnten, um daraufhin sofort durch Argumente die Bedenken zu zerstreuen. Auf jeden Fall sollte der Existenzgründer informiert wirken. Er sollte zeigen, dass er sich über Fördermöglichkeiten und Konditionen zuvor informiert hat.

4.3   Probleme bei der Geldbeschaffung über Banken

Nach der Einführung der Regelungen von Basel II, welche zum 1. Januar 2007 in das deutsche Recht übernommen wurden, haben es Kreditnehmer mit geringerer Bonität schwerer als früher, die von ihnen benötigten Kredite zu günstigen Konditionen zu erlangen. Zwar betreffen die Regelungen in erster Linie bankinterne Eigenkapitalvorschriften, doch führen diese Vorgaben dazu, dass die Banken nunmehr bewerten müssen, inwieweit die Unternehmen, denen sie einen Kredit geben, überhaupt in der Lage sind, ihren künftigen Zahlungsverpflichtungen nachzukommen. Zu diesem Zweck ordnen die Banken ihre Unternehmenskunden in so genannte Risikogruppen ein. Dies geschieht mittels eines Ratingverfahrens, welches entweder bankintern oder durch externe Prüfer durchgeführt werden kann. Im Rahmen des Ratingverfahrens stehen den Banken unterschiedliche Alternativen zur Verfügung. Die möglichen Ratingmethoden sind:

- Standardansatz: Der Standardansatz sieht ein so genanntes externes Rating vor. Das heißt, eine Ratingagentur ermittelt die Bonität des Unternehmens.
- Basis-IRB-Ansatz: Das Kürzel IRB steht für „Internal Rating Based"; es handelt sich also um ein bankinternes Verfahren, in welchem nach Forderungsklassen und vorher festgelegten Risikogewichtsfunktionen die Risikogruppen ermittelt werden. Allerdings verwendet die Bank hierbei bis auf das Kriterium „Ausfallwahrscheinlichkeit" nur vorgegebene Parameter. Allein die Kriterien der Ausfallwahrscheinlichkeit werden hier also von der Bank vorgegeben.
- Fortgeschrittener IRB-Ansatz: Im Rahmen dieser Methode sind die Banken befugt, mehr Risikofaktoren als im Basis-IRB-Ansatz selbst zu bestimmen. Allerdings bedürfen die

bankinternen Parameter dann einer Genehmigung der Bundesanstalt für Finanzdienstleis-tungsaufsicht (BaFin).

Darüber hinaus werden in allen eben genannten Methoden für die Eigenkapitalberechnung der Banken Sicherheiten als entlastend angerechnet und als Minderung des Kreditrisikos berücksichtigt. Mit dem Begriff „Sicherheiten" sind allgemein anerkannte Sicherheiten, wie beispielsweise Aktien, Forderungen aus Lieferung und Leistung, Geld oder Realsicherheiten, gemeint.

Um eine genaue Einordnung vornehmen zu können, werden umfangreiche Angaben und Informationen über das Unternehmen benötigt. Sie werden gewöhnlich den eingereichten Unterlagen entnommen oder bei Betriebsbesichtigungen oder im Rahmen des Kreditge-sprächs ermittelt. Zu den relevanten Informationen gehören bei bereits etablierten Unterneh-men nicht nur die in der Gewinn- und Verlustrechnung (der letzten 2 bis 3 Jahre) oder die in der Bilanz enthaltenen Daten, sondern darüber hinaus auch Angaben zum Branchenumfeld oder über die Unternehmensführung des potentiellen Kreditnehmers. Weitere Informations-quellen sind Strategiepapiere, betriebswirtschaftliche Auswertungen sowie der Investitions-, Umsatz- und Kostenplan. Bei bereits länger bestehender Bankbeziehung kann die Bank auch auf eine Analyse der Kontodaten sowie auf das bisherige Zahlungsverhalten zurückgreifen.

Die genannten Kriterien werden mit Noten bewertet. Die Summe der vom Unternehmen erzielten Punkte wird durch die Zahl der bewerteten Klassen dividiert. Im Ergebnis kann so die Bonität beurteilt werden. Darüber hinaus wird noch eine Sicherheitseinstufung nach Klassen vorgenommen. Beides bietet zusammen die Grundlage einer Einstufung des Risikos. Der ermittelte Risikoschlüssel bildet die Grundlage der Bankentscheidung. Da sich letztlich die Vorgaben des Ratingverfahrens auch auf die Konditionen auswirken, welche dem Unter-nehmen für einen Kredit eingeräumt werden, ist es nachzuvollziehen, dass die kreditsuchen-den Unternehmen besonders interessiert daran sind, ein gutes Ratingergebnis zu erreichen.

Sofern ein Existenzgründer einer Bank mit dem Wunsch gegenübertritt, mit dieser eine Ge-schäftsverbindung aufzubauen, so sollte er sich bewusst sein, dass der erste Kontakt mit einer Bank in der Regel in Form eines Gespräches abläuft. Bei Neukunden werden neben den gewöhnlichen Aspekten, wie beispielsweise der Höhe des Kredits, der Laufzeit, des Ver-wendungszwecks und etwaiger Sicherheiten, auch Fragen der Bonität eine große Rolle spie-len. Daneben wird der Mitarbeiter der Bank insbesondere interessiert sein, Auskünfte über folgende Punkte zu erhalten:

• Wie ist das Unternehmen auf dem Markt positioniert?
• Wie sind die Zukunftsaussichten?
• Wie ist die Lage der Branche generell?
• Wie ist die Struktur des Unternehmens?
• Wie sind die Abläufe innerhalb des Unternehmens aufgebaut?
• Wie setzt sich das Management zusammen?
• Wie ist die Qualifikation der Mitarbeiter?

Diese ersten Gespräche können der Bank vor allem bei Neukunden nur einen ersten Eindruck vermitteln. Aus diesem Grunde kommt es deshalb zumeist zu weiteren Gesprächen, bei welchen gegebenenfalls auch Unterlagen vorgelegt werden oder welche mit einer Besichtigung des Betriebes verbunden werden.

Das Ratingergebnis kann durch mehrere Faktoren positiv beeinflusst werden.

- Bereits die richtige Vorbereitung auf das Rating kann über den Ausgang des Ratingverfahrens entscheiden. Hier sollte die Unternehmensleitung bereits im Vorfeld überlegen, welche Informationen erforderlich sind und welche Maßnahmen ergriffen werden sollten.
- Die für das Kreditinstitut erforderlichen Unterlagen sollten stets auf aktuellem Stand gehalten und vollständig sein.
- Schon die Wahl der Bank kann Einfluss auf das Ergebnis des Ratingverfahrens ausüben. Denn die Banken nutzen (wie oben bereits dargestellt) unterschiedliche Ratingverfahren. Aus diesem Grund kann es von Vorteil sein, wenn sich der Jungunternehmer, noch bevor ein Kreditantrag gestellt wird, über das entsprechende Kreditinstitut und das dort angewandte Ratingverfahren informiert. Nur so kann er im Vorfeld beurteilen, welches Verfahren bzw. welche Kriterien für sein Unternehmen ein gutes Bonitätsergebnis erzielen können. Zu diesem Zweck kann er die Informationen bei einem unverbindlichen Gesprächstermin mit dem Kreditinstitut einholen oder sich die Informationen aus Kundenbroschüren erlesen.

4.4   Sicherheiten

4.4.1   Bürgschaft

Die Bürgschaft gehört zu den Personalsicherheiten. Sie ist in den §§ 765 bis 777 BGB geregelt. Eine Bürgschaft wird oftmals in der Absicht abgeschlossen, dem Schuldner einen Kredit zu verschaffen. Durch sie soll eine fremde Schuld gesichert werden, indem der Gläubiger als zusätzliche Sicherheit einen Anspruch gegen den mithaftenden Bürgen erhält. Deshalb kann die Bürgschaft als ein einseitig verpflichtender Vertrag zwischen dem Bürgen und dem Gläubiger eines am Vertrag nicht beteiligten Dritten angesehen werden, durch welchen sich der Bürge dem Gläubiger gegenüber verpflichtet, für die Erfüllung der Hauptschuld einstehen zu wollen. Sofern es sich bei dem Bürgen nicht um einen Kaufmann handelt, bedarf der Bürgschaftsvertrag nach § 766 BGB und § 350 HGB auf Seiten des Bürgen der Schriftform. Das Erfordernis der Schriftform soll den Sicherungsgeber vor übereilt abgegebenen Erklärungen schützen. Der Sicherungsnehmer bedarf dieses Schutzes nicht, denn er zieht aus der Bürgschaft lediglich Vorteile. Aus diesem Grunde bedarf auch nur die Erklärung des Bürgen, nicht jedoch die Annahme des Gläubigers der Schriftform. Vollkaufleute im handelsrechtlichen Sinn sind nach Auffassung des Gesetzgebers weniger schutzbedürftig. Sie benötigen das Schriftformerfordernis nicht. Bankbürgschaften können aufgrund der Eigenschaften der Banken als Formkaufmann im Sinne der §§ 6 Abs. 2 HGB und § 3 AktG also auch ohne

Einhaltung der Schriftform übernommen werden. Durch den Bürgschaftsvertrag verliert der Gläubiger den Schuldner nicht als Vertragspartner, sondern der Bürge tritt zusätzlich als weiterer Schuldner in die Beziehung ein. Er wird durch die Bürgschaft nicht unmittelbarer Schuldner der Forderung, sondern kann nur hilfsweise zur Begleichung der Forderungen herangezogen werden, sofern der Betrag vom eigentlichen Schuldner nicht erlangt werden kann. Zur Absicherung des Bürgen steht ihm nach § 771 BGB die so genannte Einrede der Vorausklage zu. Das heißt, er kann darauf bestehen, dass der Gläubiger zunächst versucht, den geschuldeten Betrag vom eigentlichen Schuldner einzutreiben, bevor er an den Bürgen herantritt. Wichtig ist hierbei zu wissen, dass diese Einrede vom Bürgen ausdrücklich selbst erhoben werden muss. Sie wird nicht von Amts wegen berücksichtigt. Es besteht aber nach § 773 BGB auch die Möglichkeit, die Einrede der Vorausklage bereits bei Abschluss des Bürgschaftsvertrages vertraglich auszuschließen. Derartige Bürgschaftsverträge werden auch als selbstschuldnerische Bürgschaften bezeichnet.

4.4.2   Hypothek und Grundschuld

Kreditinstitute nutzen oftmals die Möglichkeit, sich über Immobilien abzusichern. Hierbei kommen sowohl Hypothek als auch Grundschuld in Frage. Beide Rechtsinstitute sind derart eng mit dem gesicherten Grundbesitz verwoben, dass selbst eine Veräußerung des Grundbesitzes keinen Einfluss auf den Bestand des Sicherungsmittels ausübt. Beide Sicherungsmöglichkeiten räumen dem Berechtigten ein bevorzugtes Zugriffsrecht auf ein Grundstück ein. In beiden Fällen kann der Berechtigte nach §§ 1147, 1192 BGB die Zwangsvollstreckung in das Grundstück betreiben und dabei nach § 10 ZVG vorrangige Befriedigung erlangen. Obwohl beide Rechtskonstrukte bis auf wenige Punkte identisch sind, hat in der Praxis die Grundschuld die Hypothek nahezu verdrängt. Denn die Grundschuld weist in der Einzelausgestaltung für den Gläubiger mehr Vorteile auf. Anders als die Hypothek ist die Grundschuld nach §§ 1191, 1192 Abs. 1 BGB nämlich in ihrem Bestand nicht davon abhängig, dass ihr eine zu sichernde Forderung zu Grunde liegt. Das heißt, dass eine Grundschuld auch dann besteht, wenn die zu sichernde Forderung überhaupt nicht entstanden oder durch Rückzahlung erloschen ist. Demgegenüber ist die Hypothek nach § 1113 BGB in ihrem Bestand streng von der zu sichernden Forderung abhängig. Dem Grunde nach und vom Umfang her, besteht eine Hypothek nur, soweit die durch sie zu sichernde Forderung entstanden ist und noch besteht. Aus diesem Grunde ziehen die meisten Kreditinstitute im Rahmen der Auswahl eines Sicherungsmittels die Grundschuld einer Hypothek vor. Damit ein derartiges Sicherungsmittel entstehen kann, bedarf es zunächst einer Einigung zwischen dem Gläubiger und dem Sicherungsgeber. Hierfür kann ein formloser Vertrag über die Grundstücksbelastung zwischen dem Grundstückseigentümer und dem Erwerber der Grundschuld abgeschlossen werden. Die Eintragung des Sicherungsmittels wird nach entsprechendem Antrag gemäß § 13 Grundbuchordnung (GBO) und einer öffentlich beglaubigten Bewilligung des betroffenen Eigentümers nach §§ 19, 29 GBO vom Grundbuchamt vorgenommen. Darüber hinaus wird vom Grundbuchamt ein Grundschuldbrief bzw. Hypothekenbrief ausgestellt und übergeben. Sofern das Sicherungsmittel nicht verbrieft werden soll, muss der Ausschluss der Verbriefung im Grundbuch eingetragen werden. In der Praxis wird das Sicherungsmittel oft als verbrieftes Recht ausgestaltet, denn dies erleichtert ihre Übertragung.

4.4.3 Die Sicherungsübereignung

Die Sicherungsübereignung ist anwendbar, wenn es um die Absicherung von Forderungen bezüglich beweglicher Sachen geht. Sie ist ein Sicherungsmittel, welches den wirtschaftlichen Gegebenheiten besser als das Pfandrecht Rechnung tragen kann. Möchte ein Existenzgründer beispielsweise für sein Unternehmen eine Maschine kaufen, welche er dringend für den Betrieb seines Unternehmens benötigt, so nützt ihm ein Pfandrecht nichts, welches dazu führt, dass er zur Absicherung der Kaufpreiszahlung den Besitz an der Maschine und damit die Maschine selbst, dem Gläubiger zu übergeben hat. Dies ist wirtschaftlich unsinnig, denn die Maschine wird ja gerade im Unternehmen benötigt. Eine Alternative kann hier die so genannte Sicherungsübereignung bringen. Hierbei übereignet der Kreditnehmer Gegenstände wie beispielsweise Maschinen, Pkw oder Warenbestände an den Sicherungsnehmer. Die für eine Übereignung erforderliche Besitzübergabe wird hierbei jedoch durch ein so genanntes Besitzmittlungsverhältnis ersetzt. Dies kann beispielsweise ein Leih-, Miet- oder Verwahrungsvertrag sein. Somit geht zwar das Eigentum an den Sachen an den Sicherungsnehmer über; der Besitz und damit die Nutzungsmöglichkeit verbleibt aber bei dem Sicherungsgeber, der sein Eigentum an den Gegenständen erst bei Tilgung der Darlehensschuld zurückerhält. Darüber hinaus wird gewöhnlich eine Vereinbarung getroffen, nach welcher der Sicherungsnehmer nur dann berechtigt ist, die zur Sicherheit übereigneten Gegenstände herauszuverlangen, wenn es zu Unregelmäßigkeiten bzw. zu Schwierigkeiten bei der Tilgung des Kredites kommt.

4.4.4 Der Eigentumsvorbehalt

Das rechtliche Konstrukt des Eigentumsvorbehalts ist aus dem Wirtschaftsleben kaum noch hinweg zu denken. Es findet hauptsächlich im Rahmen von Kauf- und Werkverträgen Anwendung. Wenn beispielsweise ein Käufer nicht in der Lage ist, den Kaufpreis bei Lieferung vollständig zu erbringen, so sichert sich der Verkäufer oftmals dadurch ab, dass er die Erbringung seiner Hauptpflicht, nämlich die Übereignung der Ware aufschiebt, bis der Käufer seiner rechtsgeschäftlichen Verpflichtung, der vollständigen Kaufpreiszahlung, nachgekommen ist. Die Ware wird zwar in den Besitz, also die tatsächliche Sachherrschaft des Käufers gegeben; Eigentum hieran wird ihm allerdings nicht übertragen. Dies geschieht erst, wenn er den vollständigen Kaufpreis gezahlt hat. Man unterscheidet zwischen einfachem und verlängertem Eigentumsvorbehalt. Der einfache Eigentumsvorbehalt, bei dem der Verkäufer – wie eben bereits beschrieben – die Eigentumsübertragung unter die Bedingung der vollständigen Zahlung des Kaufpreises stellt, ist im Wirtschaftsleben oftmals keine ausreichende Absicherung des Gläubigers, denn sie bietet keinen wirklichen Schutz vor Eigentumsverlust. Insbesondere wenn die Ware im Rahmen einer Absatzkette verkauft wird, also wenn damit zu rechnen ist, dass der Käufer sie an Dritte weiterveräußert, besteht die Gefahr des Eigentumsverlustes durch gutgläubigen Eigentumserwerb. Kauft ein Großhändler beispielsweise Ware unter Eigentumsvorbehalt und ist er mangels vollständiger Kaufpreiszahlung lediglich Besitzer aber nicht Eigentümer der Ware geworden, so kann er dennoch über die Ware verfügen und sie an einen Dritten, z. B. einen Einzelhändler, veräußern. Sofern der Dritte nicht weiß, dass die Ware dem Großhändler nicht gehört, wird er als gutgläubig angesehen. Nach

§ 935 BGB ist eine Eigentumsübertragung an einen gutgläubigen Käufer wirksam und führt dazu, dass der ursprüngliche Vorbehaltsverkäufer sein Eigentum verliert. Da der einfache Eigentumsvorbehalt vor derartigem Eigentumsverlust nicht schützt, wird er in der Praxis um einige Komponenten ergänzt. Dieses wird als verlängerter Eigentumsvorbehalt bezeichnet. Um mehr Sicherheit vor Eigentumsverlust zu erreichen, gestattet der Vorbehaltsverkäufer dem Käufer, die Ware an Dritte weiterzuverkaufen, lässt sich aber zugleich von seinem Kunden den Kaufpreisanspruch, welchen dieser gegenüber dem Dritten erwirbt, abtreten. So könnte der Vorbehaltsverkäufer, sofern der Käufer nicht zahlt, an den das Eigentum erwerbenden Dritten herantreten und die Forderungen, welche eigentlich der Vorbehaltskäufer gegen ihn hat, für sich fordern. Zusätzlich wird in die Verträge oftmals noch eine Verarbeitungsklausel als weitere Absicherung aufgenommen. Diese ist in der Praxis insbesondere dann erforderlich, wenn damit gerechnet werden muss, dass der Käufer die gelieferte Ware verarbeitet oder mit anderen Stoffen vermischt. Das BGB sieht mit den §§ 948 ff. BGB nämlich einen automatischen Eigentumsverlust bei Vermischung, Vermengung und Verarbeitung vor. Kauft ein Textilunternehmen beispielsweise unter Eigentumsvorbehalt Stoffballen und verarbeitet diese, ohne die Rechnung zu bezahlen, zu Kleidung, so verliert der Vorbehaltsverkäufer durch die Verarbeitung automatisch das Eigentum an den Stoffballen. Zwar steht ihm nach § 951 BGB ein Anspruch auf Entschädigung zu, doch stünde dieser dann lediglich nutzlos neben dem bereits bestehenden Kaufpreisanspruch. Interessanter wäre für den Vorbehaltsverkäufer sicherlich selbst Eigentümer des neuen Produktes „Kleidung" zu werden. Aus diesem Grunde wird der vertragliche Eigentumsvorbehalt oftmals um eine Klausel erweitert, die vorsieht, dass, sollte die gelieferte Ware verarbeitet werden, sie als vom Vorbehaltsverkäufer verarbeitet gilt. Dies ist also eine Fiktion. Weil das Gesetz vorsieht, dass der „Verarbeitende" das Eigentum erwirbt, wird nun so getan, als verarbeitet nicht der Käufer die unbezahlte Ware, sondern der Vorbehaltsverkäufer. Logischerweise war er Eigentümer der Stoffballen und bleibt es dann auch nach der Verarbeitung zu Kleidung. Sofern der Vorbehaltskäufer zwischenzeitlich in Insolvenz fällt, kann der Vorbehaltsverkäufer hierdurch möglicherweise sein Eigentum retten.

4.5   Ziele des Finanzbereichs

Der Finanzbereich eines Unternehmens sollte auf folgende Faktoren ausgerichtet sein:

- das finanzielle Gleichgewicht sollte aufrecht erhalten werden,
- die Liquidität muss gesichert bleiben,
- es muss bei allen zu treffenden Entscheidungen und Maßnahmen wirtschaftlich gehandelt werden,
- die finanzielle Unabhängigkeit muss abgesichert werden.

Unter dem Begriff der Liquidität ist die Fähigkeit eines Unternehmens zu verstehen, zu Recht erhobene Zahlungsforderungen Dritter jederzeit innerhalb gesetzter Fristen begleichen zu können. Ist eine solche Liquidität nicht gegeben, so kann dies zur Zahlungsunfähigkeit führen. Ist dieser Zustand kein vorübergehender, führt dieser Weg zur Insolvenz des Unternehmens. Doch selbst kurzfristige finanzielle Engpässe, können das Verhältnis zu Vertrags-partnern nachhaltig belasten. Aus diesem Grund sollte ein junges Unternehmen darauf ach-ten, dass ein konsequentes Forderungsmanagement betrieben wird und dass nach Möglich-keit immer genügend Kapital zur Verfügung steht.

Einem jungen Unternehmen bieten sich mehrere Möglichkeiten, Kapital bereitzustellen. Um Eigenkapital zu bilden, können beispielsweise von außen Finanzmittel als so genannte Betei-ligungsfinanzierung eingeworben werden. Derartige Beteiligungsfinanzierungen können entweder als Geldeinlage oder als Sacheinlage eingebracht werden. Die Geldeinlage ist in der Praxis am weitesten verbreitet. Vorteil dieser Möglichkeit ist, dass wegen des feststehen-den Wertes der Geldbeträge keine Bewertung erforderlich wird. Bei Sacheinlagen hingegen wird dem Unternehmen kein Geld überlassen, sondern Sachwerte, wie beispielsweise Ma-schinen, Mobiliar oder Handelsware. Es können aber auch Rechte, wie beispielsweise Urhe-ber- und Patentrechte oder Forderungen sein. Im Rahmen der Sacheinlagen tritt das Problem auf, dass für die zur Verfügung gestellten Sachen ein Wert ermittelt werden muss. Da aber das Eigenkapital dem Schutz der Unternehmensgläubiger dienen soll, ist für viele Unterneh-mensformen vorgeschrieben, dass der Wert der Sacheinlagen von unabhängigen Prüfern überprüft wird.

Eine andere Möglichkeit, Eigenkapital aufzubauen, ist die Möglichkeit das Unternehmen von innen heraus mit Kapital auszustatten, indem Gewinne entweder insgesamt oder zum Teil nicht ausgeschüttet werden, sondern im Unternehmen verbleiben. Dies wird als so genannte Selbst- oder Innenfinanzierung bezeichnet. Im Rahmen der Innenfinanzierung kann in zwei Ausgestaltungsmöglichkeiten differenziert werden: die offene Finanzierung und die stille Finanzierung.

Von einer offenen Finanzierung kann gesprochen werden, wenn Gewinne einbehalten wer-den; also wenn Gewinne, die in der Bilanz und in der Gewinn- und Verlustrechnung ausge-wiesen werden, nicht oder nicht vollständig ausgeschüttet werden. Ursachen hierfür können entweder darin bestehen, dass der Gesellschaftsvertrag bestimmte Regelungen enthält, die es untersagen, bestimmte Teile des Gewinns auszuschütten. Eine andere Grundlage hierfür kann auch in einem Gesellschafterbeschluss bestehen. Dann handelt es sich um eine freiwil-lige Selbstfinanzierung. Oder aber die Einbehaltung des Gewinnes ist gesetzlich vorge-schrieben, wie etwa durch aktienrechtliche Gewinnverwendungsvorschriften.

Eine andere Möglichkeit der Innenfinanzierung ist die stille Finanzierung. Diese liegt vor, wenn in der Bilanz stille Reserven gebildet werden. Unter stillen Reserven ist der in Wirt-schaftsgütern des Anlagevermögens enthaltene Unterschiedsbetrag zwischen dem Buchwert eines Wirtschaftsgutes und dem tatsächlichen Wert zu verstehen, zu welchem es veräußert oder dem Betriebsvermögen entnommen werden kann. Zwar schlägt sich der Finanzierungs-effekt stiller Reserven nicht erkennbar in einer Erhöhung des Eigenkapitals nieder, jedoch führen stille Reserven zu einer Minderung des ausgewiesenen Gewinns. Soweit die An-sammlung stiller Reserven steuerlich zulässig ist, führt die Gewinnminderung zu einer steu-erlichen Entlastung. Während die stillen Reserven aufgebaut werden, erhöhen sie den inne-ren Wert des Unternehmens.

Es gibt auch eine so genannte kapitalschonende Finanzierung. Hierzu zählten typischerweise die Rechtskonstrukte Factoring, Leasing und Franchising.

4.6   Factoring

Gewöhnlich kauft beim Factoring ein so genannter Factor auf der Grundlage eines Vertragsschlusses Geldforderungen auf. Seit der Einführung von Basel II wird die Thematik alternativer Finanzierungsmöglichkeiten immer wichtiger. Hiervon sind insbesondere mittelständische Unternehmen betroffen. Nachdem nunmehr die Kreditinstitute verpflichtet sind, für jeden Kunden ein Rating durchzuführen, kann der Ausgang desselben über die Zukunft des Unternehmens entscheiden. Ein schlechtes Rating bedeutet zumeist auch sehr hohe Kreditkosten, wenn die Kreditwürdigkeit als nicht besonders gut eingeschätzt wird und die Bank ein hohes Ausfallrisiko zu befürchten hat. Je höher Faktoren wie Sicherheit, Ertragslage, Umsätze oder Liquiditätslage einzuordnen sind, desto besser wird ein Unternehmen bewertet. Aus diesem Grunde müssen viele Unternehmen umdenken und sich überlegen, wie sie ihre Kreditwürdigkeit verbessern können. Insbesondere das Factoring wird deshalb heutzutage immer mehr zu einem gefragten Finanzierungsinstrument.

4.6.1   Historische Entwicklung

Um die Tätigkeit eines Factors besser verstehen zu können, ist es sinnvoll, zunächst die historische Entwicklung des Factoring darzustellen. Die historische Entwicklung des Factoring kann bis in die Zeit um 3.000 v. Chr. zurückverfolgt werden. Historische Dokumente belegen, dass bereits zu dieser Zeit in Regionen wie dem Irak, Babylon und dem alten Rom Handelsgeschäfte getätigt wurden, welche dem heutigen Factoring sehr ähnlich waren. So stammt das Wort „Factoring" vom lateinischen Wort „facere" ab, welches als „machen" übersetzt werden kann. Auch findet sich der Wortstamm des Factoring in der Zeit des Mittelalters bei dem Begriff „Faktorei" wieder. Als Faktoreien wurden die Handelsniederlassungen der deutschen Handelshäuser bezeichnet. Zu den großen Handelshäusern gehörten Handelsfamilien, wie die Fugger und Welser. Diese verschifften ihre Waren von Europa nach Amerika und setzten einen Faktor zur Leitung einer Faktorei und als ihren Repräsentanten ein. Der Faktor, der bisweilen auch als Agent bezeichnet wurde, lebte vor Ort und hatte umfangreiche Kenntnis über den bestehenden Markt. Dies betraf vor allem die unterschiedlichen Gesetze, Handelsbräuche und die Kreditwürdigkeit der Kunden. In Deutschland konnte sich der Begriff des „Faktors" auf lange Sicht in der Wirtschaftssprache nicht durchsetzen. Stattdessen zog man die englische Schreibweise „Factor" vor. Grund dafür war, dass England eine wichtige Rolle bei der Entwicklung des modernen Factoring, wie wir es heute kennen, spielte. England unterstützte die Factoren u.a. mit der Pfandrechtsprechung zur Absicherung ihrer Geschäfte. Darüber hinaus hatte England großen Anteil bei der Gründung der ersten Factoring-Gesellschaft in New York. Zu Beginn des 19. Jahrhunderts kam es zu einer starken Besiedlung Nordamerikas, wobei vor allem Deutschland und England den nordamerikanischen Markt mit Textilien bedienten. Somit spielte der Factor, der auf Kommissionsbasis

arbeitete, eine immer wichtigere Rolle in der Textilbranche. Waren, welche über den
Schiffsverkehr kamen, wurden gelagert und vertrieben; Forderungen wurden eingetrieben
und der Factor übernahm auch das Delkredererisiko. Deshalb wird hier auch von Waren-
Factoring gesprochen. Am Ende des 19. Jahrhunderts setzte in den USA die Industrialisierung ein und es entstanden dort allmählich Textilfabriken von großem Umfang. Um das Jahr
1890 kam der gesamte europäische Textilimport aus Europa zum Erliegen. Grund dafür war
die Einführung von hohen Schutzzöllen auf Importprodukte, welche der Industrialisierung in
den USA einen weiteren Anschub bescherte. Durch den stagnierenden Import waren insbesondere die Factoren betroffen. Sie orientierten sich um und boten der kapitalschwachen
Textilindustrie Leistungen, wie beispielsweise Finanzierung von Forderungen, Übernahme
des Ausfallrisikos sowie das Eintreiben von Forderungen, an. Somit löste das Finanzierungs-
Factoring das Waren-Factoring ab und war damit der Ursprung des heutigen modernen Factoring. Da aber auch bald Geschäftsbanken der Textilindustrie ihre Finanzdienstleistungen
anboten, kam das Factoring bald zum Erliegen. Die Unternehmen beliehen ihre Grundstücke
und die Banken konnten auf diese bei einer Zahlungseinstellung durch ein Grundpfandrecht
zurückgreifen. Doch mit dem „Schwarzen Freitag" am 25. Oktober 1929 und dem Beginn
der Weltwirtschaftskrise sowie dem damit verbundenen Wertverlust von Grundstücken er-
lebte das Factoring ab 1930 eine neue Renaissance. Ab 1960 begann man auch in der Bundesrepublik Deutschland mit Factoring. Doch stand dem Factoring in Deutschland zu Beginn
nur eine unklare und unausgebildete Rechtslage zur Seite. Bis zum Jahre 1978 war noch
nicht einmal entschieden, ob es sich bei Factoring um ein sittenwidriges Rechtsgeschäft
handelt. Nach und nach wurde die Rechtslage jedoch klarer, Factoring wurde ein anerkanntes
Rechtsgeschäft und inzwischen wächst die Nutzung des Factoring in Deutschland immer
weiter.

4.6.2   Begrifflichkeit

Der englische Begriff „Factoring" umschreibt den fortlaufenden Kauf und Erwerb von kurzfristigen Forderungen aus Warenlieferungen und Dienstleistungen. Diese Definition ist typisch für das Factoring in Deutschland, da hier zum einen das Factoring vorzugsweise bei
kurzfristigen Forderungen angewandt wird. Zum anderen besteht meistens ein dauerhaftes
Vertragsverhältnis, bei dem nicht einzelne Forderungen angekauft werden, sondern solche,
die während der gesamten Vertragslaufzeit entstehen.

Im Rahmen des Factoring stehen sich drei Parteien gegenüber: der Factoringkunde, der Abnehmer und die Factoring-Gesellschaft. Der Factoringkunde schließt einen Factoringvertrag
mit dem Factor bzw. einer Factoring-Gesellschaft. Hierbei verpflichtet sich der Factoring-
Kunde, seine künftigen Forderungen an den Factor zu verkaufen. Die rechtliche Grundlage
für den Verkauf bildet der § 433 BGB. Es handelt sich nämlich beim Factoring um einen
Forderungsverkauf. Entsprechend § 433 Abs. 1 BGB ist der Factoringkunde verpflichtet,
dem Factor die bestehende Forderung zu übertragen. Nach Absatz 2 dieser Norm ist der
Factor verpflichtet, dem Factoringkunden das vereinbarte Entgelt, nämlich den Factoringerlös, für die abgetretene Forderung zu zahlen. Der Factoringerlös besteht gewöhnlich aus zwei
Teilen: der Bevorschussung und dem Sicherungsrückbehalt, der erst nach Ablauf der Frist
bezahlt wird.

Das Factoring hat drei Hauptfunktionen, welche zugleich auch die Aufgaben des Factors widerspiegeln. Diese sind: die Finanzierungs-, Delkredere- und Dienstleistungsfunktion.

4.6.3   Gründe für die Finanzierung durch Factoring

Die meisten Unternehmen räumen ihren Kunden beim Verkauf von Waren oder Dienstleistungen ein Zahlungsziel ein. Das heißt, der Käufer erhält die Waren und bezahlt sie erst zu einem bestimmten vorgegebenen Zeitpunkt. Insofern ist das Liquiditätsproblem das erste Problem, welches sich bei der Gewährung von Zahlungszielen ergibt. Denn das Unternehmen, welches das Zahlungsziel gewährt hat, muss für diesen Zeitraum auf den ihm zustehenden Geldbetrag verzichten, da die Kunden in der Praxis dazu neigen, den zeitlichen Umfang des Zahlungsziels voll auszunutzen. Das zweite Problem ist, dass die Käufer auch oftmals die eingeräumte Frist überschreiten. Die Gründe hierfür liegen zumeist in der Zahlungsunfähigkeit des Käufers, weil seine Kunden ebenfalls nicht zahlen oder weil er insolvent ist. Im Extremfall läuft das Unternehmen, welches ein Zahlungsziel gesetzt hat, selbst Gefahr, illiquide zu werden oder gar bei hohen Außenständen selbst Insolvenz beantragen zu müssen.

Durch den Verkauf der Forderungen erhält der Factoringkunde sofort zwischen 80% und 90% des Forderungsbetrages und ist damit in der Lage, sein Eigenkapital zu erhöhen. Die Liquidität versetzt den Factoringkunden in die Lage, eigene Rechnungen zu begleichen und gegebenenfalls Skonti zu ziehen. Auch die Insolvenzgefahr kann so gebannt werden. Durch das höhere Eigenkapital stehen dem Unternehmen auch mehr Sicherheiten zur Verfügung, so dass ein Rating besser ausfallen kann.

4.6.4   Standard- und Fälligkeitsfactoring

Der Ankauf von Forderungen durch den Factor kann zu zwei Zeitpunkten geschehen: zum einen vor dem Fälligkeitszeitpunkt und zum anderen zum Fälligkeitszeitpunkt. Hierbei kann zwischen zwei unterschiedlichen Factoringformen unterschieden werden: dem Standardfactoring, welches bisweilen auch als „Full-Service-Factoring" bezeichnet wird und dem Fälligkeits-Factoring.

Das Standard-Factoring vereint in sich alle drei Hauptfunktionen des Factoring, also die Delkrederefunktion, die Dienstleistungsfunktion und die Finanzierungsfunktion. Die Finanzierung erfolgt vor dem Fälligkeitszeitpunkt. Das heißt, der Factor kauft die Forderung zeitnahe zu ihrer Entstehung an, so dass der Kauf quasi eine Bevorschussung vor dem Fälligkeitstag darstellt. Der Abnehmer zahlt direkt an den Factor. Deshalb wird dies auch als offenes Factoring bezeichnet.

Beim Fälligkeits-Factoring übernimmt der Factor nur zwei der genannten Hauptfunktionen; und zwar die Delkredere- und die Dienstleistungsfunktion. Die Finanzierungsfunktion hingegen fällt bei dieser Variante weg. Aus diesem Grund wird das Fälligkeits-Factoring in der Praxis vorwiegend nur von finanzstarken Unternehmen angewandt. Hierbei erhält der Factoringkunde das Geld vom Factor am Fälligkeitstag der Forderung, aber auch nur dann, wenn der Abnehmer die Forderung beglichen hat, die an den Factor übergegangen ist. Dieses Verfahren wird auch als offenes Factoring bezeichnet. Sollte die Forderung durch den Schuldner nicht beglichen worden sein, so erhält der Factoringkunde den Betrag im Rahmen des Fälligkeits-Factoring erst dann, wenn eine im Factoringvertrag festgelegte Frist abgelaufen ist. Gewöhnlich finden sich in der Praxis hierfür Fristen zwischen 90 und 120 Tagen.

4.6.5 Voraussetzungen für das Factoring

Das Factoring ist nicht für alle Branchen geeignet. Vor allem die Dienstleistungsbranchen, wie z. B. Unternehmen, die Beratungsleistungen anbieten, aber auch Elektriker und Bauunternehmen im Bereich des Hoch- und Tiefbaus, sind nicht für das Factoring geeignet. Aber auch der Einzelhandel, der an private Kunden verkauft, wird gewöhnlich von den Factoring-Gesellschaften abgelehnt. Problematisch ist nämlich in diesen Bereichen, dass sich hier die Außenstände nicht genau abschätzen lassen. Hingegen sind beispielsweise die Branchen der Unterhaltungselektronik, der Bekleidung, Nahrungs- und Genussmittel, Verlage, Spielwaren, Metall- oder Chemieindustrie durchaus gern gesehene Kunden der Factoring-Gesellschaften. Anwendung findet das Factoring in der Praxis hauptsächlich bei mittelständischen Unternehmen aus der Industrie, dem Großhandel und bestimmten Dienstleistungsbranchen, sofern sie in das folgende Schema passen. Typische Kunden von Factoring-Gesellschaften sind dadurch charakterisiert, dass sie:

*   standardisierte Waren anbieten; d.h., dass sie keine individuellen Kundenwünsche erfüllen,
*   einen gewissen Mindestumsatz zwischen 1 bis 1,5 Mio. Euro erzielen; wobei manche Factoring-Gesellschaften aber auch viel geringere Umsätze akzeptieren,
*   über Abnehmer mit ausreichender Bonität verfügen.

4.6.6 Kosten

Die Kosten des Factoring setzen sich aus der Factoringgebühr und den Finanzierungskosten zusammen. Insbesondere in der Anlaufphase, wenn ein Unternehmen mit einem Factor zum ersten Mal einen Factoringvertrag schließt, sind die Factoringkosten für das erste Jahr besonders hoch. Grund hierfür ist der erhöhte Aufwand, den der Factor hierbei hat. Er muss die Abnehmer auf ihre Kreditwürdigkeit prüfen, muss sich mit ihnen in Kontakt setzen und neue Konten eröffnen. Bereits im zweiten Jahr hat er diesen Aufwand nicht mehr, da er inzwischen diese Informationen eingeholt hat. Aus diesem Grund werden Factoring-Verträge in der Praxis oft über mindestens zwei Jahre abgeschlossen.

Der Factoringkunde erhält nach Verkauf der Forderung in der Regel 80% bis 90% des Forderungsbetrages ausgezahlt. Die restlichen 10% bis 20% werden als Sicherheitsabschlag einbehalten und erst nach Ablauf einer Sperrfrist ausgezahlt; also entweder wenn der Abnehmer seine Schuld in voller Höhe beglichen hat oder wenn der Delkrederefall nach einer Frist eingetreten ist. Der Sicherheitsabschlag wird solange auf ein Sperrkonto eingezahlt und dient dazu, den Factor vor bestimmten Eventualitäten abzusichern. Dazu zählen:

- Transportschäden;
- Anfechtungen;
- Mängelrügen;
- Wandlungen;
- Minderungen;
- Rücktritt des Abnehmers.

Sammelt sich mangels Inanspruchnahme der Gewährleistungsansprüche ein unnötig hoher Sicherungsbetrag auf dem Sperrkonto, so wird dem Factoringkunden der nicht benötigte Betrag bereits eher überwiesen. Kommt es hingegen, z. B. aufgrund von Mängelrügen, zu einer Beanspruchung des Sperrbetrages, so erhält der Factoringkunde den ausstehenden Sicherungsbetrag für diese Forderung nicht. Somit stellt dieses für ihn zusätzliche Kosten dar und er hat einen Verlust zu tragen.

4.6.7   Daten für die Kalkulation

Da bei den Unternehmen die Kosten für das Factoring voneinander abweichen, benötigt der Factor vom Factoringinteressenten notwendige Daten, wie z. B. den durchschnittlichen Jahresumsatz, den durchschnittlichen Forderungsbestand, die Zahl der Kunden, die Anzahl der Reklamationen und die Zahl der Rechnungen pro Jahr. Darüber hinaus benötigt er zur Kalkulation der Kosten die Zahlungsbedingungen für die Abnehmer und diejenigen der Lieferanten. Sollten sich die Kosten als zu hoch herausstellen, wird der Factor dem Interessenten bisweilen von einem Factoring abraten.

4.6.8   Factoringgebühr

Die Factoringgebühr stellt das Entgelt des Factors für die übernommene Delkredere- und Dienstleistungsfunktion dar. Der Dienstleistungsaufwand wird in Stückkosten berechnet; d.h., gleichgültig welchen Betrag die Forderung hat, der Aufwand ist bei jeder Forderung gleich hoch. Auch die Anzahl der Abnehmer ist hierbei relevant. Denn je höher die Anzahl der Abnehmer ist, desto höher ist auch der Gesamtaufwand des Factors. Darüber hinaus wird auch der Gesamtjahresumsatz gewertet, da bei besonders hohem Umsatz Mengenrabatte gewährt werden können, wohingegen bei einem sehr niedrigen Umsatz gewöhnlich auch ein Mindermengenzuschlag verlangt wird. In der Praxis handelt es sich hierbei um Werte zwischen 0,5% und 2,5% des Rechnungsbetrages, die für die Dienstleistungsfunktion veranschlagt werden.

Der Delkredereanteil der Factoringgebühr bezieht sich auf den Risikoanteil sowie die Prüfungs- und Überwachungskosten für den Abnehmer. Wichtige Einflussgrößen für die Factoringgebühr sind dementsprechend:

- Umsatz pro Kunde;
- Höhe des Jahresumsatzes;
- Dauer der Zahlungsziele;

- Höhe des durchschnittlichen Rechnungsbetrages;
- Zahlungsmoral der Kunden.

Für die Delkrederefunktion erheben Factoring-Gesellschaften gewöhnlich zwischen 0,2% und 1,0% des Forderungsbetrages.

Der Factor berechnet dem Factoringkunden, angefangen vom Zeitpunkt des Forderungsankaufs bis hin zur Begleichung der Rechnung durch den Abnehmer, Zinsen. Diese Zinsen haben die gleiche Höhe wie der Kontokorrentkreditzins der Banken. Für die Berechnung der Finanzierungskosten gibt es zwei Ansatzpunkte. Entweder man geht vom Bruttoforderungsbetrag aus oder man stellt für die Berechnung auf den Vorfinanzierungsbetrag ab.

4.6.9   Der Factoringvertrag

Der Factoringvertrag ist ein Rahmenvertrag. Das heißt, es wird ein dauerhaftes Vertragsverhältnis eingegangen, wobei die Verpflichtung besteht, mehrere Einzelverträge unter den im Rahmenvertrag festgelegten Bedingungen abzuschließen. Der Factor ist dabei aber nicht verpflichtet, jede angebotene Forderung zu kaufen. Allerdings stellt es umgekehrt aber einen Vertragsbruch in Bezug auf den Rahmenvertrag dar, wenn er überhaupt keine Forderungen kaufen würde.

Obwohl im BGB sehr viele Vertragstypen normiert sind, findet der Factoringvertrag hier keine explizite Regelung. Er stellt damit einen „Vertrag eigener Art" dar. Die meisten Factoring-Gesellschaften sind Mitglied des Deutschen Factoring-Verband e.V. und nutzen daher gewöhnlich die Vertragsmuster dieses Verbandes. In der Grundstruktur finden sich in den Verträgen zumeist folgende Aspekte:

- Kauf der Forderung;
- Kauflimit;
- Kaufpreis;
- Abtretung und Einzugsermächtigung;
- das Delkredere;
- eine Veritätshaftung des Factoringkunden;
- Nebenpflichten des Factoringkunden;
- Übertragung von Sicherheiten;
- eine Weiterleitung von Zahlungseingängen beim Factoringkunden;
- Rechte des Factors;
- Regelungen zur Vertragsbeendigung;
- Salvatorische Klausel;
- Erfüllungsort und Gerichtsstand.

Es ist hierbei selbstverständlich möglich, für jeden Einzelfall zusätzliche Änderungen respektive Ergänzungen vorzunehmen. Die Dauer derartiger Vertragsverhältnisse ist zumeist auf mindestens zwei Jahre angelegt. Durch eine lange Vertragsdauer möchte der Factor eine Kostenminimierung erreichen. Er legt daher auch zumeist eine Zeitspanne von drei bis sechs

Monaten als Kündigungsfrist für den Factoringkunden fest. Insgesamt kann konstatiert werden, dass die Vertragsbeziehung zwischen Factor und Kunden auf Treu und Glauben basiert, da der Factor letztlich bezüglich der Informations- und Datenweitergabe auf die ihm gemachten Angaben über Forderungen und Abnehmer vertrauen muss.

4.6.10   Fazit

Die Umsätze der Factoring-Gesellschaften haben in den letzten Jahren erheblich zugenommen. Grund hierfür ist unter anderem auch ein gewandeltes Image des Factoring. Wurden früher Verkäufer von Forderungen noch als finanziell schwach angesehen, so wird das Factoring heute als modernes und zukunftsweisendes Finanzierungsinstrument angesehen. Denn die Unternehmen orientieren sich heutzutage immer mehr an neuen Wegen, da die Banken oftmals zu hohe Voraussetzungen für die Kreditvergabe haben. Nutzten die Unternehmen früher fast ausschließlich ihren Kontokorrentkredit bei der Bank, um kurzfristige Liquiditätsengpässe zu überbrücken, so geht die Tendenz heutzutage – und wahrscheinlich auch in Zukunft – immer stärker in Richtung Factoring. Die früher bestehende Angst vor einem Imageschaden ist heutzutage der Chance gewichen, durch die mit dem Factoring gewonnene Liquidität das Image zu verbessern. Denn der Vorteil des Factoring liegt in der kurzfristigen Finanzierungsmöglichkeit, der Stärkung im Rahmen des Controlling, welche durch den Service der Factoring-Gesellschaft und die Übernahme des Ausfallrisikos entsteht. Insbesondere bezüglich des Ausfallrisikos stellt sich das Factoring als eine kostengünstige Alternative dar, bei der ein Factoringkunde oftmals auf zusätzliche Versicherungen verzichten kann.

Besonders kleine und mittelständische Unternehmen kommen mittlerweile in den Genuss der Vorzüge des Factoring. War diese Möglichkeit der Geldbeschaffung oftmals nur Großunternehmen vorbehalten, so ermöglichte das Herabsetzen der Mindestumsatzanforderungen der Factoring-Gesellschaften bei den kleinen Unternehmen, dass nunmehr verstärkt auch kleine und mittlere Unternehmen diese Möglichkeit nutzen können. Doch einen großen Makel hat das Factoring immer noch; es eignet sich nicht für alle Branchen.

4.7   Leasing

An einem Leasingverhältnis sind gewöhnlich drei Personen beteiligt: ein Leasingnehmer, der ein bestimmtes Leasinggut besitzen möchte, ein Leasinggeber, der das Leasinggut unter seinem eigenen Namen gewöhnlich nach den Vorgaben des Leasingnehmers kauft und ein Hersteller oder Händler, der das Leasinggut an den Leasinggeber verkauft. Mit dem Begriff „Leasing" wird ein zwischen einem Leasinggeber und einem Leasingnehmer über einen bestimmten Zeitraum abgeschlossenes miet- oder pachtähnliches Rechtsverhältnis bezeichnet. Leasingverträge können sehr unterschiedlich ausgestaltet sein. Letztlich können sie jedoch in zwei Hauptarten kategorisiert werden: in das so genannte Operating-Leasing und in das Finanzierungs-Leasing.

Das Operating-Leasing bietet sich insbesondere bei Vorliegen von kurzfristigen Kapazitäts-
schwankungen innerhalb eines Unternehmens oder auch bei technisch schnell veralternden
Wirtschaftsgütern an. Denn bei dieser Art des Leasings entsteht kein Investitionsrisiko.
Kennzeichen derartiger Verträge sind oftmals:

- eine kurze Vertragslaufzeit (in jedem Fall kürzer als die technische oder betriebsbedingte
  Nutzungsdauer),
- eine gewöhnlich kurzfristige Kündigungsmöglichkeit des Vertrages,
- der Leasinggeber führt das Leasinggut in seiner Bilanz,
- die Eigentumsrisiken verbleiben beim Leasinggeber.

Die andere Leasingart ist das Finanzierungs-Leasing. Diese Art von Leasingverträgen ist
durch folgende Merkmale gekennzeichnet:

- Bestehen einer langfristigen Vertragsdauer,
- langfristige Kündigungsfristen, die während der vertraglichen Grundlaufzeit bestehen
  und mindestens 50% bis 75% der betriebsgewöhnlichen Nutzungsdauer ausmachen.
- Gewöhnlich besteht in dieser Art von Verträgen auch eine Option, nach der der Leasingnehmer nach Ablauf der Grundlaufzeit das Leasinggut gegen eine geringe Zahlung in
  sein Eigentum überführen kann.
- Gewöhnlich findet (abhängig von der Dauer der Grundlaufzeit des Vertrages) eine Bilanzierung in der Bilanz des Leasingnehmers statt.
- Da das Investitionsrisiko, also z. B. die Aufwendungen für den Erhalt des Leasinggutes
  gewöhnlich über den Leasing-Vertrag auf den Leasingnehmer abgewälzt werden, tritt der
  Leasinggeber in der Regel etwaige Mängelgewährleistungsansprüche und Garantiean-
  sprüche, die er gegen den Hersteller respektive gegen den Händler des Leasinggutes hat,
  an den Leasingnehmer ab.
- Solange sich das Leasinggut aber noch im Eigentum des Leasinggebers befindet, verbleiben die Eigentumsrisiken weiterhin beim Leasinggeber.

4.8   Franchising

Beim Franchising handelt es sich um ein in den USA entwickeltes Finanzierungs- und Ab-
satzsystem. Es hat die Erlaubnis zur Übernahme eines Geschäftskonzeptes zum Inhalt. Hierbei schließen ein Franchisegeber und ein Franchisenehmer einen in der Regel langfristigen
Vertrag, in welchem der Franchisegeber dem Franchisenehmer das Recht einräumt, bestimmte Waren oder Dienstleistungen unter einem bestimmten Namen anzubieten. Obwohl
der Franchisenehmer gewöhnlich weiterhin selbständiger Unternehmer bleibt, verpflichtet er
sich, beim Verkauf seiner Waren bzw. beim Angebot seiner Dienstleistungen bestimmten
Vorgaben des Franchisegebers zu folgen und vertraglich festgelegte Zahlungen an ihn zu
leisten. Dafür darf der Franchisenehmer das Geschäftskonzept des Franchisegebers, seinen
Namen, sein Warenzeichen, bestimmte Schutzrechte sowie sein Absatz- und Organisations-
system verwenden.

Franchising kann für den Franchisenehmer Vor- und Nachteile mit sich bringen. Ein Vorteil für den Franchisenehmer ist es, dass er kein eigenes, neues Geschäftskonzept entwickeln muss. Er kann sowohl das Konzept als auch den Namen und das Vertriebsnetz des Franchisegebers benutzen. Fehler beim Aufbau des Unternehmens können vermieden werden, wenn der Franchisenehmer ein ausgereiftes, am Markt etabliertes Konzept übernimmt. Sofern der Franchisegeber am Markt bekannt ist, besteht auch der Vorteil, dass kein vollkommen neuer Kundenstamm erarbeitet werden muss, sondern Kunden möglicherweise bereits aufgrund des bekannten Namens kaufen bzw. die Dienstleistung in Anspruch nehmen. Nachteil für den Franchisenehmer ist es jedoch, dass er trotz seiner Selbständigkeit in gewissem Sinne vom Franchisegeber abhängig ist. Er kann beispielsweise das Warensortiment nicht nach Belieben erweitern, sondern darf bei Sortiment, Warenpräsentation und Vertriebsweg gewöhnlich nur nach Vorgaben des Franchisegebers verfahren. Eine Abhängigkeit besteht auch in Bezug auf das Image. Verliert der Franchisegeber in der Öffentlichkeit an Ansehen oder wird sogar ein Skandal publik, so schlägt dieser Ansehensverlust auch auf den Franchisenehmer durch, weil er schließlich als Selbständiger unter dem Namen des Franchisegebers sein Unternehmen führt und seine Produkte verkauft. Vorteil für den Franchisegeber ist es, dass er durch den Vertrag mit dem Franchisenehmer die Möglichkeit hat, mit seinem Unternehmen schnell zu expandieren, ohne dafür selbst große Mengen an Kapital oder Personal einsetzen zu müssen. Da der Franchisenehmer ein selbständiger Unternehmer ist, muss der Franchisegeber auch nicht für etwaige Schulden des Franchisenehmers haften. Er trägt insoweit also auch kein Risiko.

4.9   Wie soll bezahlt werden?

Der Existenzgründer muss sich Gedanken darüber machen, wie finanzielle Transaktionen im Unternehmen abgewickelt werden sollen. Für die Abwicklung stehen zunächst drei Arten von Zahlungsmitteln zur Verfügung: Bargeld (wie beispielsweise Münzen und Banknoten), Buchgeld (wie z. B. Kreditmittel und Sicherheiten) und Geldersatzmittel (wie z. B. Wechsel oder Scheck). Mit diesen Zahlungsmitteln kann auf unterschiedliche Weise der Zahlungsverkehr erfolgen. Eine Möglichkeit ist der Barzahlungsverkehr. Hierbei wird auf den Vertragspartner Bargeld übertragen. In der Praxis ist dieser Zahlungsverkehr vor allem in Handels- und Dienstleistungsbetrieben zu finden, die vorwiegend Kontakt mit privaten Kunden pflegen. Im Handelszweig hingegen wird der Bahrzahlungsverkehr immer weiter durch Scheck- und Kreditkarten sowie durch die Verwendung von elektronischen Zahlungssystemen verdrängt. Eine weitere Möglichkeit bietet der so genannte halbbare Zahlungsverkehr. Hierbei findet mittels barer Leistung per Zahlschein eine Umwandlung von Bargeld in Buchgeld statt oder umgekehrt mittels Barscheck eine Umwandlung von Buchgeld in Bargeld statt. Im Wirtschaftsleben ist der halbbare Zahlungsverkehr vornehmlich auf den Zahlschein begrenzt, welcher oft der Rechnung beigefügt ist. Eine dritte Möglichkeit ist der bargeldlose Zahlungsverkehr, der in unterschiedlichen Variationen auftreten kann:

- So kann im Rahmen einer Überweisung Buchgeld vom Konto einer zur Zahlung verpflichteten Person auf das Konto eines Zahlungsempfängers transferiert werden. Beispiele hierfür sind Einzel-, Dauer- oder Sammelüberweisungen.
- Abbuchungsaufträge oder Einzugsermächtigungen gehören zum Lastschriftverfahren. Bei dieser Form des bargeldlosen Zahlungsverkehrs besteht für einen Zahlungsempfänger die Möglichkeit durch sein Kreditinstitut fällige Forderungen von einem Zahlungsverpflichteten einziehen zu lassen.
- Eine im Wirtschaftsleben nicht ganz so häufig verwendete Art des bargeldlosen Zahlungsverkehrs stellt der Wechsel dar. Hierunter ist ein Wertpapier zu verstehen, welches dazu dient, ein privates Vermögensrecht zu verbriefen, dessen Ausübung allerdings an den Besitz der Urkunde gebunden ist.
- Eine andere Möglichkeit eröffnet der Scheckverkehr. Mit den Ausgestaltungen als Barscheck, Verrechnungsscheck, Inhaber-, Order- und Rektascheck existieren viele unterschiedliche Arten von Schecks. Grundsätzlich kann man sagen, dass unter einem Scheck die unbedingte Anweisung eines Ausstellers an sein Kreditinstitut zu verstehen ist, einem anderen bei Sicht einen bestimmten Betrag zu Lasten des Kontos des Ausstellers auszuzahlen.

5   Businessplan

Mit einem Businessplan können zwei Ziele gleichzeitig verfolgt werden. Einerseits stellt er die Basis für Gesprächsverhandlungen mit potentiellen Geldgebern, Geschäftspartnern oder Gesellschaftern dar; andererseits kann er als Grundlage für die interne Planung der Unternehmensstrategie genutzt werden. In der Gründungsphase dient der Businessplan in erster Linie dazu, potentielle Kapitalgeber vom Erfolg der Geschäftsidee zu überzeugen. Denn ein Kapitalgeber wird in kein Unternehmen investieren, von dessen Erfolgsaussichten er nicht überzeugt ist. Damit kann der Businessplan als wichtiges Instrument für die Beurteilung und Auswahl beteiligungswürdiger Unternehmen angesehen werden. Aber auch der Unternehmer selbst kann von einer solchen schriftlichen Planung seiner Unternehmung profitieren. Erst die detaillierte schriftliche Planung eines längeren Zeitraums lässt den Unternehmer realistisch einschätzen, ob sich seine Idee wirtschaftlich umsetzen lässt. Eine genaue Planung gibt dem Existenzgründer die Möglichkeit, Engpässe bereits im Vorfeld zu beseitigen. Während der späteren Umsetzung dient das Konzept als Erfolgsmaßstab. Mit Hilfe des Plans können Abweichungen von den gesetzten Zielen schnell identifiziert werden. Empirische Untersuchungen bestätigen außerdem einen Zusammenhang zwischen der Intensität der Planung und dem späteren Geschäftserfolg. Aus Sicht der Kapitalgeber reduziert ein Businessplan dabei aber nicht das Risiko, sondern hilft vielmehr, die Risiken einschätzen zu können.

Wird ein Businessplan von einem externen Berater geschrieben, profitiert man von seiner Erfahrung und Professionalität. Allerdings können eventuell so die Individualität des Unternehmens sowie das Engagement und die Zielstrebigkeit des Unternehmers nicht dargestellt werden. Zudem ist es auch notwendig, dass der Unternehmer alle Details des Konzeptes kennt, um bei einem späteren Gespräch keinen negativen Eindruck zu hinterlassen. Der Unternehmer sollte also nach Möglichkeit den Businessplan selbst verfassen und sich höchstens von erfahrenen Personen durch Gutachten oder Ratschläge unterstützen lassen. So wird den Kapitalgebern zusätzlich vermittelt, dass der Unternehmer seine Ziele fokussiert und zudem konzeptionell arbeiten kann.

Ein potentieller Geldgeber wird den Businessplan immer genauestens prüfen. Möglicherweise lässt er Marktexperten die Unternehmensziele beurteilen oder fordert den Unternehmer auf, den Plan zu präsentieren und zu verteidigen. Eine übertrieben positive Darstellung des Erfolgspotentials des Unternehmens oder sogar eine Verschleierung der Ausgangssituation werden nur dazu führen, dass das Vertrauen in das Projekt und den Unternehmer zerstört wird.

Um potentielle Kapitalgeber davon zu überzeugen, dass eine Geschäftsidee rentabel und perspektivenreich ist, sollte mit Hilfe des Businessplans eine nachhaltige Marktpositionie-

rung und die mögliche Wertsteigerung des Unternehmens belegt werden. Die genaue Gliederung eines Businessplans ist sehr stark vom jeweiligen Unternehmen abhängig. Vor allem
kommt es darauf an, die Zukunftsaussichten vollständig und interessant darzustellen. Aus
diesem Grund können Businesspläne sehr unterschiedlich gestaltet sein. Ihnen ist gemeinsam, dass sie bestimmte Hauptmerkmale enthalten. Auf jeden Fall sollte ein Businessplan in
klare Abschnitte gegliedert werden. Bisweilen wird vorgeschlagen, zumindest folgende fünf
Punkte darzustellen:

- die kurz- und langfristigen Ziele des Unternehmens;
- eine Beschreibung der Produkte bzw. der Dienstleistungen;
- die Marktsituation bzw. Absatzmöglichkeiten;
- eine Erläuterung zur Vermögenslage inklusive eines Finanzplans sowie eines Einsatzes
  der Ressourcen;
- eine Strategie zur Durchsetzung der Ziele in einer Konkurrenzsituation.

Der gängige Ablauf eines Businessplans weist oftmals mit Variationen folgende Reihenfolge
auf: Zunächst wird im Großen und Ganzen das Unternehmenskonzept und die Produktidee
vorgestellt, der Zielmarkt analysiert, auf das Marketing eingegangen und die Unternehmensorganisation sowie die Kompetenzen des Personals erläutert. Oftmals folgt daraufhin eine
Zukunftsplanung in Form eines Zeit- oder Realisierungsfahrplans. Gewöhnlich schließt sich
eine Skizzierung der Chancen und Risiken sowie die Darstellung des konkreten Finanzbe-
darfs an. Aus Gründen der Logik befindet sich der Anhang am Ende des Businessplans.

Für einen Businessplan lässt sich keine festgelegte formelle Struktur erschließen. Je nach
Finanzierungsart können die Kapitalgeber unterschiedliche Gewichtungen auf die Ausprägungen einzelner Punkte des Businessplans legen. So können im Rahmen der Finanzierung
durch Venture-Capital für die Investoren insbesondere der Zeitraum sowie die Art und Weise
der Renditerealisierung eine wichtige Rolle spielen. Banken konzentrieren sich in der Regel
auf die Frage, wann und wie Kreditrückzahlungen und damit anfallende Zinsen erfolgen.
Auch verschiedene Beraterfirmen sowie andere an der Ausrichtung von Businessplan-
Wettbewerben beteiligte Unternehmen schlagen für die Gliederung eines Businessplans noch
weitere Elemente vor. Dennoch lässt sich aus den oben genannten Punkten ein Überblick
gewinnen, der die wesentlichen Kernelemente eines Businessplans exemplarisch trifft. Im
Mittelpunkt des Businessplanes sollten die Zielkunden des Unternehmens und deren Kundennutzen stehen. Außerdem sollte der Plan auch für Leser ohne spezielle Fachkenntnisse
verständlich sein. Einzelaussagen müssen belegbar und Herleitungen logisch nachvollziehbar
sein. Darüber hinaus sollten auch bereits bestehende Risiken oder Defizite angesprochen
werden. Nun die inhaltlichen Punkte im Einzelnen:

5.1   Executive Summary

Unter Executive Summary ist eine Zusammenfassung des gesamten Businessplans zu verstehen. Sie sollte dem Businessplan vorangestellt werden. Sie sollte aber nicht als eine Einlei-

tung verstanden werden. Vielmehr handelt es sich bei der Zusammenfassung um einen Text, der die Eckpunkte und Kernaussagen des Businessplans zur schnellen Orientierung zusammenfasst. Dementsprechend sollte die Zusammenfassung erst nach allen anderen Kapiteln geschrieben und dem Plan vorangestellt werden. Dabei ist zu beachten, dass sie unbedingt das Interesse des Lesers wecken muss, damit die folgenden Seiten überhaupt gelesen werden. Beim Lesen der Zusammenfassung bildet sich der erste Eindruck, auf dessen Grundlage bereits eine Vorauswahl vorgenommen wird. Eventuell wird von einem potentiellen Kapitalgeber zunächst auch nur dieser Teil des Businessplans verlangt. Nur wenn ihn die Zusammenfassung überzeugt, wird er eine Langfassung anfordern. Aus diesem Grund ist an dieser Stelle besonders darauf zu achten, dass die Formulierungen präzise und frei von Ausdrucksfehlern sind. Zur Länge der Zusammenfassung werden in einer Bandbreite zwischen zwei und sieben Seiten unterschiedliche Auffassungen vertreten. Trotz der Kürze sollten alle wichtigen Informationen enthalten sein. Meines Erachtens sind drei Seiten angemessen. Zu den wesentlichen Informationen gehören: Zielsetzung des Unternehmens, die Produkte und Leistungen sowie die Information darüber, welche Märkte bzw. Segmente bedient werden sollen. Außerdem bietet es sich an, die Zielkunden und Umsatzträger zu nennen und die Kompetenzen des Managements herauszustellen. Es sollte dargestellt werden, wie der Marktzugang erreicht werden kann und wie groß das aktuelle und zukünftige Marktpotential ist. Es gilt zu erläutern, was das Unternehmen so einzigartig macht und wo dabei der Kundennutzen liegt. In der Zusammenfassung werden operative und strategische Ziele genannt und bereits erreichte Meilensteine erwähnt. Wichtig ist außerdem die Umsatz- und Gewinnplanung der nächsten drei bis fünf Jahre. Als Letztes sollte darauf eingegangen werden, wie hoch der Kapitalbedarf ist und wie hoch die Rendite des eingesetzten Kapitals sein wird.

5.2   Unternehmenskonzept

Im zweiten Abschnitt des Businessplans wird das Unternehmenskonzept vorgestellt. Dies geschieht, indem das Geschäftsfeld, das Unternehmensbild, der Unternehmenszweck und die Unternehmensstrategie, das Angebot des Unternehmens, dessen Kernkompetenzen sowie Rendite und letztlich die Unternehmensform dargestellt werden. Hierbei sollte auch deutlich herausgestellt werden, was das Besondere an der Geschäftsidee ist und welches die Unternehmensziele sind. Auch langfristige Ziele sind zu nennen. Interessant ist es für potentielle Geldgeber auch, zu erfahren, wie diese Ziele erreicht werden sollen und welche Strategien hierzu angewandt werden.

Im Rahmen des Unternehmenskonzeptes kann auch genauer auf das Produkt bzw. die zu erbringende Dienstleistung eingegangen werden. Da nur wenige Unternehmensideen einzigartig sind, ist es unumgänglich, bei einem neuen Produkt frühzeitig dafür zu sorgen, dass die Idee bzw. das Produkt ausreichend geschützt wird. Aus diesem Grunde ist es dringend anzuraten, bereits im Vorfeld über gewerblichen Rechtsschutz, wie z. B. Patentschutz, nachzudenken. In diesem Teil des Businessplans sollten auch Aussagen zu einem etwaigen Schutz der Geschäftsidee erfolgen. Gewöhnlich sind dies Marken- und Patentrechte. Sofern die Idee durch derartige Mechanismen nicht geschützt werden kann, bleibt dem Existenzgründer nur der Weg, seine Idee durch Vertraulichkeit bis zur Markteinführung zu schützen.

Zwar sind viele Berufsgruppen, mit denen der Existenzgründer in Kontakt kommt, bereits durch gesetzliche Vorschriften zur Vertraulichkeit verpflichtet, doch bietet es sich in vielen Fällen trotzdem an, auch hier Vorsicht walten zu lassen und sich zuvor über den Ruf der potentiellen Geschäftspartner zu informieren, bevor interne Details der Unternehmensidee oder des Produktes offen gelegt werden. Oftmals kann auch die Abgabe einer Vertraulichkeitserklärung hilfreich sein.

5.3   Marktübersicht und Marketing

Im Rahmen dieses Teils des Businessplans sollte der Existenzgründer den potentiellen Geldgebern zeigen, dass er sich darüber Gedanken gemacht hat, wie er sein Unternehmen bekannt machen will. Hierzu gehören Aussagen zu der Frage der einzusetzenden Werbemaßnahmen ebenso wie die Frage des Preises, den er für sein Produkt bzw. die Dienstleistung nehmen möchte. Um diesen Teil des Businessplans ausarbeiten zu können, muss sich der Jungunternehmer in die Situation seiner Kunden versetzen können. Im Rahmen der Erstellung eines Marketingplans sollte der Existenzgründer im Vorfeld zunächst versuchen, den Markt für sein Produkt kennen zu lernen. Hierbei sollte auf Stärken und Schwächen der Konkurrenten geachtet werden. Erst wenn dieses geschehen ist, sollte der geeignete Zielmarkt ausgesucht und fokussiert werden. Im Businessplan ist es nun möglich, das Kundensegment zu beschreiben, deren Bedürfnisse durch die Idee des Existenzgründers abgedeckt werden. Dabei sollte auch klargestellt werden, wodurch sich das Unternehmen von den Mitwettbewerbern abheben möchte. Erst wenn der Jungunternehmer durch Marktanalyse zu einem Kundensegment gekommen ist, welches er durch sein Produkt bzw. seine Dienstleistung ansprechen möchte, kann er konkrete Maßnahmen bezüglich der Produkt- und Preisgestaltung sowie über den Vertriebsweg festlegen. Diese Überlegungen sind dem Leser des Businessplans darzulegen.

5.4   Organisation und Vertrieb

Unter dem Punkt Organisation und Vertrieb bietet es sich an, zunächst darzulegen, wie das Unternehmen organisatorisch strukturiert werden soll. Zwangsläufig ergibt sich daraus auch die Folge, dass der Jungunternehmer offen legen muss, wie sein Personalbedarf in den nächsten fünf Jahren voraussichtlich sein wird. Hierbei genügt es aber nicht, lediglich das Bedürfnis einzelner Arbeitnehmer aufzuzählen; vielmehr ist hierbei auch eine Analyse erforderlich, ob und wie schnell geeignetes Personal am Arbeitsmarkt verfügbar sein wird.

Oftmals ist eine Wertkettenanalyse erforderlich, um darzustellen, wie die Wertschöpfungskette in der betreffenden Branche aussieht. Hierbei sollte sich der Jungunternehmer auf seine

Fähigkeiten und Kompetenzen besinnen. Darüber hinaus sollte unter diesem Punkt dargelegt werden, wie die Unternehmenskultur gestaltet wird.

5.5   Chancen und Risiken

Der Jungunternehmer sollte dem Leser des Businessplans die Chancen aufzeigen, die zu einer positiven Entwicklung des Unternehmens beitragen könnten. Hier sollten aber auch selbstkritisch die Risiken der Unternehmung erörtert werden. Oftmals sparen Jungunternehmer diesen Punkt des Businessplans aus oder arbeiten an dieser Stelle mit „Worthülsen" wie „politische Lage" oder „Weltkonjunktur". Derartiges Vorgehen sollte unbedingt vermieden werden. Oftmals ist es besser, sich selbstkritisch mit den Schwächen des eigenen Konzeptes auseinanderzusetzen.

5.6   Planung der Finanzen und Finanzierung

Den potentiellen Geldgebern sollte die zukünftige Geschäftsentwicklung mit nachvollziehbaren Argumenten überzeugend dargelegt werden. Hierbei sollte unbedingt mit realistisch geschätzten Zahlen gearbeitet werden. Dabei ist der Geschäftsverlauf der nächsten drei bis fünf Jahre darzustellen. Gerade für Existenzgründer ist es schwer, im Rahmen des Businessplans über diesen Punkt Auskunft zu geben. Schließlich liegen bisweilen noch gar keine Zahlen vor, so dass der Jungunternehmer gezwungen ist, die Zahlen zu schätzen bzw. den potentiellen Geldgebern ein Zahlenwerk zu präsentieren, welches überzeugend ist und nach Möglichkeit auch mit Unterlagen belegt werden kann. Demzufolge ist es sinnvoll, hier einen Plan über den Kapitalbedarf sowie eine Ertragsvorschau mit Rentabilität vorzulegen.

Während im Rahmen der Finanzierung lediglich darauf abgestellt wird, welche Zahlungsströme in ein Unternehmen hineinfließen, ist es für den Unternehmer auch wichtig, zu beobachten, welche Zahlungsströme aus dem Unternehmen abfließen. Hierzu gehören beispielsweise Zahlungen an Kapitalgeber oder auch Material- oder Personalkosten. Sowohl die Kapitalzuflüsse als auch die Abflüsse, die sich in einem bestimmten Zeitraum ereignen, können gegenübergestellt werden und ergeben dann den so genannten Cashflow. Zwar sind Verluste in der Anfangsphase eines Unternehmens normal, doch muss die Liquidität des Unternehmens jederzeit sichergestellt sein. Die Ermittlung des so genannten Cashflow ist ein Instrument, mit welchem der Existenzgründer in der Lage ist, zu überprüfen, inwieweit er dem Ideal nahe kommt, dass sich die Fristen zwischen der Beschaffung des Kapitals und dessen Rückzahlung zum einen, und der Verwendung des Kapitals zum anderen, entsprechen. Hierzu gibt es mehrere Methoden. Vorliegend wird sich aus Gründen der Übersichtlichkeit darauf beschränkt, die einfachste Variante darzustellen: Bei der Ermittlung des Cashflow werden zum Betriebsergebnis die Beträge der Abschreibung und der Erhöhung langfristiger Rückstellungen addiert. Das Ergebnis dieser Rechnung stellt den Cashflow vor Steuern dar.

Des Weiteren benötigen etwaige Geldgeber auch einen Plan, der darlegt, in welchem inhaltlichen und zeitlichen Rahmen der Existenzgründer seine Pläne umsetzen wird. Ein derartiger Plan sollte nicht zu kurz gegriffen sein, sondern die Aktivitäten der nächsten Monate und Jahre darstellen.

5.7   Anhang

Im Anhang zum Businessplan sollte der Jungunternehmer dem Leser wichtige Hintergrund- und Zusatzinformationen zur Verfügung stellen. Dies können beispielsweise Ergebnisse einer Marktforschung, Vertragsentwürfe, Kooperationsverträge, Patente, Referenzen oder eine Übersicht möglicher Sicherheiten sein.

5.8   Gestalterische Aspekte

Der Businessplan sollte:

- Aussagekraft besitzen: Es sollten alle für die Investoren notwendigen Informationen enthalten sein. Nach Möglichkeit sollte er das Interesse der Geldgeber dadurch wecken, dass sowohl Kundennutzen, Markt und Zukunftsaussichten als auch eine mögliche Rendite detailliert dargestellt werden.
- verständlich geschrieben sein: Kurze prägnante Formulierungen sind besser als lange, ausschweifende Beschreibungen. Auch sollten Allgemeinphrasen und allgemeine Aussagen, die sich nicht konkret auf die Unternehmung beziehen, vermieden werden.
- gut strukturiert sein: Der Businessplan sollte eine klare Untergliederung aufweisen.
- sich auf das Notwendige beschränken: Der Businessplan sollte inklusive Anhang einen Umfang von 35 Seiten nicht übersteigen. Je nach Unternehmung können 15 bis 20 Seiten durchaus genügen. Als „Faustformel" kann gesagt werden, dass sich die Seitenzahl an der Komplexität des Gründungsprojektes orientieren sollte. Je komplexer das Projekt ist, desto umfangreicher wird der Businessplan.
- gut zu lesen sein: Hier empfiehlt sich ein Zeilenabstand von 1½, mindestens 2,5 cm Rand, Schriftgröße 12 Punkt; die Grafiken sollten übersichtlich und einfach gehalten sein.

Allgemein kann konstatiert werden, dass sich aufgrund der spezifischen Unternehmenssituation und auch der unterschiedlichen Adressaten, kein Regelwerk für den „perfekten" Businessplan erstellen lässt. Dennoch lassen sich gelungene und weniger gelungene Businesspläne unterscheiden. Zu der formalen Struktur eines Businessplanes sind bereits von Unternehmensberatern, Wirtschaftswissenschaftlern und Wettbewerbe ausrichtenden Unternehmen unterschiedliche Untersuchungen angestrengt worden. Die meisten der bisher durchgeführten Studien untersuchten die Fragestellung, welche Bedeutung der Businessplan für den Erfolg oder Misserfolg eines jungen Unternehmens oder neuen Geschäftskonzepts hat. Eine Unter-

suchung von Philipp Willer stellt die Frage nach der Verknüpfung von Erfolg eines Geschäftskonzeptes und der formalen Struktur und Vollständigkeit eines Businessplans. Das
Ergebnis der Untersuchung legt es nahe, die formalen Aspekte eines Businessplans und die
genaue Konzeption einer Gründungsidee nicht zu unterschätzen. Denn die Untersuchung
zeigte Folgendes:

„Als Ergebnis der Untersuchung bleibt festzuhalten, dass die formale Qualität eines Businessplans, bezogen auf die Vollständigkeit der enthaltenen Informationen, als Indikator der
kaufmännischen Managementkompetenz des Businesplan-Erstellers in der untersuchten
Stichprobe einen signifikanten Einfluss auf den späteren Erfolg des Geschäftskonzepts am
Markt ausübt bzw., dass anhand der Vollständigkeit des Businessplans das spätere Überleben
des Geschäftskonzeptes am Markt mit 80-prozentiger Wahrscheinlichkeit hätte richtig vor-
ausgesagt werden können. Der Businessplan, um zu der Ausgangsfrage der Untersuchung
zurückzukehren, besitzt also zumindest in der formalen Dimension >>Vollständigkeit<< eine
ökonomische Bedeutung bei der Beurteilung der Erfolgschancen eines Geschäftskonzeptes
am Markt" (Willer, Businessplan und Markterfolg eines Geschäftskonzepts, Wiesbaden
2007, S. 175).

Die Erfolgsaussichten eines Geschäftskonzeptes und damit die Erfolgsaussichten, potentielle
Geldgeber zu überzeugen, lassen sich also mit einem formal vollständigen und ausgestalteten
Businessplan verbessern. Die inhaltliche Qualität hingegen ist damit nicht bewertet.

6   Die Wahl der Rechtsform

Die Wahl der Rechtsform ist für jeden Existenzgründer eine grundlegende Entscheidung, die das Unternehmen gewöhnlich langfristig prägen wird. Aus diesem Grunde sollte der Existenzgründer sich diese Entscheidung genau überlegen und die sich aus der Rechtsformwahl für sein Unternehmen ergebenden Vor- und Nachteile genau gegeneinander abwägen. Gewöhnlich ist eine hierbei getroffene Fehlentscheidung kurzfristig schlecht revidierbar. Die Wahl der Rechtsform hat einen nicht zu unterschätzenden Einfluss auf die Rahmenbedingungen, mit denen der Existenzgründer in der Folgezeit umgehen muss. Insbesondere die Art der Besteuerung wird hiervon stark beeinflusst. Andere durch die Unternehmensform bestimmte Aspekte sind:

- die Haftung;
- die Möglichkeit der Finanzierung;
- Gründungskosten;
- Verteilung von Gewinn und Verlust;
- Informations- und Publizitätspflichten;
- Überschaubarkeit;
- Möglichkeiten im Rahmen der Firmierung.

Für die Wahl der Rechtsform stehen unterschiedliche Gesellschaftstypen zur Verfügung. Grob unterteilt hat der Existenzgründer die Möglichkeit, eine Einzelunternehmung, eine Personengesellschaft oder eine Kapitalgesellschaft zu gründen. Zwischen Personen- und Kapitalgesellschaften bestehen erhebliche Unterschiede. So leiten sich die Kapitalgesellschaften aus der Grundstruktur eines Vereins ab. Aus diesem Grunde sind die Gesellschaftsformen GmbH und Aktiengesellschaft vom körperschaftlichen Prinzip geprägt und deshalb in ihrem Bestand nicht von der Mitgliedschaft einzelner Personen abhängig. Anders verhält es sich bei den Personengesellschaften, wie der Gesellschaft bürgerlichen Rechts, der Partnerschaftsgesellschaft, der offenen Handelsgesellschaft, der Kommanditgesellschaft oder der stillen Gesellschaft. Sie alle unterliegen dem personalistischen Prinzip und sind daher darauf angewiesen, dass ihre persönlichen Gesellschafter an der Unternehmensform weiterhin beteiligt bleiben. Zumindest die gesetzlichen Vorschriften sehen vor, dass der Verlust eines Gesellschafters zur Auflösung der gesamten Gesellschaft führen kann.

Zwar ist die Wahl der Rechtsform in weiten Teilen dem Unternehmensgründer selbst überlassen, doch ist die Wahl der Rechtsform oftmals zu einem großen Teil von der Art der Tätigkeit abhängig. Handelt es sich um einen freien Beruf, so kommen andere Rechtsformen in Betracht als bei der Gründung eines Handelsgewerbes. Sofern der Existenzgründer ein Gewerbe betreibt, kann er entweder Kleingewerbetreibender, also Nichtkaufmann, oder Kaufmann im Sinne der §§ 1 Abs. 1, 2 HGB sein. Bei der Beteiligung von Mitgesellschaftern kommt für den Existenzgründer eines Kleingewerbes nur die Rechtsform der GbR in Betracht. Im Gegensatz dazu kommen die Personenhandelsgesellschaften OHG und KG nur für kaufmännische Betriebe in Frage. Kapitalgesellschaften wie die GmbH können hingegen unabhängig vom Umfang der kaufmännischen Betätigung gegründet werden.

6.1 Der Einzelunternehmer

Personen, die alleine und ohne Mitgesellschafter ein Unternehmen betreiben möchten, können entweder als Einzelunternehmer auftreten oder eine Ein-Personen-GmbH gründen. Von allen Rechtsformen ist die des Einzelunternehmers sicherlich diejenige, die am leichtesten zu handhaben ist. Schließlich muss sich der Einzelunternehmer nicht mit anderen Mitgesellschaftern abstimmen und auseinandersetzen. Diese Rechtsform bietet dem Unternehmer auch den größten Spielraum an Selbständigkeit. Schließlich muss er sich mit keinem Mitgesellschafter in seinen Entscheidungen abstimmen. Er handelt sowohl bei internen als auch bei externen Belangen komplett eigenverantwortlich.

Ein Einzelunternehmer haftet grundsätzlich für alle Verbindlichkeiten seines Unternehmens mit seinem gesamten Privatvermögen. Und gerade weil der Einzelunternehmer für sein Unternehmen ohne Haftungsbegrenzung auch mit dem Privatvermögen haftet, ist es ihm ein leichtes, je nach Notwendigkeit Vermögen zu verschieben. Er kann also durchaus Geld aus dem Unternehmen entnehmen, wenn er für privaten Hausbau oder Urlaub Geld benötigt und umgekehrt Geld in das Unternehmen einlegen, sofern es dieses benötigt. Lediglich bei den steuerlich sensiblen Bereichen, in denen Betriebs- und Privatvermögen fließend ineinander übergehen, wie beispielsweise bei dem Geschäftswagen oder dem Arbeitszimmer in der Privatwohnung, sei zur Vorsicht geraten.

6.2 Die Gesellschaft bürgerlichen Rechts

Die Gesellschaft bürgerlichen Rechts (GbR) stellt den Grundtypus der Personengesellschaften dar. Tun sich mehrere Personen zu einem gemeinsamen Zweck zusammen, so wird dies juristisch als Gesellschaft bürgerlichen Rechts beurteilt. Nach § 705 BGB ist die Gesellschaft bürgerlichen Rechts deshalb ein Personenzusammenschluss auf vertraglicher Grundlage zu einem gemeinsamen Zweck. Dieser gemeinsame Zweck kann theoretisch jeder beliebige Zweck sein, solange der Zweck nicht das Betreiben eines mit Kaufmannseigenschaft ausgestattetes Handelsgewerbe ist. Denn hierfür gibt es speziellere Vorschriften. Die GbR findet sich aus diesem Grund häufig als Gesellschaftsform der freien Berufe, wie beispielsweise Ärzte, Anwälte, Steuerberater oder Architekten. Auch kleine Gewerbetreibende, die nach § 1 Abs. 2 HGB nicht die Kaufmannseigenschaft erlangen, können hierunter fallen. Ein anderer Anwendungsbereich der GbR sind Arbeitsgemeinschaften im Baugewerbe. Hierbei schließen sich ansonsten selbständige Bauunternehmen im Rahmen eines Großprojektes zu einer Arbeitsgemeinschaft und damit zu einer vorübergehenden GbR zusammen. Derartige nur für die Zeit eines bestimmten Bauvorhabens bestehende Arbeitsgemeinschaften werden oftmals geschaffen, weil den einzelnen Bauunternehmen entweder die personellen oder die sachlichen, insbesondere die technischen Kapazitäten, fehlen.

Für die Gründung einer GbR sind mindestens zwei Gesellschafter erforderlich. Ansonsten sind keine Formalitäten vorgeschrieben. Der Gesellschaftsvertrag ist sogar grundsätzlich formfrei. Das heißt, er muss nicht einmal schriftlich verfasst sein. Sie kann im Extremfall sogar durch schlüssiges Verhalten entstehen. Ausnahmen von der Formfreiheit können allerdings bei besonderen Fallkonstellationen gegeben sein:

- So kann im Rahmen des Abschlusses eines Gesellschaftsvertrages ein Ergänzungspfleger oder die Einschaltung des Vormundschaftsgerichts erforderlich sein, sofern ein Minderjähriger an der Gesellschaft beteiligt werden soll.
- Oder es können beispielsweise nach §§ 311b Abs. 1, 925, 873 BGB dann Formvorschriften zwingend erforderlich sein, wenn beispielsweise Grundstücke in die Gesellschaft eingebracht werden.

Ansonsten unterliegt der Gesellschaftsvertrag der Formfreiheit.

Beispiel:
Mehrere selbständige Musiker treten zusammen auf. Der Auftritt wird bezahlt. Aber sie haben keine mündlichen oder schriftlichen Absprachen bezüglich der Haftung oder der Aufteilung des Gewinnes getroffen. Bestehen keine besonderen vertraglichen Absprachen, so gilt die Gesetzeslage. Das heißt, die § 705 ff. BGB finden auf eine Gesellschaft bürgerlichen Rechts immer dann Anwendung, wenn keine abweichenden vertraglichen Regelungen getroffen wurden. Eine genaue Betrachtung der gesetzlichen Vorschriften macht dem Betrachter aber schnell deutlich, dass es für Freiberufler von Vorteil ist, nicht die gesetzlichen Regelungen anzuwenden, sondern entscheidende Punkte durch einen Gesellschaftsvertrag abweichend zu regeln.

Allerdings ist im Wirtschaftsleben aus Beweisgründen nur dringend zu raten, einen GbR Gesellschaftsvertrag unbedingt schriftlich zu fixieren. Wird eine GbR mit nur zwei Gesellschaftern gegründet und einer von ihnen scheidet später aus, so hört die GbR auf zu existieren und der verbliebene Gesellschafter wird zu einem Einzelunternehmer.

Im Rahmen der GbR ist der Zweck der Gesellschaft das wesentliche Element des Gesellschaftsvertrages. Der Zweck ist das auf Dauer angelegte Betreiben des Unternehmens. Neben einem Firmennamen (geregelt in § 17 ff. HGB) wird das Unternehmen durch die Angabe eines Unternehmensgegenstandes gekennzeichnet. Die Pflicht der Gesellschafter zur Förderung des Gesellschaftszwecks ist ein wesentlicher Punkt des Gesellschaftsvertrages. Gewöhnlich findet eine Förderung dadurch statt, dass die Gesellschafter

- Kapital,
- Sachleistungen,
- persönliche Arbeitskraft des Gesellschafters

als Beiträge vereinbart haben.

Zwar ist das Recht der GbR im Bürgerlichen Gesetzbuch ab § 705 ff. BGB gesetzlich geregelt, doch hängt die tatsächliche Ausgestaltung in der Praxis davon ab, was im jeweiligen Gesellschaftsvertrag vereinbart worden ist. Da es sich bei den meisten gesetzlichen Vorschriften im Rahmen der GbR um so genanntes dispositives – also abwandelbares – Recht handelt, haben die Gesellschafter bei der Ausgestaltung des Gesellschaftsvertrages einen relativ großen Verhandlungsspielraum. Bei Regelungen, welche die Zusammenarbeit der Gesellschafter untereinander regeln sollen, können durchaus vom Gesetz abweichende Vereinbarungen getroffen werden. Die Grenze ist jedoch dann erreicht, wenn die Haftung einzelner oder aller Gesellschafter Dritten gegenüber reduziert werden soll. Es gehört schließlich zum Wesen der GbR, dass alle Gesellschafter vollständig mit ihrem Privatvermögen haften sollen. Dies kann auch nicht über den Gesellschaftsvertrag Dritten gegenüber anders geregelt werden. Allein im Innenverhältnis könnte theoretisch einer oder mehrere Gesellschafter in der Haftung reduziert oder komplett freigestellt werden. Gläubigern, also dritten Personen gegenüber wäre eine derartige Vereinbarung jedoch nicht gültig. Der Gläubiger könnte nach seiner Wahl von einem der Gesellschafter die gesamte Haftungssumme fordern. Die Gesellschafter müssten dann später im Innenverhältnis entsprechend ihrer Vereinbarungen die bezahlte Summe untereinander ausgleichen.

Weitere Punkte, die in einem Gesellschaftsvertrag vereinbart werden können, sind:

- Regelungen bezüglich des Rechnungswesens und der Kapitalkonten,
- Beschlussfassung und Geschäftsführung,
- Informations- und Kontrollrechte,
- Vertretung der Gesellschaft,
- Entnahmen und Verteilung des Gewinns,
- Aufwendungsersatz und Tätigkeitsvergütungen,
- Wettbewerbsverbote,
- Regelungen zur Kündigung des Gesellschaftsverhältnisses und zur Abfindung des ausscheidenden Gesellschafters,
- Regelungen zur Beendigung der Gesellschaft.

Nach § 709 ff. BGB sind die Gesellschafter nicht nur zur Geschäftsführung berechtigt; sie sind sogar – sofern sie nicht durch den individuellen Gesellschaftsvertrag von der Geschäftsführung ausgeschlossen sind – zur Geschäftsführung verpflichtet.

Die GbR ist nicht vollständig rechtsfähig. Unter Rechtsfähigkeit ist die Fähigkeit zu verstehen, Träger von Rechten und Pflichten sein zu können. War die GbR früher als nicht rechtsfähig angesehen worden, so wird die GbR seit einigen Jahren nach Rechtsprechung des Bundesgerichtshofs als teilrechtsfähig angesehen.

6.3   Die Partnerschaftsgesellschaft

Eine weitere Möglichkeit für Freiberufler, sich zu organisieren, ist die Partnerschaftsgesellschaft. Diese Rechtsform existiert seit dem Jahre 1995 und ist nur auf freie Berufe wie z. B.

Steuerberater, Anwälte, Ärzte, Diplom-Psychologen, Heilpraktiker, Krankengymnasten etc. anwendbar. Nach § 1 Abs. 1 des Partnerschaftsgesellschaftsgesetzes (PartGG) können als Gesellschafter nur natürliche Personen an einer Partnerschaftsgesellschaft beteiligt sein. Voraussetzungen für die Gründung einer Partnerschaftsgesellschaft sind:

- mindestens zwei Personen, die sich in der Partnerschaft zusammenschließen möchten;
- ein schriftlicher Partnerschaftsvertrag;
- eine Eintragung in das Partnerschaftsregister.

Für die Gründung ist ein Mindestkapital nicht erforderlich. Vom Zweck her betrachtet ist dieser Gesellschaftstypus auf die gemeinsame Ausübung einer freien Berufstätigkeit gerichtet. Die Verwendung dieser Form für schlichte Kapitalbeteiligungen verbietet sich somit von selbst. Auch das Betreiben von Handelsgeschäften ist nicht mit dieser Gesellschaftsform in Einklang zu bringen. Denn die Partnerschaftsgesellschaft übt als Zusammenschluss von Freiberuflern im Gegensatz zu Kapital- und Personenhandelsgesellschaften kein Handelsgewerbe aus. Damit diese Gesellschaftsform auch für außenstehende Personen von der GbR unterschieden werden kann, sind seit Juli 1997 die Bezeichnungen „Partnerschaft" oder „und Partner" ausschließlich für die Zusammenschlüsse von Freiberuflern vorgesehen, die sich in einer Partnerschaftsgesellschaft organisiert haben. Angehörige einer GbR können deshalb lediglich auf Formulierungen wie „... und Kollegen" ausweichen oder zwingend durch Anhängen der eigentlichen Gesellschaftsform auf die tatsächliche Rechtsform hinweisen (die Formulierung wäre dann: „ ... und Partner GbR").

Seit Jahren ist festzustellen, dass Freiberufler sich spezialisieren und zu größeren Arbeitseinheiten bzw. Büros zusammenschließen. Die Spezialisierung und die hohe Zahl an Gesellschaftern führten jedoch dazu, dass das Haftungsrisiko für Freiberufler gestiegen ist. Schließlich können sie nicht mehr genau beurteilen, wie gefahrträchtig die Tätigkeit des anderen ist, und die große Anzahl an Mitgesellschaftern macht es erforderlich, dass das Haftungsrisiko bei den Zusammenschlüssen von Freiberuflern sinnvoll beschränkt wird. Denn die GbR als klassischer Zusammenschluss von Freiberuflern sah schließlich eine Haftung jedes Gesellschafters in voller Höhe seines Privatvermögens auch für Fehler der jeweils anderen Gesellschafter vor. Der wesentliche Unterschied der Partnerschaftsgesellschaft zur GbR liegt deshalb in der seit dem Jahre 1998 bestehenden Möglichkeit, die Haftung der Gesellschafter im Rahmen der Partnerschaftsgesellschaft zu begrenzen. Im Rahmen der Partnerschaftsgesellschaft haftet neben dem Gesellschaftsvermögen jeder Gesellschafter nur für seine eigenen beruflichen Fehler mit dem gesamten Privatvermögen. Er muss also nicht wie bei der GbR mit seinem gesamten Privatvermögen auch für Fehler und Verschulden seiner Mitgesellschafter einstehen. Das wirkt sich insbesondere dann aus, wenn unterschiedliche Gruppen von Freiberuflern eine gemeinsame Gesellschaft eingehen, wie z. B. Steuerberater und Rechtsanwälte. Hier können die Gesellschafter der jeweils anderen Berufsgruppe fachlich nicht immer das Verhalten des anderen Berufszweigs genau abschätzen. Insofern ist es von Vorteil, wenn hierbei eine Risikobegrenzung auf das eigene Fehlverhalten eines jeden Gesellschafters beschränkt wird. Damit wird auch die Notwendigkeit der Schaffung einer alternativen Gesellschaftsform für Freiberufler durch die Partnerschaftsgesellschaft deutlich.

Anders als eine Freiberufler-GbR, die auch durch mündlichen Vertrag oder schlüssiges Verhalten gegründet werden kann, erfordert die Gründung einer Partnerschaftsgesellschaft zwingend einen schriftlichen Gesellschaftsvertrag. Dieser muss mindestens folgende Punkte umfassen:

- Name und Sitz der Gesellschaft,
- vollständige Namen sowie Wohnort jedes einzelnen Partners,
- Hinweis darüber, welche Art von freiem Beruf der jeweilige Partner im Rahmen der Gesellschaft ausübt,
- das Geschäft, welches die Gesellschaft betreibt.

Der Name der Gesellschaft muss nach § 2 PartGG zumindest den Familiennamen eines Partners, den Zusatz „und Partner" oder „Partnerschaft" sowie die Berufsbezeichnung aller in der Partnerschaft vertretenen Berufe enthalten. Auf keinen Fall dürfen die Namen von anderen Personen als denen an der Partnerschaft beteiligten Partnern in den Namen aufgenommen werden.

Über die bereits erwähnten zwingend erforderlichen Vertragspunkte hinaus empfiehlt es sich, folgende Themenbereiche im Vertrag individuell und auf den Zweck des Zusammenschlusses abgestimmt zu regeln:

- In welchem Umfang sind die beteiligten Partner verpflichtet, ihre Arbeitskraft der Partnerschaft zur Verfügung zu stellen?
- Wer hat das Recht der Geschäftsführung und Vertretung?
- Wann werden Partnerversammlungen abgehalten und wie findet die Beschlussfassung statt?
- Wie hoch ist die jeweilige Beteiligung der einzelnen Partner? Bei Sacheinlagen muss angegeben werden, mit welchem Wert diese zu bewerten sind.
- Welchen Umfang sollte eine im Hinblick auf die Partnerschaft abzuschließende Berufshaftpflichtversicherung haben? Hierbei bietet es sich an, in regelmäßigen Zeitabständen zu überprüfen, ob die Deckungssumme auch wirklich das tatsächlich bestehende Risiko abdeckt. Hier ist gegebenenfalls nach einiger Zeit eine Anpassung vorzunehmen.
- Was sind die Folgen des Ausscheidens eines Partners?
- Wird ein nachvertragliches Wettbewerbsverbot vereinbart?

Bisweilen wird in Gesellschaftsverträgen sogar eine Verpflichtung der Partner getroffen, mit dem Ehegatten bezüglich der Beteiligung an der Partnerschaft einen Ausschluss des Güterstands der Zugewinngemeinschaft zu vereinbaren. Findet dies nämlich nicht statt, so fällt bei der Scheidung eines Partners von dem Ehegatten der Wert des Gesellschaftsanteils mit in die Berechnung des ehelichen Zugewinns. Dann ist ein Gesellschafter oftmals nicht in der Lage, die Ansprüche des Ehegatten zu begleichen, ohne aus der Gesellschaft Geld zu entnehmen oder aus der Partnerschaftsgesellschaft auszuscheiden.

Die Gesellschaft wird erst mit Eintragung in das Partnerschaftsgesellschaftsregister wirksam. Hierbei sind, auch wenn der Vertrag selbst nicht vorgelegt werden muss, die oben genannten Mindestangaben des Vertrages zu machen, die ebenfalls im Register vermerkt werden. Da das Register immer auf einem aktuellen Stand sein muss, ist es ebenfalls zwingend erforderlich, dass jedweder Gesellschafterwechsel dem Partnerschaftsgesellschaftsregister angezeigt wird. Ein Stammkapital ist für die Gründung einer Partnerschaftsgesellschaft nicht erforderlich.

Viele Regelungen im Rahmen des Partnerschaftsgesellschaftsgesetzes sind aus dem Recht der offenen Handelsgesellschaft (OHG) übernommen. Besonders die Regelungen über die innere Struktur dieser Gesellschaftsform, wie beispielsweise die Fragen der Geschäftsführung und Stellvertretung sowie die Regelungen bezüglich des Gesellschaftsvermögens sind dem OHG-Recht entlehnt. Vorteil dieser Gestaltungsweise ist es, dass sowohl das Management als auch die Präsentation der OHG nach außen für die in einer Partnerschaftsgesellschaft organisierten selbständigen Freiberufler reibungsloser und unkomplizierter gestaltet ist als nach den gesetzlichen Regelungen der GbR.

Die Partnerschaftsgesellschaft ist als Zusammenschluss mehrerer natürlicher Personen selbst weder einkommen- noch körperschaftsteuerpflichtig. Der von der Gesellschaft erzielte Gewinn wird vielmehr ausschließlich den beteiligten Partnern zugerechnet, die diesen im Rahmen ihrer jeweiligen Einkommensteuererklärung zu ihrem individuellen Einkommensteuersatz zu versteuern haben. Eine Buchführungspflicht besteht für Partnerschaftsgesellschaften nicht. Wer sich nach diesem Modell freiberuflich zusammenschließt, ist weder nach Steuerrecht noch nach Handelsrecht zu einer Buchführung verpflichtet. Eine normale Gewinn- und Verlustrechnung ist für das Erstellen der Steuererklärung ausreichend. Bezüglich der Besteuerung von Partnerschaftsgesellschaften bestehen keine Unterschiede zu der GbR. Es wird eine so genannte einheitliche und gesonderte Gewinnfeststellung nach § 180 Abs. 1 Nr. 2 AO durchgeführt. Das bedeutet, es wird zunächst geschaut, was die Gesellschaft insgesamt, also einheitlich, erwirtschaftet hat und dann festgestellt, wie viel gesondert auf jeden beteiligten Gesellschafter entfällt. Die Personengesellschaft ist im Rahmen dieses Besteuerungsverfahrens klagebefugt und beteiligtenfähig (vgl. BFH/NV 2004, 1323). Für die Angaben im Rahmen der Steuererklärung genügt eine so genannte Einnahmen-Überschussrechnung nach § 4 Abs. 3 EStG. Die Partnerschaftsgesellschaft ist weder nach Handelsrecht noch nach Steuerrecht verpflichtet, Bücher zu führen. In der Praxis wird es jedoch oftmals erforderlich sein, dass die Gesellschafter trotz der fehlenden gesetzlichen Verpflichtung Buchführung zu dem Zweck betreiben, die Unternehmensentwicklung besser abschätzen zu können oder um die Abrechnung unter den Gesellschaftern besser und transparenter zu gestalten. Wird freiwillig Buch geführt, so sind diese Zahlen auch dem Finanzamt vorzulegen.

Möchte eine Partnerschaftsgesellschaft später ihre Rechtsform ändern, so bestehen hierbei nahezu keine juristischen Schwierigkeiten. Sie kann sowohl in eine GbR umgewandelt als auch nach dem Umwandlungsrecht in eine GmbH oder AG verändert werden. Die Gesellschaftsformen OHG und KG kommen für Freiberufler ja gewöhnlich sowieso nicht in Betracht, da sie für gewerbliche Tätigkeiten vorgesehen sind. Es gibt gravierende Unterschiede der Partnerschaftsgesellschaft zur GbR. So ist die Partnerschaftsgesellschaft sehr viel stärker auf Kontinuität ausgelegt als eine GbR. Das wird insbesondere daran deutlich, dass die Gesellschaft bei Tod oder Ausscheiden eines Gesellschafters nicht automatisch beendet ist.

6.4   Offene Handelsgesellschaft (OHG)

Die offene Handelsgesellschaft (OHG) gehört zu den Personengesellschaften. Ähnlich wie bei der GbR tun sich auch hier mehrere Personen zu einem Zweck zusammen. Anders als bei der GbR handelt es sich hier jedoch nicht um einen beliebigen Zweck, sondern es handelt sich bei der OHG um den Zweck des Betreibens eines Handelsgewerbes. Zur Gründung einer OHG sind mindestens zwei Personen erforderlich, die einen Gesellschaftsvertrag schließen, der darauf gerichtet ist, gemeinsam unter einheitlicher Firma bei unbeschränkter Haftung der Gesellschafter ein Handelsgewerbe zu betreiben. Damit ist die OHG als klassische Form für den Zusammenschluss von Kaufleuten, insbesondere für kleine und mittlere Unternehmen, zu sehen. Bei dieser Betrachtung darf aber nicht außer Acht gelassen werden, dass das Handelsgesetzbuch nicht nur Händler im engeren Sinne zu dem Begriff „Kaufleute" rechnet, sondern darüber hinaus einen großen Teil an anderen am Wirtschaftsleben beteiligte Personen. Für all diese kann die OHG als Rechtsform in Betracht gezogen werden. Insbesondere wenn das Risiko überschaubar ist und die Arbeitskraft oder das Vermögen eines Existenzgründers nicht ausreichen, um ein Einzelunternehmen zu führen, kann an die Möglichkeit einer OHG gedacht werden. Bei dieser Gesellschaftsform steht gewöhnlich nicht der Kapitaleinsatz, sondern eher der persönliche Arbeitseinsatz der an der OHG beteiligten Gesellschafter im Vordergrund. Gesetzlich ist die OHG in den §§ 105 ff. HGB geregelt. Letztlich bauen diese Normen auf den § 705 BGB auf, die die GbR regeln. Diese Vorschriften sind nach § 105 Abs. 3 HGB auf die OHG subsidiär anwendbar.

Ebenso wie bei der GbR haften alle Gesellschafter der OHG neben dem Gesellschaftsvermögen vollständig mit ihrem Privatvermögen. Die unbeschränkte Haftung der Gesellschafter mit ihrem Privatvermögen führt dazu, dass diese Gesellschaftsform gegenüber Kapitalgesellschaften eine größere Kreditwürdigkeit genießt. Aber gerade die fehlende Möglichkeit der Haftungsbeschränkung hat in der Praxis dazu beigetragen, dass die OHG als Rechtsform weniger Verbreitung als beispielsweise die KG gefunden hat. Eine derartige Gesellschaft ist gemäß § 106 Abs. 1 HGB bei dem Gericht, in dessen Bezirk sie ihren Sitz hat, zur Eintragung in das Handelsregister anzumelden. Der Eintragung ins Handelsregister kommt bei der vom Gesetzgeber in § 105 Abs. 1 HGB normierten OHG aber nur eine deklaratorische Bedeutung zu. Trotzdem ist die Eintragung zwingend notwendig. Die Eintragung in das Handelsregister erfordert nach § 106 Abs. 2 HGB folgende Angaben:

- vollständige Namen aller Gesellschafter,
- Geburtsdatum und Wohnort derselben,
- Name der OHG (Firma),
- Sitz des Unternehmens,
- Vertretungsmacht der Gesellschafter.

Die Vertretungsmacht ist selbst dann anzugeben, wenn sie laut Gesellschaftsvertrag nicht von der gesetzlichen Vorgabe des § 125 Abs. 1 HGB abweicht, nach welcher alle Gesellschafter zur Einzelvertretung ermächtigt sind. Nachdem zum 1. Januar 2007 das Gesetz über elektronische Handelsregister in Kraft getreten ist, sind die Anmeldungen zur Eintragung in öffentlich beglaubigter Form elektronisch zur Eintragung in das Handelsregister einzureichen. Dementsprechend bedarf es nunmehr auch keiner Namensunterschrift mehr. Die Schriftform des Vertrages wird aber im Rahmen von Familiengesellschaften seitens der Finanzverwaltung als unabdingbare Voraussetzung angesehen. Sofern Grundstücksübertragungen nach § 311b BGB oder Schenkungsversprechen nach § 518 BGB vorliegen, bedarf der gesamte Gesellschaftsvertrag einer notariellen Beurkundung. Wird dies nicht berücksichtigt, so kann dies die Nichtigkeit des Vertrages nach sich ziehen. Wenn Geschäftsanteile an Minderjährige verschenkt werden, ist über die notarielle Beurkundung hinaus nach den §§ 1643 und 1822 Nr. 3 BGB die Genehmigung des Vormundschaftsgerichts einzuholen.

Obwohl die OHG, ebenso wie die KG, keine klassischen juristischen Personen sind, so sind sie dennoch teilrechtsfähig. Deshalb kann die OHG nach § 124 Abs. 1 HGB unter ihrem Namen Rechte erwerben und Verbindlichkeiten eingehen, Eigentum und andere dingliche Rechte an Grundstücken erwerben, vor Gericht klagen und verklagt werden. Wegen der hierdurch erreichten teilweisen Gleichstellung der OHG mit juristischen Personen wird bezüglich der Haftung der § 31 BGB analog angewendet.

Im Rahmen der Gründung muss beachtet werden, dass die OHG in das Handelsregister einzutragen ist. Aus diesem Grund ist es erforderlich, entsprechende Verträge und Formulare anzufertigen. Diese Gesellschaftsform kann nur von Vollkaufleuten gegründet werden. Für eine OHG besteht Buchführungspflicht. Die Erstellung eines Jahresabschlusses mit Bilanz sowie Gewinn- und Verlustrechnung ist hierin ebenfalls eingeschlossen. Die Höhe des Gesellschaftskapitals kann im OHG-Vertrag frei festgelegt werden, denn ein Mindestkapital ist für diese Gesellschaftsform nicht vorgesehen. Für die Haftung ist das Vorhandensein eines Gesellschaftsvermögens auch nicht unbedingt erforderlich. Neben der Gesellschaft selbst, die mit ihrem Gesellschaftsvermögen für die Verbindlichkeiten der Gesellschaft haftet, haften alle an der OHG beteiligten Gesellschafter mit ihrem gesamten Privatvermögen.

Die gesetzlichen Regelungen des HGB sehen vor, dass sich in der OHG gleichberechtigte Gesellschafter befinden. Alle an der Gesellschaft beteiligten Personen haben für Geschäfte mit Dritten die gleichen Vertretungsrechte. Durch entsprechende Regelungen im Gesellschaftsvertrag ist es jedoch ohne weiteres möglich, die Vertretungsmacht einzelner Gesellschafter im Innenverhältnis einzuschränken.

Der Existenzgründer sollte bei seiner Entscheidung für die Rechtsform die Vor- und die Nachteile der OHG gegeneinander abwägen. So ist als Nachteil insbesondere die vollständige persönliche Haftung der Gesellschafter anzusehen. Da man hierbei als Gesamtschuldner auch für Haftungsfälle der Mitgesellschafter einzustehen hat, sollte sich der Existenzgründer seine Mitgesellschafter zuvor kritisch ansehen und sich fragen, ob das Vertrauen ausreicht, mit den anderen gemeinsam eine Gesellschaft zu führen. Anders als bei einer einzelkaufmännischen Unternehmung ist der Existenzgründer nicht in der glücklichen Position, seine Entscheidungen alleine treffen zu können, sondern er muss seine Entscheidungen in der Regel mit seinen Mitgesellschaftern abstimmen. Vorteil der Rechtsform OHG ist sicherlich die auf die persönliche Haftung zurückzuführende hohe Kreditwürdigkeit. Aber nicht nur bei den Kreditinstituten genießen die als OHG geführten Unternehmen ein hohes Ansehen. Auch im übrigen Geschäftsverkehr, wie beispielsweise bei Geschäftspartnern, stößt die vollständige Haftung mit dem Privatvermögen auf große Akzeptanz. Ein anderer positiver Aspekt, den die Rechtsform der OHG mit sich bringt, ist die große Flexibilität im Rahmen der Gestaltung des Gesellschaftsvertrages. Da es sich bei der OHG um eine Personengesellschaft handelt, unterliegt sie bei der Ausgestaltung der Regelungen des Gesellschaftsvertrages nicht so starren unveränderbaren Vorgaben wie die Kapitalgesellschaften. Insbesondere die gesetzlichen Regelungen des Innenverhältnisses sind so genanntes dispositives – also änderbares – Recht.

6.5   Kommanditgesellschaft (KG)

Die Kommanditgesellschaft wird mit den Buchstaben KG abgekürzt. Der Zweck der KG ist – wie bei der OHG – das Betreiben von Handelsgeschäften. Die KG ist also eine Gesellschaftsform für alle diejenigen, die sich zusammen mit anderen Personen kaufmännisch betätigen und die persönliche Haftung für einen oder mehrere Gesellschafter ausschließen möchten. Aus diesem Grunde ist die Rechtsform der KG bei Neugründungen mittelständischer Betriebe sehr beliebt. Oftmals wird diese Gesellschaftsform auch im Rahmen der Gründung von Familienunternehmen angewandt, bei denen Ehegatten oder Kinder des Gründers ihr Vermögen in das Unternehmen einbringen. Die Gründung setzt das Vorliegen eines Handelsgewerbes voraus. Das Gründungsprozedere weist kaum Unterschiede zu dem der OHG-Gründung auf. Letztlich sind die Kosten für die Eintragung von der Anzahl der persönlich haftenden Gesellschafter und der Höhe der Kommanditeinlagen abhängig. Wichtig ist, dass im Rahmen der Anmeldung zum Handelsregister auch die Kommanditisten mit Namen und Höhe der jeweiligen Einlage genannt werden müssen.

Die Kommanditgesellschaft ist in den §§ 161 bis 177a HGB geregelt. Ergänzend sind darüber hinaus auch die gesetzlichen Normen über die OHG anzuwenden. Die KG gehört zu den Personengesellschaften und unterscheidet sich in einem wesentlichen Punkt von der OHG. Im Rahmen einer KG gibt es – anders als in der OHG – die Möglichkeit, die Haftung einzelner Gesellschafter auf die Höhe ihrer Einlagen zu begrenzen. Zur Gründung einer KG bedarf es mindestens zwei Personen, von denen eine voll mit ihrem Privatvermögen für Verbindlichkeiten der Gesellschaft einstehen muss. Diese voll haftenden Personen werden als „Komplementäre" bezeichnet. Bei anderen Gesellschaftern kann die Haftung auf die Höhe der von ihnen zu erbringenden Einlage reduziert werden. Diese Personen werden als „Kommanditisten" bezeichnet.

Die Komplementäre, also die persönlich haftenden Gesellschafter, haben ebensolche Rechte und Pflichten wie die Gesellschafter einer OHG. Sie sind mit den Aufgaben der Geschäftsführung und mit der Vertretung der KG Dritten gegenüber betraut. Ein Kommanditist ist aufgrund der gesetzlichen Regelungen des HGB weitgehend von den Rechten der Mitverwaltung des Unternehmens ausgeschlossen. So hat er nach § 164 HGB in der Regel auch keine Befugnis zur Geschäftsführung und darf nach § 170 HGB die KG auch nicht nach außen vertreten. Dem Kommanditisten verbleiben deshalb nach § 166 HGB lediglich so genannte Kontrollrechte. Diese Rechte lassen sich in ordentliche und außerordentliche Kontrollrechte unterteilen.

Die ordentlichen Kontrollrechte sind in § 166 Abs. 1 HGB normiert. Sie räumen dem Kommanditisten das Recht ein, zu fordern, von der Bilanz eine Abschrift zu erhalten und durch

Einsichtnahme in Bücher und Geschäftspapiere zu überprüfen, ob korrekt abgerechnet wurde. Dieses Recht erstreckt sich auf die Gewinn- und Verlustrechnung sowie die Steuerbilanz. Es endet jedoch bei Prüfungsbescheiden des Finanzamts oder Zwischenbescheiden. Diese sind vom Kontrollrecht nicht mehr umfasst. Gewöhnlich ist der Kommanditist auch nicht befugt, sein Recht zur Prüfung von Büchern und Papieren auf andere Personen zu übertragen. Hierfür bedarf es schon eines wichtigen Grundes. Ausnahmen können beispielsweise dann bestehen, wenn der Kommanditist aufgrund einer Krankheit nicht in der Lage ist, seine Rechte wahrzunehmen. Die Einsichtnahme durch den Kommanditisten kann nur in den Geschäftsräumen der KG stattfinden.

Das so genannte außerordentliche Prüfungsrecht leitet sich aus § 166 Abs. 3 HGB ab. Dieses kann dann eingesetzt werden, wenn die im Gesellschaftsvertrag vereinbarten Rechte oder das gesetzlich in § 166 Abs. 1 HGB normierte Kontrollrecht nicht ausreicht, die Interessen des Kommanditisten zu erfüllen. In derartigen Fällen bedarf es des Vorliegens eines wichtigen Grundes. Hierzu zählen beispielsweise Untreue oder der Verdacht einer nicht ordnungsgemäßen Geschäftsführung.

Der Gesellschaftsvertrag bietet den Gesellschaftern einer KG die Möglichkeit, die Kontrollrechte durch Vereinbarung einzuschränken. Anders als das außerordentliche Kontrollrecht, welches nicht abbedungen werden kann, kann das ordentliche Kontrollrecht des § 166 Abs. 1 HGB durch den Gesellschaftsvertrag eingeschränkt werden.

Ein Wettbewerbsverbot wie bei den Gesellschaftern der OHG besteht für Kommanditisten nicht. Sie dürfen also – sofern der individuelle Gesellschaftsvertrag es ihnen nicht untersagt – sich auf jede erdenkliche Weise in Konkurrenzunternehmen der KG engagieren. Das Entnahmerecht des Kommanditisten unterliegt erheblichen Einschränkungen. Nach § 169 Abs. 1 HGB ist es ihm nur gestattet, die seinen Kapitalanteil übersteigenden, auf ihn entfallenden Gewinnanteile zu entnehmen.

6.6   Gesellschaft mit beschränkter Haftung (GmbH)

Die Gesellschaft mit beschränkter Haftung (GmbH) erfreut sich im Wirtschaftsleben großer Beliebtheit. Der Vorteil der GmbH ist es, dass diese Gesellschaftsform eine juristische Person darstellt, die für ihre Verbindlichkeiten nur mit ihrem Gesellschaftsvermögen haftet. Die an der Gesellschaft beteiligten Personen sind damit von der Haftung befreit. Seit dem Jahre 1981 bedarf es zur Gründung einer GmbH als Mindestgesellschaftermenge lediglich einer Person. Hierin unterscheidet sich die GmbH von den zuvor dargestellten Personengesellschaften, bei denen zur Gründung jeweils mindestens zwei Personen erforderlich sind. Das Recht der GmbH wird im GmbH-Gesetz geregelt, welches bereits seit dem Jahre 1892 besteht. Doch ist dieses Gesetz vor kurzer Zeit durch das „Gesetz zur Modernisierung des GmbH-Rechts und zur Bekämpfung von Missbräuchen" (MoMiG) einschneidend reformiert worden (vgl. BGBl. I 2008, S. 2026), so dass seit dem 1. November 2008 gravierende neue Regelungen bestehen, die jeder Existenzgründer kennen sollte. Durch diese Gesetzesreform wird dem Existenzgründer nämlich nunmehr mit der so genannten „haftungsbeschränkten Unternehmergesellschaft" eine Einstiegsvariante der GmbH zur Verfügung gestellt.

6.6.1 Die „normale" GmbH

Die GmbH ist eine Gesellschaftsform, deren Gründung zu jedem durch das Gesetz zulässigen Zweck erlaubt ist und welche den Gläubigern für ihre Verbindlichkeiten lediglich mit dem Gesellschaftsvermögen haftet. Sie stellt eine juristische Person dar. Das bedeutet, dass sie juristisch weitestgehend wie eine eigenständige Person behandelt wird. Als Formkaufmann und Handelsgesellschaft wird auf die GmbH das Handelsrecht angewandt. Diese für Kaufleute geltenden Regelungen sind selbst dann für eine GmbH gültig, wenn sie von Freiberuflern betrieben wird. Doch auch wenn die GmbH aufgrund der durch sie gewonnenen Möglichkeit der Haftungsbeschränkung auf Existenzgründer eine hohe Anziehungskraft ausübt, so kann diese Unternehmensform bei Außenstehenden – insbesondere bei potentiellen Vertragspartnern und Kreditgebern wegen der Haftungsbeschränkung zu verstärkter Vorsicht und Zurückhaltung führen. Die Gesellschafter einer GmbH bringen das erforderliche Kapital auf und legen in einem Gesellschaftsvertrag die Binnenstruktur der Unternehmung fest.

6.6.2 Kapitalaufbringung

Bis zum 1. November 2008 musste die Stammeinlage jedes Gesellschafters mindestens 100 Euro betragen und der Betrag der Stammeinlage musste durch 50 teilbar sein. Seit der GmbH-Gesetzesreform können die Gesellschafter nunmehr individuell die jeweilige Hohe ihrer Stammeinlage festlegen. Außerdem muss der jeweilige Geschäftsanteil jetzt auch nur noch auf mindestens einen Euro lauten.

Bei Gründung einer Ein-Personen-GmbH besteht die Möglichkeit, zunächst nur die Hälfte des Haftungskapitals aufzubringen. Bis 1. November 2008 war es dann aber erforderlich, dass die andere Hälfte durch eine selbstschuldnerische Bankbürgschaft abgesichert wurde. Seit dem 1. November 2008 wird auf diese Sicherheit nunmehr verzichtet. Auch bestanden früher immer wieder Probleme, wenn beispielsweise eine GmbH gegründet wurde und ein Stammkapital in Höhe von 25.000 Euro zwar in Bargeld aufgebracht und eingezahlt wurde, das Kapital dann aber kurze Zeit später zum Teil dafür verwendet wurde, Maschinen oder einen LKW anzuschaffen, der für die laufende Tätigkeit des Unternehmens erforderlich ist. Nach altem Recht wurde dieses Vorgehen als „verdeckte Sacheinlage" angesehen, was dazu führte, dass der Gesellschafter im Falle einer Insolvenz seine Einlage noch einmal leisten musste. Denn der von dem Geld angeschaffte Gegenstand wurde hierbei nicht berücksichtigt. Dieses wird seit dem 1. November 2008 anders gehandhabt. Nunmehr wird ein solcher Kauf nach Gründung der GmbH in Höhe des objektiven Verkehrswerts berücksichtigt, so dass es für den Gesellschafter nicht mehr zu der Pflicht einer Nachzahlung kommen muss.

6.6.3 Die Sachgründung

Im Rahmen der Sachgründung werden auch nach der seit 1. November 2008 gültigen Fassung des GmbH-Gesetzes erhöhte Anforderungen an Publizität, Dokumentation und Bewertung von Unternehmen gestellt. Nur wenn die folgenden Vorgaben eingehalten werden, wird die Sacheinlage als „wirksam erbracht" angesehen:

- So sind nach § 5 Abs. 4 Satz 1 GmbHG im Gesellschaftsvertrag zwingend der Gegenstand der Sacheinlage und der Betrag des Geschäftsanteils, auf welchen sich die Sacheinlage bezieht, anzugeben.
- Ferner muss nach § 7 Abs. 3 GmbHG eine Sacheinlage noch vor Anmeldung der Gesellschaft vollständig erbracht werden.
- Darüber hinaus sieht § 5 Abs. 4 Satz 2 GmbHG vor, dass die Gesellschafter in einem Sachgründungsbericht die für die Angemessenheit der Leistungen für Sacheinlagen wesentlichen Umstände darzulegen haben.
- Verstärkt werden diese hohen Anforderungen an Sachgründungen noch dadurch, dass § 8 Abs. 1 Nr. 5 des GmbHG vorschreibt, dass einer Anmeldung zum Handelsregister Unterlagen beigefügt sein müssen, aus denen die Werthaltigkeit der Sacheinlage hervorgeht.

Sofern im Zeitpunkt der Anmeldung der GmbH der Wert der Sacheinlage den Betrag des übernommenen Geschäftsanteils nicht tatsächlich erreicht, ist der Betreffende verpflichtet, die Wertdifferenz in Geld zu leisten.

6.6.4 Gesellschaftsvertrag

Ein GmbH-Gesellschaftsvertrag muss als Mindestinhalt des Vertrages wenigstens enthalten:

- Firma und Sitz der Gesellschaft,
- den Gegenstand des Unternehmens,
- den Betrag des Stammkapitals,
- die Zahl und die Nennbeträge der Geschäftsanteile, die jeder Gesellschafter gegen Einlage auf das Stammkapital übernimmt.

Damit die GmbH-Gründung beschleunigt werden kann und nicht unbedingt hohe Anwalts- oder Notarkosten anfallen, bietet das GmbH-Gesetz seit dem 1. November 2008 im Anhang zum GmbH-Gesetz zwei Musterprotokolle. Diese Muster sind allerdings nur für unkomplizierte Standardgründungen, nämlich Gründungen mit höchstens drei Gesellschaftern, vorgesehen.

Des Weiteren wird die Gründung nunmehr durch eine Verkürzung der Eintragungszeiten beim Handelsregister erleichtert. Nach der bis zum 1. November 2008 gültigen Regelung des § 8 Abs. 1 Nr. 6 GmbHG konnte eine Eintragung nur dann vorgenommen werden, wenn zusammen mit der Anmeldung eine staatliche Genehmigungsurkunde vorgelegt werden konnte. Die hiervon betroffenen Handwerks- und Restaurantbetriebe sowie Bauträger und andere erlaubnispflichtigen Unternehmungen wurden in der Zeitdauer des Anmeldevorgangs durch das Betreiben beider Verfahren behindert, da sie mit der Anmeldung zum Handelsregister zumeist warten mussten, bis sie auch die staatliche Genehmigungsurkunde vorlegen konnten. Seit dem 1. November 2008 brauchen die Gesellschaften mit beschränkter Haftung diese Urkunden, ebenso wie Personengesellschaften und Einzelkaufleute, im Rahmen des Antrags auf Eintragung in das Handelsregister nicht mehr beim Registergericht vorzulegen.

Gesellschafter einer GmbH haben auch ein stärker ausgestaltetes Kontrollrecht als beispielsweise ein Kommanditist in einer KG; denn keine Regelung im Gesellschaftsvertrag darf ihnen ihr Kontrollrecht erheblich einschränken oder gar aushebeln. Zur Gründung bedarf es grundsätzlich einer Stammeinlage von mindestens 25.000 Euro. Die Gesellschaft ist bei dem Gericht, in dessen Bezirk sie ihren Sitz hat, zur Eintragung in das Handelsregister anzumelden.

6.6.5   Haftungsfallen

Wer allerdings glaubt, durch die Gründung einer GmbH überhaupt keine Haftung mehr befürchten zu müssen, der irrt. Wenn beispielsweise ein Existenzgründer eine Einmann-GmbH gründet, weil er damit die Haftung ausschließen möchte, so wird er gewöhnlich keine fremde Person als Geschäftsführer einsetzen, sondern die Geschäftsführung selbst übernehmen. Verstößt ein Geschäftsführer allerdings gegen gesetzliche Vorgaben, beantragt er z. B. zu spät die Insolvenz des Unternehmens, so kann er dafür vom Insolvenzverwalter mit seinem Privatvermögen in die Haftung genommen werden. Derartige Fälle können zivilrechtliche und strafrechtliche Konsequenzen nach sich ziehen. Insofern kann Geschäftsführern, insbesondere auch in größerer Unternehmen nur geraten werden, sich nicht blind auf Steuerberater oder die Buchhaltung zu verlassen, sondern sich selbst um die Bonität des Unternehmens zu kümmern und darauf zu bestehen, immer aktuell mit Daten versorgt zu werden. Nur so können drohende Zahlungsunfähigkeit und nachteilige Entwicklungen, die zu einer Insolvenz führen können, rechtzeitig auch vom Geschäftsführer – der ja schließlich für derartige Versäumnisse eventuell mit seinem Privatvermögen haften muss – erkannt werden. Darüber hinaus bieten Versicherungsunternehmen auch Managementhaftpflichtversicherungen an, die das zivilrechtliche und strafrechtliche Risiko zumindest mindern können. Derartige Versicherungen werden als D&O-Versicherungen bezeichnet. Das Kürzel steht für den Begriff „Director´s & Officer´s liability insurance". Es handelt sich hierbei um eine freiwillige Vermögensschaden-Haftpflichtversicherung, welche Kapitalgesellschaften für ihre Manager abschließen. Dieser seit Mitte der 1990er Jahre in Deutschland verbreitete Versicherungstyp erfreut sich nunmehr auch bei kleinen und mittelständischen Unternehmen zunehmender Beliebtheit. Vor Abschluss einer solchen Versicherung sollte aber unbedingt der vertraglich festgelegte Versicherungsumfang geprüft werden. Denn für Vorsatz treten die Versicherungen nicht ein, aber oftmals wird im Kleingedruckten auch grobe Fahrlässigkeit ausgeschlossen.

Doch auch der normale Gesellschafter muss auf Haftungsfallen aufpassen. Sofern nämlich eine Gesellschaft keinen Geschäftsführer mehr hat, sind die Gesellschafter seit 1. November 2008 dazu verpflichtet, bei Zahlungsunfähigkeit und Überschuldung einen Insolvenzantrag zu stellen. Tun sie das nicht, können sie vom Insolvenzverwalter mit ihrem Privatvermögen in Haftung genommen werden.

6.6.6 Gründungsaufwand

Um für GmbH-Gründer zumindest die Standardunternehmensgründungen zu erleichtern, sieht das MoMiG nun auch die Möglichkeit vor, ein so genanntes Musterprotokoll zu nutzen. Zwar bedarf der Gesellschaftsvertrag immer noch einer notariellen Beurkundung, doch können die Kosten bei der Verwendung des Protokollmusters erheblich gesenkt werden. Zwar ist die genaue Höhe der Gründungskosten auch von der Höhe des Stammkapitals der Gesellschaft abhängig, doch kann mittlerweile je nachdem, wie viel notarielle Beratung und Vorarbeit in Anspruch genommen wurde, mit Gründungskosten um 420 Euro gerechnet werden. Im Folgenden werden die wesentlichen Kostenpositionen vorgestellt. Es handelt sich hierbei insbesondere um:

- die Kosten für die notarielle Tätigkeit,
- die Kosten für die Eintragung in das Handelsregister und
- die Kosten für die aus Publizitätsgründen vorgeschriebene Veröffentlichung.

So setzen sich die Notarkosten aus den Kosten für die Beurkundung des Gesellschaftsvertrages, die Beurkundung der Gesellschafterversammlung sowie die Anfertigung eines Entwurfes nebst einer Beglaubigung der Anmeldung zum Handelsregister zusammen. Handelt es sich beispielsweise um eine Unternehmensgründung mit dem Mindestkapital von 25.000 Euro, so belaufen sich die Kosten für den Gesellschaftsvertrag auf 168 Euro (netto). Bei einer Ein-Personen-GmbH wären es nur 84 Euro (netto). Zusätzlich wären für die Beurkundung der Gesellschafterversammlung noch 168 Euro und für den Entwurf sowie die Beglaubigung der Anmeldung zum Handelsregister noch weitere 42 Euro (netto) zu entrichten.

Momentan wird für die Eintragung in das Handelsregister ein Geldbetrag um die 100 Euro erhoben. Hinzu kommen die Kosten der Veröffentlichung, die, je nachdem wie die Veröffentlichung vorgenommen wird, weitere etwa 100 bis 280 Euro betragen. Die Frage, wo publiziert wird, richtet sich danach, ob das örtlich zuständige Amtsgericht sich für eine Veröffentlichung in einer Tageszeitung oder für eine Veröffentlichung im elektronischen Bundesanzeiger entscheidet.

6.6.7 Die Unternehmergesellschaft (haftungsbeschränkt)

Seit dem 1. November 2008 ist die Gründung eines neuen Gesellschaftstyps in Deutschland zulässig. Die neue Gesellschaftsform nennt sich „haftungsbeschränkte Unternehmergesellschaft" und muss nach § 5a Abs. 1 GmbHG zwingend unter der Bezeichnung „Unternehmergesellschaft (haftungsbeschränkt)" oder dem Kürzel „UG (haftungsbeschränkt)" geführt werden. Eine Abkürzung des Wortes „haftungsbeschränkt" ist wegen des Schutzes potentieller Geschäftspartner unzulässig. Streng genommen handelt es sich bei der haftungsbeschränkten Unternehmergesellschaft jedoch um keine eigenständig neue Gesellschaftsform.

Sie ist vielmehr eine Unterart der GmbH, deren Gründung lediglich eine Stammeinlage von einem Euro erfordert. Wegen dieser Ausgestaltung werden in der Praxis statt des Begriffes „Unternehmergesellschaft" umgangssprachlich oftmals auch die Bezeichnungen „1-Euro-GmbH" oder „Mini-GmbH" verwendet.

Nachdem politisch diskutiert wurde, ob es mit Blick auf europäische Nachbarstaaten, in denen GmbH-ähnliche Gesellschaftsformen ein viel niedrigeres Stammkapital benötigen, nicht besser wäre, auch in der Bundesrepublik Deutschland die erforderliche Mindesthaftungssumme abzusenken, wurde in den letzten Jahren eine Reform des GmbH-Rechts vorangetrieben, welche im Rahmen eines Gesetzes mit dem Titel „Gesetz zur Modernisierung des GmbH-Rechts und zur Bekämpfung von Missbräuchen (MoMiG)" zum 1. November 2008 in Kraft trat (vgl. BGBl. I 2008, S. 2026 ff.). Ziel des Gesetzgebungsvorhabens war eine grundlegende Reformierung des GmbH-Rechts, um so der zunehmenden Konkurrenz durch GmbH ähnlichen Gesellschaftsformen, wie z. B. der englischen Limited, entgegenwirken zu können. Viele europäische Gesellschaftsformen erfordern einen weitaus geringeren Gründungsaufwand als die GmbH. Deshalb konnte in den letzten Jahren beobachtet werden, dass die ausländischen europäischen Gesellschaftsformen in der Bundesrepublik Deutschland an Attraktivität gewonnen haben. Zwar sah der erste Gesetzesentwurf des MoMiG noch vor, das Stammkapital von 25.000 Euro auf nunmehr 10.000 Euro abzusenken, doch wurde dieses Vorhaben im Laufe des Gesetzgebungsverfahrens aufgegeben, so dass die GmbH weiterhin eines Stammkapitals von 25.000 Euro bedarf. Eine darüber hinausgehende Erleichterung ist für Personen vorgesehen, die zur Existenzgründung nur wenig Kapital benötigen. Für sie wurde die „haftungsbeschränkte Unternehmergesellschaft (UG)" geschaffen. Die UG hat den Vorteil, dass sie auch ohne nennenswertes Mindestkapital gegründet werden kann. Theoretisch ist hierfür nur ein Euro erforderlich. Tatsächlich wird für Anmeldeformalitäten und Beglaubigung von Unterschriften für die Gründung etwas mehr Kapital als ein Euro erforderlich sein. Allerdings darf diese Gesellschaft ihre Gewinne auch nicht insgesamt ausschütten. Stattdessen ist bei dieser Gründungsvariante vorgesehen, dass mindestens ein Viertel des Jahresgewinns so lange einzubehalten ist, bis das vorgesehene Mindeststammkapital einer GmbH in Höhe von 25.000 Euro erreicht ist. Erst nach Aufbringung des Mindeststammkapitals kann die Unternehmergesellschaft in eine GmbH umfirmiert werden.

6.6.8   Gründung

Wie bei der GmbH ist auch bei der Unternehmergesellschaft eine Abschrift der konstituierenden Sitzung im Rahmen der Anmeldung zum Handelsregister einzureichen. Hierbei ist es gut, dass die dem GmbH-Gesetz beigefügte Mustersatzung auch eine Vorlage zur Gesellschafterversammlung enthält. Die Verwendung des Musters kann also die Einhaltung dieser formalen Punkte erleichtern. Sofern die Mustersatzung verwendet wird, brauchen die einzureichenden Unterlagen nicht mehr notariell beglaubigt zu werden. Das kann Kosten sparen. Allerdings müssen auch bei Verwendung des Mustergesellschaftsvertrages zumindest die Unterschriften einer notariellen Beglaubigung zugeführt werden.

Erst mit der Eintragung im Handelsregister entsteht die eigentliche Unternehmergesellschaft. Hierbei sollte beachtet werden, dass der Eintragungsvorgang nach der Anmeldung durchaus ein bis zwei Wochen dauern kann.

Die GmbH-Gesetzesreform ermöglicht mittlerweile sogar, neben dem in der Bundesrepublik befindlichen, in der Satzung festgelegten Unternehmenssitz, auf Wunsch auch einen davon abweichenden Verwaltungssitz im Ausland zu wählen. Dieses stellt ein Novum dar. Bisher konnten lediglich ausländische Unternehmensformen, wie beispielsweise die englische Limited, einen Verwaltungssitz auch in anderen Ländern haben; deutschen Unternehmen war dieses bisher aufgrund der deutschen Rechtslage verwehrt.

Oben wurden die Kosten der GmbH-Gründung bereits dargestellt. Im Rahmen der Gründung der Unternehmergesellschaft können weiterhin Kosten eingespart werden, denn eine Beurkundung des Gesellschaftsvertrages ist bei Verwendung des Musters nicht mehr erforderlich. Es bedarf lediglich einer notariellen Beglaubigung der Unterschriften.

Andere Maßnahmen, die nach der Gesetzesreform insbesondere Transparenz erzeugen und Missbrauchsfälle eindämmen sollen, sind:

- eine Verschärfung der Pflicht, die Liste der Gesellschafter auf aktuellem Stand zu halten.
- Erst wenn die Gesellschafter in die beim elektronischen Handelsregister einzureichende Gesellschafterliste eingetragen sind, dürfen sie ihre Mitgliedsrechte ausüben.
- Es ist nun im elektronischen Handelsregister stets eine in Deutschland liegende Geschäftsadresse einzutragen, damit die Gläubiger es leichter haben, die Schuldner ausfindig zu machen.
- Außerdem dürfen nunmehr Personen, die bereits wegen Insolvenzverschleppung verurteilt worden sind, für fünf Jahre nicht die Tätigkeit eines Geschäftsführers übernehmen.

Bei der Frage, ob ein Existenzgründer eine GmbH, eine haftungsbeschränkte Unternehmergesellschaft oder eine andere Gesellschaftsform wählt, sollte er sich aber auf keinen Fall allein von der Höhe des aufzubringenden Haftungskapitals leiten lassen. Es ist nämlich zu befürchten, dass die haftungsbeschränkte Unternehmergesellschaft, trotz ihres geringen Haftungskapitals, nicht für jeden Existenzgründer geeignet ist. Vielmehr muss hier nach Kapitalbedarf und Tätigkeit des Unternehmens differenziert werden. Ein Existenzgründer, welcher auf Geld von Banken angewiesen ist und hohe Anfangsinvestitionen, beispielsweise für Maschinen, tätigen muss, sollte über alternative Unternehmensformen nachdenken. Denn ein Unternehmen mit derart wenig Stammkapital wie die haftungsbeschränkte Unternehmergesellschaft wird es schwer haben, Geldgeber und bisweilen auch Vertragspartner zu finden, die auf die Zahlungsfähigkeit des Unternehmens vertrauen. Deshalb ist die haftungsbeschränkte Unternehmergesellschaft eher geeignet für Existenzgründer aus Branchen mit wenigen Anlaufkosten für Inventar. Beispielsweise kommen hierfür viele Unternehmen der Dienstleistungsbranche in Frage.

6.7   GmbH & Co KG

Die GmbH & Co KG ist eine Kommanditgesellschaft, bei der eine GmbH als voll haftender
Gesellschafter eingesetzt ist. Streng genommen zählt sie also zu den Personengesellschaften.
Wenn gewünscht, kann die GmbH & Co KG von einer einzigen Person gegründet werden,
die zugleich eine Komplementär-GmbH gründet, was einer einzelnen Person gestattet ist,
und zugleich in ihrer Funktion als natürliche Person als Kommanditist an der KG beteiligt
ist. Egal ob eine Person oder mehrere Personen an der Gesellschaft beteiligt sind, nach Gesetzeslage ist nur die GmbH als alleiniger Komplementär dazu berechtigt, die Geschäfte der
KG zu führen. Da Körperschaften wie die GmbH nur über ihre Organe handlungsfähig sind,
wird es im Regelfall der Geschäftsführer der GmbH sein, der die Geschäfte auch für die KG
führt. Sinn der GmbH & Co KG ist es, die Vorteile beider Gesellschaftsformen zu kombinie-
ren. So werden hier die zivilrechtlichen Vorteile der Haftungsbeschränkung einer GmbH mit
den steuerrechtlichen Vorteilen einer KG kombiniert. Personengesellschaften wie die KG
werden steuerlich gegenüber Kapitalgesellschaften in geringem Umfang begünstigt. So zahlt
eine Personengesellschaft aufgrund des höheren Freibetrages eine niedrigere Gewerbesteuer
als eine Kapitalgesellschaft. Weitergehende, größere Steuervorteile sind jedoch seit Jahrzehnten, nämlich seit der Körperschaftsteuerreform des Jahres 1977, weggefallen, so dass
Steuervorteile heutzutage für die Wahl dieser Rechtsform eher eine geringe Rolle spielen.
Ein Existenzgründer sollte also die Vor- und Nachteile gegeneinander abwägen. Geht es ihm
nur um den Haftungsausschluss, so würde eine „normale" GmbH ausreichen. Vorteile der
GmbH & Co KG sind neben der Haftungsbeschränkung geringe Steuervorteile und die Möglichkeit, die Struktur als Instrument zur Unternehmensorganisation zu gebrauchen. Nachteile
der GmbH & Co KG sind jedoch die komplizierte Handhabung, die durch das Führen zweier
Unternehmen entsteht und der hohe finanzielle und verwaltungstechnische Gründungsaufwand. In der Praxis wird versucht, die Haftungssumme der voll haftenden GmbH nicht zu
sehr anwachsen zu lassen. Aus diesem Grunde werden größere Geldbeträge von den Kommanditisten in die Gesellschaft gebracht. Der Komplementär, nämlich die GmbH, wird hingegen gewöhnlich nur zu einem geringen Anteil an der KG beteiligt.

6.8   Aktiengesellschaft (AG)

Die Aktiengesellschaft (AG) ist nach § 1 AktG „eine Gesellschaft mit eigener Rechtspersönlichkeit", in der nur das Gesellschaftsvermögen den Gläubigern Haftung bietet. Sie besitzt
ein in Aktien zerlegtes Grundkapital. In jedem Fall gilt die AG nach § 3 Abs. 1 AktG i.V.m.
§ 6 Abs. 2 HGB als Handelsgesellschaft; auch dann, wenn sie keinen gewerblichen Zwecken
dient. Es handelt sich bei der AG um eine juristische Person. Das heißt, sie besitzt eine eigene Rechtspersönlichkeit und kann daher vollständig am Rechtsverkehr und am Geschäftsleben teilnehmen. Eine Aktiengesellschaft kann deshalb unter ihrer Firma klagen und verklagt
werden, sie kann Eigentum erwerben und Verträge schließen. Für den Namen der Gesellschaft, also die Firma, gelten die Regelungen des § 4 AktG, wonach die Bezeichnung „Aktiengesellschaft" oder eine allgemein verständliche Abkürzung dieser Bezeichnung im Unter-

nehmensnamen genannt werden muss. Natürlich ist eine Kapitalgesellschaft wie die AG nur über Organe handlungsfähig. Ihre Organe sind:

- Aufsichtsrat;
- Vorstand;
- Hauptversammlung.

Um eine Aktiengesellschaft zu gründen, muss zunächst ein Gesellschaftsvertrag geschlossen werden. Für die Gründung sind ein oder mehr Personen als Gründer erforderlich. Die genauen Regelungen zur Gründung befinden sich in den §§ 23 ff. AktG. Der Gesellschaftsvertrag, der auch als Satzung bezeichnet wird, beinhaltet die so genannte Übernahmeerklärung. In ihr verpflichten sich die Gründer zur Übernahme des gesamten Bestandes von Aktien. Die Übernahme der Aktien stellt für die Gründer sowohl eine Berechtigung als auch eine Verpflichtung dar. Mit der Übernahme der Aktien durch die Gesellschafter ist die AG errichtet. Damit sie aber auch als entstanden gilt, bedarf es erst der Eintragung in das Handelsregister.

Die Anmeldung zum Handelsregister muss folgende Punkte enthalten:

- die Erklärung über die Leistung der Einlagen. Sie muss zum Ausdruck bringen, dass die Einlagen zur endgültigen freien Verfügung des Vorstandes in der erforderlichen Höhe ordnungsgemäß erbracht worden sind. Nach § 37 Abs. 1 Satz 1 AktG sind dabei auch der Betrag, zu dem die Aktien ausgegeben worden sind, und der darauf eingezahlte Betrag anzugeben.
- eine Versicherung der Vorstandsmitglieder, dass ihnen durch eine Verwaltungsbehörde kein Berufsverbot auferlegt wurde.
- eine Versicherung der Vorstandsmitglieder, dass sie entsprechend § 37 Abs. 2 AktG über ihre unbeschränkte Auskunftspflicht gegenüber dem Gericht belehrt worden sind. Eine derartige Belehrung könnte z. B. durch den die Anmeldung beglaubigenden Notar erfolgen.
- eine Versicherung der Vorstandsmitglieder, dass sie nicht innerhalb der letzten fünf Jahre wegen einer Insolvenzstraftat verurteilt worden sind. Ein pauschaler Hinweis auf § 76 Abs. 3 Satz 3 AktG sollte hierbei aber besser unterbleiben. Vielmehr ist es im Hinblick auf die aktuelle Rechtsprechung zweckmäßig, die im Gesetz genannten Fälle wörtlich wiederzugeben.
- Außerdem müssen nach § 37 AktG Angaben über die Art der Vertretungsbefugnis der Vorstandsmitglieder gemacht werden.

Der Anmeldung sind die im Folgenden aufgeführten Unterlagen anzufügen:

- nach § 37 Abs. 4 Nr. 1 AktG die Satzung der AG und ihre Anlagen,
- Urkunden, die eine Bestellung des Vorstands und des Aufsichtsrats belegen,
- eine Liste der Aufsichtsratsmitglieder mit deren persönlichen Daten,
- Gründungsbericht sowie die Prüfungsberichte der Verwaltungsmitglieder und des Notars oder Gründungsprüfers mit Anlagen,
- einen Urkundsnachweis eventuell notwendiger staatlicher Genehmigungen,

- der Nachweis des eingezahlten Betrags.
- Wenn von dem Betrag Steuern und Gebühren bezahlt worden sind, so sind nach § 37 Abs. 1 Satz 5 AktG Art und Höhe der Beträge nachzuweisen.

Nach § 30 AktG sind die Organe der AG zu bestellen. Damit die Organe der Gesellschaft installiert werden können, müssen die Gründer den ersten Abschlussprüfer und den ersten Aufsichtsrat bestellen. Der Aufsichtsrat wiederum bestellt den ersten Vorstand. Die Gründer sind gemäß § 32 AktG auch dazu verpflichtet einen Gründungsbericht zu erstellen. Dieser ist von Vorstand und Aufsichtsrat zu prüfen. Für die Gründung ist ein Mindestkapital in Höhe von 50.000 Euro erforderlich. Die Gesellschaft muss ins Handelsregister angemeldet und auch dort in Abteilung B eingetragen werden. Damit eine Eintragung stattfinden kann, ist es erforderlich, dass mindestens ein Viertel des Grundkapitals von den Gesellschaftern eingezahlt worden ist. Die Eintragung ist ein wesentlicher Akt, denn nach § 41 Abs. 1 S. 1 AktG ist die Aktiengesellschaft erst mit der Eintragung im Handelsregister entstanden.

Die Aufgaben und Funktionen der Organe sind folgende:

- Der Vorstand der AG kann aus einer oder aus mehreren Personen bestehen. Sofern die Gesellschaft mit mehr als 3 Millionen Euro Grundkapital ausgestattet ist, muss der Vorstand nach § 76 Abs. 2 AktG mindestens aus zwei Personen bestehen, wenn der Gesellschaftsvertrag nicht explizit eine Person vorschreibt. Die Kompetenzen und das Tätigkeitsfeld des Vorstands sind in den §§ 76 bis 94 AktG gesetzlich normiert. Aufgabe des Vorstands ist die Geschäftsführung und Vertretung der AG. Nach § 76 Abs. 1 AktG hat er unter eigener Verantwortung die Gesellschaft zu leiten. Der Vorstand handelt eigenverantwortlich und weisungsgebunden. Er wird vom Aufsichtsrat bestellt und abberufen.
- Der Aufsichtsrat besteht nach § 95 AktG aus mindestens drei und maximal 21 Mitgliedern. Die Zusammensetzung ist in § 96 AktG geregelt. Der Aufsichtsrat agiert als überwachendes Organ. Er vertritt die Aktiengesellschaft gegenüber den Vorstandsmitgliedern.
- Die Hauptversammlung hat die Aufgabe eines Beschlussorgans. Sie gilt als oberstes Organ der Aktiengesellschaft und ist in den §§ 118 bis 147 AktG geregelt. Es handelt sich bei der Hauptversammlung um eine Versammlung aller Aktionäre bzw. Anteilseigner der Gesellschaft. In ihr können sie Beschlüsse fassen und ihre Rechte wahrnehmen.

Eine Aktiengesellschaft eignet sich insbesondere dazu, Kapital in großer Höhe zu beschaffen. Aus diesem Grunde ist sie eine Rechtsform, die für Großunternehmen mit hohem Bedarf an Kapital bestens geeignet ist. Für Existenzgründer wird diese Rechtsform gewöhnlich nicht zu empfehlen sein. Durch Rechtsprechung und Gesetzesreformen sind den Aktiengesellschaftern in den letzten Jahren derart viele Pflichten zum Schutz der Gläubiger und Kapitalanleger auferlegt worden, dass die klassische Aktiengesellschaft für Existenzgründer eine viel zu teure und viel zu umständliche Rechtsform ist. Wenn also ein Existenzgründer die Vor- und Nachteile einer AG miteinander vergleicht, wird er feststellen, dass die AG als wesentliche Vorteile eine Haftungsbeschränkung für die Aktionäre und im Falle der Insolvenz ein Abwälzen des Risikos auf die Gläubiger mit sich bringt. Darüber hinaus hat eine AG wegen des Mindestgrundkapitals ein relativ hohes Ansehen bei Banken, Investoren und Geschäftspartnern. Doch sollten auch die erheblichen Nachteile berücksichtigt werden. Hier sind insbesondere die relativ hohen Kosten der Gründung sowie die relativ hohen Kosten der

Börseneinführung zu nennen. Darüber hinaus bedeutet der Jahresabschluss einen erheblichen Aufwand. Hinzu kommen noch die Gefahren eines nur schwer zu kontrollierenden Fremdeinflusses und, dass der Vorstand nicht nur bei Zahlungsunfähigkeit sondern bereits bei Überschuldung verpflichtet ist, die Eröffnung eines Insolvenzverfahrens zu beantragen.

6.9   Limited (Ltd.)

In den letzten Jahren wichen immer mehr Existenzgründer wegen des für deutsche Kapitalgesellschaften bis 1. November 2008 noch erforderlichen hohen Haftungskapitals auf ausländische Unternehmensformen aus. Hierbei scheint sich die englische Gesellschaftsform der Private Limited Company, die auch schlicht als Limited (Ltd.) bezeichnet wird, großer Beliebtheit zu erfreuen. Das extrem niedrige Haftungskapital von einem Pound, welches für die Gründung erforderlich ist, hat sicherlich dazu beigetragen. Hintergrund der Etablierung ausländischer Unternehmenstypen in Deutschland ist, dass Zweigniederlassungen von Unternehmen anderer Mitgliedsstaaten auch in den übrigen Mitgliedsstaaten der Europäischen Union anerkannt und eingetragen werden müssen. Doch sollte der Existenzgründer, der mit dem Gedanken spielt, diese Gesellschaftsform zu führen, sich Folgendes vor Augen halten: Auch wenn dieser englische Unternehmenstyp in der Bundesrepublik Deutschland Handel betreiben darf, so muss er auch nach englischem Recht in Großbritannien gegründet werden. Dabei bestehen erhebliche Unterschiede zur Gründung einer deutschen GmbH. So ist es beispielsweise nicht wie bei der Gründung der deutschen GmbH möglich, eine Limited mit nur einer Person zu gründen. Stattdessen ist es erforderlich, dass es bei Gründung mindestens zwei Personen, nämlich einen „Director" und einen „Secretary" gibt. Darüber hinaus kann dieser Unternehmenstyp zu weiteren Problemen für den Existenzgründer führen: Zur Anmeldung der Limited muss er sich entweder selbst nach Großbritannien begeben oder das Risiko auf sich nehmen, die Gründung seiner Limited einem Dritten zu überlassen. Einen derartigen Service, in welchem Personen versprechen, gegen Zahlung weniger hundert Euro in Großbritannien für einen Auftraggeber eine Limited anzumelden, bieten bereits viele Personen an. Doch mit der Anmeldung alleine ist es nicht getan. Da die Limited ein englischer Unternehmenstyp ist, sind im Hinblick auf das englische Unternehmen und die deutsche Zweigstelle in der Regel deutsches Steuerrecht und bei Vorliegen bestimmter Voraussetzungen auch zusätzlich englisches Steuerrecht anzuwenden. Sofern eine Limited in Deutschland ihre Geschäfte betreibt oder sogar hier ihren Verwaltungssitz hat, muss sie auch, sobald sie errichtet ist, in das deutsche Handelsregister als Zweigniederlassung eingetragen werden. Gesetzliche Normen hierzu finden sich in den §§ 13d bis 13g des Handelsgesetzbuches.

Im Handelsregister einzutragen sind für die Zweigniederlassung:

- Firma mit Zusätzen,
- Niederlassungsort und
- die ständigen Vertreter sowie die Angabe ihrer Befugnisse.

In Bezug auf die Limited werden folgende Daten vermerkt:

- Firma,
- Sitz,
- Höhe des Stammkapitals,
- Datum, an welchem der Gesellschaftsvertrag geschlossen wurde,
- die Personen,
- die Vertretungsbefugnis der Direktoren,
- Rechtsform und
- Heimatregister mit Eintragungsnummer.

Entsprechend § 13e Abs. 2 Satz 1 HGB ist die Errichtung einer Zweigniederlassung durch den Direktor anzumelden. Sofern die Limited über mehrere Direktoren verfügt, ist die Anmeldung von den Direktoren in vertretungsberechtigter Anzahl vorzunehmen. Wird die Anmeldung unterlassen, so hat das Registergericht die Möglichkeit, sie entsprechend der §§ 132 ff. FGG i.V.m. § 14 HGB durch die Festsetzung eines Zwangsgeldes gegen die Personen, die für die Anmeldung verantwortlich sind, zu erzwingen.

Die Eintragung der englischen Limited in Großbritannien ist vergleichsweise schnell und kostengünstig. So dauert die Eintragung im „Companies House", dem englischen Handelsregister, zumeist nicht mehr als eine Woche. Durch Zahlung eines kleinen Zuschlages kann die Frist sogar beschleunigt werden, so dass eine Eintragung bereits innerhalb eines Tages erfolgen kann. Die Kosten belaufen sich hierbei auf umgerechnet ca. 30 Euro.

Die für die Limited erforderliche Entscheidung für einen englischen Unternehmenssitz führt gewöhnlich auch zu doppelten Jahresabschlüssen und unter Umständen auch zu einer doppelten Steuererklärung, was wiederum erhöhte Steuerberatungskosten mit sich bringt. Auswirkungen können sich auch bei der Frage nach Existenzgründerförderung ergeben. Hierbei ist nämlich festzustellen, dass die Bundesrepublik Deutschland deutsche Unternehmenstypen fördert und keine ausländischen Unternehmensformen. Aus diesem Grunde sollte ein Existenzgründer trotz des niedrigen Haftungskapitals, welches ihm die Limited bietet, gut überlegen, ob er sich für diese Gesellschaftsform entscheiden möchte.

6.10   Ltd. & Co. KG

Um die im Rahmen der Darstellung der Limited genannten Nachteile teilweise auszuschalten, kann eine interessante Gestaltungsalternative zum Einsatz kommen: die Gründung einer Limited & Co KG. Dies ist deshalb vorteilhaft, weil die Limited & Co KG als besondere Form der Kommanditgesellschaft einen deutschen Unternehmenstyp verkörpert; nämlich eine KG, bei welcher der voll haftende Gesellschafter eine Limited ist. Dieser Kunstgriff macht es möglich, dass in Deutschland eine Existenzgründerförderung möglich wird. Darüber hinaus eröffnet diese Gestaltung auch steuerliche Vorteile. Da diese Gesellschaftskonstruktion eine Personengesellschaft ist, kann die Limited & Co KG in Deutschland im Rahmen der Gewerbesteuer den Freibetrag des § 11 Abs. 1 GewStG von 24.500 Euro in Anspruch nehmen, welcher in dieser Höhe für Kapitalgesellschaften wie die Limited oder GmbH nicht besteht. Vorteile der Limited & Co KG bestehen im geringen Kapitalaufwand, welcher im Rahmen der Gründung anfällt und in der zügigen Gründung der Limited. Nachteilig an dieser Konstruktion könnte allerdings sein, dass für das Innenrecht der Limited & Co KG zwei verschiedene Rechtsordnungen zur Anwendung kommen. Dies kann zu erhöhten Kosten für Rechtsberatung führen und den Verlauf von Rechtsstreitigkeiten schlechter vorhersehen lassen.

6.11   Kommanditgesellschaft auf Aktien (KGaA)

Die Kommanditgesellschaft auf Aktien (KGaA) stellt eine Mischform aus Aktiengesellschaft und Kommanditgesellschaft dar. Sie zählt zu den juristischen Personen und ist daher keine Personengesellschaft. In der Bundesrepublik Deutschland spielt die KGaA im Vergleich zur AG eine nur untergeordnete Rolle. Nur wenige Unternehmen haben sich für diese Rechtsform entschieden. Die KGaA ist ab § 278 AktG gesetzlich geregelt. Sie ist mit einer eigenen Rechtspersönlichkeit ausgestattet. Im Rahmen dieses Gesellschaftstyps ist mindestens ein persönlich haftender Gesellschafter beteiligt. Die übrigen Gesellschafter sind an dem in Aktien zerlegten Grundkapital beteiligt, ohne persönlich für die Verbindlichkeiten der Gesellschaft zu haften. Derartige Gesellschafter werden auch als Kommanditaktionäre bezeichnet. Ähnlich wie die AG, verfügt auch die KGaA über eine Hauptversammlung und einen Aufsichtsrat. Die Konstruktion dieses Gesellschaftsverhältnisses führt dazu, dass je nach Themengebiet unterschiedliche Gesetze auf die Gesellschaft angewandt werden müssen. So bestimmt sich das Rechtsverhältnis der persönlich haftenden Gesellschafter untereinander beispielsweise nach § 278 Abs. 2 AktG; das Rechtsverhältnis gegen die übrigen Kommanditaktionäre und die Befugnis der persönlich haftenden Gesellschafter zur Geschäftsführung und zur Vertretung der Gesellschaft erfolgt hingegen nach den Vorschriften des Handelsrechts, also nach § 161 ff. HGB. Für andere rechtliche Fragen ist gemäß § 278 Abs. 3 AktG das erste Buch des Aktiengesetzes, also §§ 1 bis 277 AktG sinngemäß anwendbar.

Während der Aufsichtsrat als Überwachungsorgan fungiert und er außerdem die Kommanditaktionäre gegenüber den persönlich haftenden Gesellschaftern vertritt, ist die Hauptversammlung das Beschlussorgan der Gesellschaft. In ihr sind die Kommanditaktionäre vertreten. Das Stimmrecht der persönlich haftenden Gesellschafter hingegen ist durch die gesetzliche Vorschrift des § 285 AktG erheblich eingeschränkt. Hiernach können sie bei folgenden Beschlussfassungen weder für sich selbst noch für andere ihr Stimmrecht ausüben:

- Wahl und Abberufung des Aufsichtsrats;
- Entlastung der persönlich haftenden Gesellschafter und der Mitglieder des Aufsichtsrats;
- Bestellung von Sonderprüfern;
- Geltendmachung von Ersatzansprüchen;
- Verzicht auf Ersatzansprüche;
- Wahl von Abschlussprüfern.

Allerdings bedürfen die Beschlüsse der Hauptversammlung immer dann der Zustimmung der persönlich haftenden Gesellschafter, soweit sie Angelegenheiten betreffen, für die bei einer Kommanditgesellschaft das Einverständnis der persönlich haftenden Gesellschafter und der Kommanditisten erforderlich ist.

Um eine KGaA zu gründen sind mindestens fünf Personen erforderlich, von denen mindestens eine Person als Komplementär mit seinem gesamten Privatvermögen für die Schulden der Gesellschaft haftet. Formell erfolgt die Gründung durch Feststellung einer notariell zu beurkundenden Satzung. An der Feststellung der Satzung müssen sich alle persönlich haftenden Gesellschafter beteiligen. Darüber hinaus müssen auch diejenigen Personen daran beteiligt sein, die als Kommanditaktionäre Aktien gegen Einlagen übernehmen.

6.12   Stille Gesellschaft

Die stille Gesellschaft ist keine klassische Gesellschaftsform zum Betreiben von Geschäften. Ihr kommt in der Praxis jedoch eine erhebliche Bedeutung zu, wenn einem Unternehmer für die Verfolgung seiner Unternehmensziele anderweitig die Möglichkeit fehlt, das erforderliche Eigenkapital aufzubringen. Bei der stillen Gesellschaft handelt es sich um eine Personengesellschaft. Nach § 230 Abs. 1 HGB beteiligt sich ein stiller Gesellschafter an einem Unternehmen in der Weise, dass er dem Unternehmer eine Einlage zur Verfügung stellt, welche in das Eigentum des Unternehmers übergeht. Er lässt sich allerdings im Gegenzug vom Unternehmer vertraglich einräumen, dass er am Gewinn beteiligt wird. Zwar sieht das Gesetz mit § 231 Abs. 1 HGB vom Grundsatz her eine Beteiligung des stillen Gesellschafters sowohl am Gewinn als auch am Verlust vor, doch wird in der Praxis die Verlustbeteiligung entsprechend der Regelungen des § 231 Abs. 2 HGB durch vertragliche Absprache gewöhnlich ausgeschlossen. Im Unterschied zur OHG und KG entsteht also im Rahmen der stillen Gesellschaft kein gemeinsames Gesellschaftsvermögen. Der stille Gesellschafter gibt dem Unternehmer vielmehr Geld, welches in das Eigentum des Unternehmers übergeht. Nach außen tritt eine stille Gesellschaft nicht in Erscheinung. Für die Kunden des Unternehmers bleibt auch nach dem Vertragsschluss allein der Unternehmer ihr Vertragspartner, ohne dass ihnen die Existenz oder der Name des stillen Gesellschafters überhaupt bekannt gegeben wird. Deshalb wird die stille Gesellschaft juristisch oftmals auch als reine Innengesellschaft bezeichnet.

Der typisch stille Gesellschafter hat gegenüber dem Unternehmer Kontroll- und Informationsrechte. Diese sind nach § 233 HGB nahezu so ausgestaltet wie die Rechte eines Kommanditisten in einer KG. Das gesetzlich normierte Einsichtsrecht des stillen Gesellschafters kann daher auch vertraglich nicht abbedungen werden. Denn es ist für den stillen Gesellschafter extrem wichtig, dass er seine Beteiligung am Gewinn durch Prüfung des Jahresabschlusses nachvollziehen kann. Auskunftsrechte stehen dem stillen Gesellschafter immer dann zur Seite, wenn er sie dafür benötigt, seine Gesellschafterrechte geltend zu machen.

Die Absprache zwischen stillem Gesellschafter und Unternehmer hat aber auch steuerliche Auswirkungen. So wird im Steuerrecht zwischen typisch und atypisch stillem Gesellschafter unterschieden. Während der typisch stille Gesellschafter wie eben beschrieben die Voraussetzungen der §§ 230 ff. HGB erfüllt und am Gewinn oder am Gewinn und Verlust eines Unternehmens beteiligt ist, so ist der so genannte atypisch stille Gesellschafter nicht im Gesetz geregelt. Er ist dadurch gekennzeichnet, dass er im Gegensatz zum typisch stillen Gesellschafter nicht nur am Gewinn, sondern auch am Unternehmenswert und den stillen Reserven beteiligt ist. Unter stillen Reserven ist der Unterschiedsbetrag zwischen dem Buchwert eines Wirtschaftsgutes des Anlagevermögens und dessen tatsächlichem Wert zu verstehen, zu welchem es aus dem Betriebsvermögen entnommen oder veräußert wird. Hauptindizien, die für eine Qualifizierung als atypisch stiller Gesellschafter sprechen, sind also eine zusätzliche Beteiligung an den stillen Reserven und am Unternehmenswert. Dies geht oftmals aber Hand in Hand mit dem Wunsch des stillen Gesellschafters, auch interne Mitsprache zu haben. Anders als der typisch stille Gesellschafter, der gewöhnlich nur Kontrollrechte besitzt, mit welchen er durch Einsichtnahme in Geschäftsunterlagen sicherstellen kann, dass er in angemessener Weise am Gewinn beteiligt wird, wird ein atypisch stiller Gesellschafter in der Regel darauf bestehen, dass er intern auch ein gewisses Mitspracherecht besitzt. Aus diesem Grund deutet ein über Kontrollrechte hinausgehendes Mitspracherecht des stillen Gesellschafters stark darauf hin, dass es sich hierbei um einen atypisch stillen Gesellschafter handelt. An die beiden unterschiedlichen Arten von stillen Gesellschaftern sind im Steuerrecht unterschiedliche Rechtsfolgen geknüpft.

Sofern der Gesellschaftsvertrag dies vorsieht, kann die Stellung als stiller Gesellschafter auch auf andere Personen übertragen werden. In der Praxis ist eine derartige vertragliche Regelung insbesondere bei stillen Gesellschaften zu finden, bei denen es nicht auf ein besonderes Vertrauensverhältnis zwischen stillem Gesellschafter und Unternehmer ankommt. Alternativ kann eine Übertragung der Gesellschafterstellung auch dann vorgenommen werden, wenn der Unternehmer im Einzelfall seine Zustimmung hierzu erteilt. Bei Tod des stillen Gesellschafters tritt der Erbe in die Rechtsstellung des stillen Gesellschafters.

6.12.1 Die steuerlichen Auswirkungen der stillen Gesellschaft

Im Einkommensteuerrecht werden auf die atypisch stille Gesellschaft, die als Mitunternehmerschaft angesehen wird, die Regelungen des § 15 Abs. 1 Nr. 2 EStG angewandt. Zwar führt der Unternehmensinhaber für Außenstehende die Geschäfte allein, im Innenverhältnis findet die Führung jedoch für alle Gesellschafter statt. Aus diesem Grunde ist die atypisch stille Gesellschaft nach Rechtsprechung des Bundesfinanzhofs gewerblich tätig, so dass der atypisch stille Gesellschafter auch gewerbliche Einkünfte im Sinne des § 15 EStG erzielt. Sofern Gewinne aus der Veräußerung der Einlagen oder der Veräußerung von Sonderbetriebsvermögen entstehen, werden diese als gewerbliche Veräußerungsgewinne im Rahmen der §§ 15 und 16 EStG der Einkommensteuer unterworfen. Sofern Verluste entstanden sind, können sie als gewerbliche Veräußerungsverluste steuerlich berücksichtigt werden.

Anders verhält es sich beim typisch stillen Gesellschafter. Seine Gewinnanteile sind im Rahmen der Gewinnermittlung des Geschäftsinhabers gewöhnlich als Betriebsausgaben steuermindernd zu berücksichtigen. Die Gewinnanteile des stillen Gesellschafters, die nicht im Betriebsvermögen liegen, werden als Einkünfte aus Kapitalvermögen im Sinne des § 20

Abs. 1 Nr. 4 EStG angesehen, für welche das Zuflussprinzip gilt. Bei natürlichen Personen können laufende Verluste aus einer typisch stillen Gesellschaft nach Rechtsprechung des Bundesfinanzhofs bis zur Höhe der Einlagen als Werbungskosten abgezogen werden.

6.12.2   Beendigung der stillen Gesellschaft

Sofern die stille Gesellschaft nur auf eine bestimmte Zeit eingegangen wurde, ist sie mit Ablauf der vereinbarten Zeit aufgelöst. Aber es kann noch weitere Auflösungsgründe geben. Durch ordentliche Kündigung kann eine stille Gesellschaft beendet werden. Diese richtet sich gemäß § 234 Abs. 1 HGB nach den für die OHG zuständigen Normen. Dementsprechend ist wie bei der OHG nach § 723 Abs. 3 BGB auch bei der stillen Gesellschaft ein Ausschluss des ordentlichen Kündigungsrechts nicht zulässig.

Ein Recht zur außerordentlichen Kündigung kann nach § 234 Abs. 1 Satz 2 HGB im gleichen Umfang in Anspruch genommen werden wie bei einer GbR. So kann beispielsweise vom stillen Gesellschafter aus wichtigem Grund die Gesellschaft außerordentlich gekündigt werden, wenn sich der Unternehmer mehrmals über Vereinbarungen hinwegsetzt, die bezüglich der Geschäftsführung getroffen worden sind. Ein anderer Auflösungsgrund wäre der Tod des Unternehmers. Anders als der Tod des stillen Gesellschafters, welcher nach § 234 Abs. 2 HGB nicht zur Auflösung der stillen Gesellschaft führen kann, hat der Tod des Unternehmers nach § 727 Abs. 1 BGB in der Regel die Auflösung der Gesellschaft zur Folge. Natürlich können die Gesellschafter auch jederzeit durch Auflösungsbeschluss eine Auflösung der Gesellschaft erreichen. Im Rahmen der Auflösung wird eine so genannte Schlussabrechnung erstellt, mit deren Hilfe die Ansprüche des stillen Gesellschafters auf Auszahlung des Auseinandersetzungsguthabens bzw. gegebenenfalls auch Ansprüche des Unternehmers auf eine vertraglich vereinbarte Verlustbeteiligung festgestellt werden können.

6.13   Die Betriebsaufspaltung

Die Betriebsaufspaltung stellt keinen Unternehmenstyp im engeren Sinne dar. Sie ist vielmehr eine Ausgestaltung der Unternehmensstruktur, die Existenzgründern und etablierten Unternehmen zumeist von Steuerberatern zur Minimierung der Steuerlast vorgeschlagen wird. Eine gesetzliche Definition findet sich weder im Handels- noch im Steuerrecht. Die Konstruktion wurde vielmehr aus der Rechtsprechung des Bundesfinanzhofs entwickelt. Unter „Betriebsaufspaltung" ist zu verstehen, dass die Funktion eines einheitlichen Unternehmens auf zwei Gesellschaften, nämlich eine Besitz- und eine Betriebsgesellschaft, aufgeteilt wird. Wenn ein Existenzgründer diese Aufteilung bereits im Rahmen der Unternehmensgründung durchführt, so wird dies als so genannte unechte Betriebsaufspaltung bezeichnet. Wird die Funktion eines bereits bestehenden Unternehmens derart aufgeteilt, so wird dies als echte Betriebsaufspaltung bezeichnet. Beide Möglichkeiten sind in ihrer steuerlichen Auswirkung identisch. In der Praxis sind Hauptgründe für die Anwendung des Konstrukts einer Betriebsaufspaltung neben der Schaffung eines Steuerspareffektes vornehmlich die Möglichkeit, mit Hilfe dieses Konstrukts teures und wertvolles Anlagevermögen der Haftung eines risikobehafteten Betriebes zu entziehen.

Eine wesentliche Voraussetzung für die Schaffung einer Betriebsaufspaltung ist die so genannte Personenidentität. Dies bedeutet, dass an beiden Unternehmen dieselben Personen beteiligt sein müssen, oder zumindest diejenigen Personen, welche die Besitzgesellschaft beherrschen über ihre Beteiligungsverhältnisse auch in der Lage sind, ihren Willen in der Betriebsgesellschaft durchzusetzen. Zu dieser personellen Voraussetzung muss noch eine sachliche Voraussetzung hinzutreten. Diese ist dann gegeben, wenn das Betriebsunternehmen zumindest eine wesentliche Betriebsgrundlage vom Besitzunternehmen mietet respektive pachtet.

Durch ein derartiges Miet bzw. Pachtverhältnis können wesentliche Betriebsgrundlagen der Haftung entzogen werden. So ist in der Praxis oftmals zu beobachten, dass eine Besitzpersonengesellschaft (GbR, OHG oder KG) teure Werkzeuge, Maschinen, Bürogebäude oder auch immaterielle Wirtschaftsgüter wie beispielsweise Patente, Konzessionen, Verlags- und Urheberrechte an eine Betriebsgesellschaft, gewöhnlich einer Kapitalgesellschaft, z. B. eine GmbH, vermietet bzw. verpachtet. Im Haftungsfalle gehören die wesentlichen Betriebsgrundlagen nicht zur Haftungssumme und die Miet- bzw. Pachtzahlungen können im Rahmen des Betriebsunternehmens als Betriebsausgaben steuerlich mindernd im Rahmen der Steuererklärung abgesetzt werden.

Im Rahmen der Besitzgesellschaft stellen sich die eingehenden Miet- bzw. Pachtzahlungen aber nicht als Einkünfte aus Vermietung und Verpachtung dar. Sie sind bei einer derartigen Konstruktion ausnahmsweise als gewerbliche Einkünfte anzusehen, welche dementsprechend auch der Gewerbesteuer unterliegen. Denn weil sie mittelbar über die von ihr über das Stimmrecht beherrschte Betriebsgesellschaft am wirtschaftlichen Verkehr teilnimmt, ist die Besitzgesellschaft als Gewerbebetrieb zu qualifizieren.

7   Die Standortwahl

Im Rahmen ihrer Unternehmensgründung müssen sich Existenzgründer mit einer Vielzahl an Fragen beschäftigen. Hierbei ist der Standortfaktor nicht zu unterschätzen. Die Wahl des Standortes gehört ebenso wie die Entwicklung der Geschäftsidee zu den wesentlichen Faktoren, die maßgeblich zum Erfolg oder Misserfolg der Unternehmung beitragen können. Zwar werden viele Existenzgründer, insbesondere wenn sie zur Miete wohnen, eventuell mit dem Gedanken spielen, einzelne Räume ihrer Mietwohnung als Betriebsstätte oder als Büroräume nutzen zu wollen. Doch kann dies in der Regel zu Schwierigkeiten oder zumindest erhöhten Kosten führen. Zwar mag eine selbständige oder gewerbliche Nutzung in geringem Umfange noch hinzunehmen sein; doch ist bei umfangreicherer bzw. intensiverer Nutzung einer als Wohnraum angemieteten Wohnung mit erheblichen Problemen zu rechnen. Denn der Vermieter wird eine nicht vertragsgemäße Nutzung entweder ablehnen oder zumindest einen höheren Mietzins verlangen wollen. Davon abgesehen könnte auch die Bauordnung einer gewerbsmäßigen Nutzung entgegenstehen oder sie zumindest erheblich erschweren.

Unter dem Begriff des Unternehmensstandortes ist nicht nur der geographische Ort der Niederlassung zu verstehen, sondern auch alle mit diesem Ort verbundenen äußeren Einflussfaktoren, wie beispielsweise Infrastruktur, Absatzmärkte und rechtliche Rahmenbedingungen, welche Einfluss auf diesen Ort nehmen können.

7.1   Standortfaktoren

Standortfaktoren sind diejenigen standortspezifischen Bedingungen, die den Erfolg einer Unternehmung beeinflussen. Jeder Standort wird durch eine Vielzahl von Faktoren charakterisiert, welche ihn von anderen potenziellen Standorten unterscheiden. Standortfaktoren werden in der wissenschaftlichen Literatur unterschiedlich klassifiziert. So können sie nach Gütereinsatz und Güterabsatz eingeteilt werden. Im Rahmen der vorliegenden Darstellung wird jedoch die Einteilung in harte (quantitative) und weiche (qualitative) Faktoren bevorzugt. Im Folgenden werden diese beschrieben und es wird auf einzelne ausgewählte Faktoren näher eingegangen.

Zu den harten Standortfaktoren gehören:

*   Kosten für ein Grundstück einschließlich der Erschließungskosten;
*   Gebäudeerrichtungskosten;
*   Kosten für Produkttransporte;

- Personalkosten;
- bestimmte Steuern wie beispielsweise Grund- und Gewerbesteuer;
- Kosten für Materialbeschaffung.

Zu den weichen Faktoren gehören:

- Angebundenheit des Grundstücks an die Infrastruktur;
- die Infrastruktur der Umgebung. Hier sind Aspekte wie die landschaftliche Lage ebenso zu beachten wie die Wohnraumsituation und die Dichte von Kultureinrichtungen.
- Kaufkraft der Anwohner;
- Konkurrenzsituation;
- Grundstücksaspekte wie beispielsweise die Grundstückslage und Grundstücksform sowie die Beschaffenheit des Bodens; aber auch Bauvorschriften und das Umfeld können eine Rolle spielen.
- die Möglichkeiten, Arbeitskräfte zu beschaffen. Hier spielt sowohl die Bevölkerungsstruktur als auch deren Ausbildung und die Konkurrenz auf dem Arbeitsmarkt eine Rolle.

7.1.1   Harte Standortfaktoren

Es ist oftmals schwierig, die harten von den weichen Standortfaktoren zu unterscheiden. Früher wurden die harten Faktoren als die für die Unternehmensentscheidung wirklich wichtigen Faktoren charakterisiert. Dies ist jedoch heute nicht mehr der Fall, da zunehmend die weichen Faktoren eine große Rolle spielen. Zu den harten Faktoren werden daher heute diejenigen Faktoren gezählt, welche eindeutig quantifizierbar sind. Dazu gehören beispielsweise die Personal- und Materialkosten sowie die Steuern.

Die Personalkosten setzen sich zusammen aus dem Direktgehalt, also dem Bruttostundenlohn, und den Lohnnebenkosten. Der Vergleich der Personalkosten ist bei der internationalen Standortwahl besonders wichtig. Viele Unternehmen versuchen in Länder mit geringeren Lohnnebenkosten und Direktlöhnen abzuwandern, um Kosten zu sparen. In Deutschland sind im internationalen Vergleich die Personalkosten relativ hoch. Ein weiterer Aspekt, der jedoch bezüglich der Arbeitskräfte bedacht werden muss, ist die Verfügbarkeit von qualifiziertem Personal. So sind häufig in Regionen mit geringen Lohnkosten keine geeigneten qualifizierten Arbeitskräfte in ausreichendem Umfang vorhanden.

Bezüglich des Materials sind lokale Preise und die Transportkosten von Bedeutung. Da mit Hilfe von Schienen-, Flug, und Straßenverkehr heute praktisch jedes Gut an jeden Ort transportiert werden kann, spielt die Verfügbarkeit von Material in den meisten Fällen keine große Rolle mehr. Somit entscheiden hauptsächlich die Transportkosten über den optimalen Standort eines Unternehmens bzw. über den Standort einer Produktionsstätte. Je höher die Transportkosten für ein Material sind, desto näher erfolgt die Unternehmensansiedlung an der Rohstoffquelle oder dem Zulieferer.

Auch die Steuern und Subventionen vor Ort spielen eine Rolle bei der Standortentscheidung. Jedoch bei weitem keine so große Rolle, wie oftmals angenommen. Besonders bei der Standortwahl auf internationaler Ebene haben die Steuern Einfluss. Aber auch auf nationaler

Ebene gibt es in Deutschland große Unterschiede beim Hebesatz der Gewerbesteuer, welcher von den Kommunen im Rahmen ihrer Selbstverwaltungsautonomie festgelegt wird.

7.1.2   Weiche Standortfaktoren

Analog zu den harten Standortfaktoren sind die weichen Faktoren diejenigen Faktoren, welche nicht quantifizierbar sind, also qualitative Eigenschaften besitzen. Weiche Faktoren sind demnach stärker subjektiv beeinflussbar und werden dementsprechend auch von verschiedenen Unternehmen oder Personen unterschiedlich wahrgenommen. Auch die Bedeutung der weichen Faktoren ist unternehmensabhängig. Für ein Unternehmen, welches im Kulturbereich tätig ist, sind weiche Faktoren, wie z. B. das Vorhandensein einer kulturinteressierten Gesellschaftsschicht, unabdingbar.

Die Standortfaktoren können weiter unterteilt werden in unternehmens- und personenbezogene Faktoren. Die unternehmensbezogenen weichen Standortfaktoren sind diejenigen Faktoren, welche direkt die Unternehmens- oder Betriebstätigkeit beeinflussen. Dazu gehören das lokale Wirtschaftsklima, das Verhalten der öffentlichen Verwaltung sowie das Verhalten politischer Entscheidungsträger. Auch das Image einer Region ist dabei sehr entscheidend. Zu den personenbezogenen Standortfaktoren zählen die persönlichen Präferenzen von Entscheidungsträgern und Beschäftigten. Wichtig in diesem Bereich sind die lokale Lebensqualität, Bildungseinrichtungen sowie Freizeitgestaltungsmöglichkeiten.

Die weichen Standortfaktoren gewinnen immer mehr an Bedeutung. Jedoch können die weichen Faktoren überhaupt nur eine Rolle spielen, wenn die Grundlagen für ökonomisches Wirtschaften vor Ort gegeben sind. Durch die im historischen Vergleich abnehmende durchschnittliche Arbeitszeit haben die Beschäftigten immer mehr Freizeit, was zu immer höheren Ansprüchen an den Wohnort und die Umgebung führt und letztlich auch die betriebliche Standortwahl beeinflusst. Neben diesem gesellschaftlichen Wandel hin zur Freizeitgesellschaft werden die weichen Faktoren auch aufgrund des Wandels in der Wirtschaft selbst begünstigt. Die wirtschaftlichen Tätigkeiten verlagern sich immer mehr in den Dienstleistungssektor. Dadurch werden höhere Qualifikationsansprüche an die Arbeitnehmer gestellt. Durch höhere Bildung werden auch mehr Kulturangebote nachgefragt, was sich auch wiederum auf die Standortwahl auswirken kann.

7.1.3   Beziehungen zwischen harten und weichen Standortfaktoren

Verschiedene Standortfaktoren beeinflussen sich gegenseitig. So sind qualifizierte Arbeitskräfte (harter Faktor) in attraktiven Gegenden (weicher Faktor) eher zu finden. Besonders durch die zunehmende Geschlechtergleichstellung und die damit verbundene höhere Erwerbstätigkeitsquote der Frauen leben derartige Paare bevorzugt in größeren, attraktiven Städten, wo es für beide Partner gute Chancen auf eine angemessene Arbeit gibt. Weiterhin beeinflussen sich die Standortfaktoren auch im zeitlichen Ablauf. In Regionen, in denen einmal die harten Faktoren sehr gut waren, können sich die weichen zunehmend verschlechtern, wie es beispielsweise im Ruhrgebiet der Fall war. Dort war es sehr schwierig, das Image und die Lebensqualität wieder zu verbessern. Teilweise lassen sich Standortfaktoren gegenseitig substituieren. So kann die schlechte Ausprägung eines Faktors durch eine besonders gute Ausprägung eines anderen Faktors ausgetauscht werden. Allerdings ist dies nur möglich, wenn der schlechte Faktor keine zu große Bedeutung hat oder gar als völliges K.o.-Kriterium gewertet werden kann.

Wie schon erwähnt, haben die weichen Faktoren im Laufe der Zeit immer mehr an Gewicht zugenommen. In den Industrieländern sind harte Faktoren wie Verkehrs- und Informationsinfrastruktur sowie politische Stabilität flächendeckend vorhanden. Auch wenn die weichen Faktoren wichtiger werden, so sind sie dennoch nicht die entscheidenden Standortfaktoren. Da alle Unternehmen nach dem ökonomischen Prinzip arbeiten, sind Gewinn und Kosten noch immer die ausschlaggebenden Entscheidungsgrößen.

Auffallend ist, dass während einerseits im primären und sekundären Sektor die harten Faktoren ausschlaggebend sind, im Dienstleistungssektor andererseits die weichen Standortfaktoren eine große Rolle spielen. Besonders im Bereich der Banken und Versicherungen sind Faktoren wie das Image des Standortes entscheidend. Auch bei kleinen und neuen Unternehmen sind die qualitativen Standortfaktoren wichtiger. Oftmals haben diese Unternehmen nicht die Mittel, um teure Standortvergleichsanalysen anzufertigen und verlassen sich somit eher auf das Image einer Region oder ihre intuitive Bewertung.

7.2   Regionale Cluster

7.2.1   Was sind Cluster?

Der Begriff „Cluster" beschreibt regionale Branchenhäufungen. Dies bedeutet, dass ein Großteil der Wertschöpfungskette an einem einzigen Ort konzentriert ist. Die Unternehmen, welche an diesem Ort angesiedelt sind, reichen von den Rohstoffhändlern über verarbeitende Betriebe bis zu den Großhändlern. Die Firmen innerhalb eines Clusters gehören immer der selben Branche an und haben ihre Niederlassungen auf einem engen geographischen Raum. In der Regel sind derartige Firmen ertragreicher als solche, die sich außerhalb des Clusters befinden. Damit von einem Cluster gesprochen werden kann, muss vor Ort gewährleistet sein, dass folgende Rahmenbedingungen vorhanden sind: direkte Wettbewerber, Zulieferer, die wichtigsten Kunden sowie unterstützende Organisationen wie Verbände und Beratungsfirmen.

Obwohl es in der Literatur verschiedene Thesen gibt, dass die Tendenz zur Clusterbildung durch die moderne Informations- und Kommunikationstechnologie sowie die besseren und billigeren Transportmöglichkeiten abnehmen wird, konnte dieser Trend bisher nicht bestätigt werden. Es scheint im Gegenteil, dass Cluster für die Wettbewerbsfähigkeit von Firmen immer wichtiger werden. Besonders neue und noch unbekannte kleine Unternehmen siedeln sich in Clustern an, um dort die Vorteile zu nutzen. So können sie durch Beobachtung des örtlichen Marktes und der Konkurrenz leichter spezifisches Branchen-Knowhow erwerben. Außerdem wird durch den hohen Informationsaustausch in einem Cluster das nötige Budget für Marketingmaßnahmen verringert, so dass dies für einen Unternehmensgründer von Vorteil sein kann. Durch das sich aufbauende Vertrauen, können neue Firmen schnell Kontakte knüpfen und entsprechende Referenzen erwerben, um wettbewerbsfähig zu werden. Schließlich ist auch die Beschaffung von Kapital in einem Cluster durch benachbarte Firmen und Banken sowie die Durchführung von Joint Ventures viel leichter zu erreichen. Somit sind Cluster ein Standortfaktor, den sich Existenzgründer gerne zu Nutze machen.

7.2.2 Die Entstehung von Clustern

Heutzutage werden noch immer neue Cluster gebildet. Obwohl viele Cluster schon sehr lange bestehen, wie z. B. die Chemieindustrie am Rhein oder auf internationaler Ebene die pharmazeutische Industrie im amerikanischen New Jersey, und damit bereits einen guten Ruf haben, entstehen auch heute noch immer neue Cluster. Cluster entstehen normalerweise in einem langwierigen Prozess. So siedelt sich zuerst ein Anbieter eines Produkts an einem Ort an, wobei die Standortwahl geplant oder zufällig erfolgen kann. Im Falle des Erfolges des Unternehmens siedeln sich neue Unternehmen derselben Branche in der Umgebung an. Oft sind die Unternehmensgründer ehemalige Mitarbeiter des ersten Unternehmens, welche sich selbständig machen. Sobald eine hohe Nachfrage für Produkte besteht, siedeln sich Zulieferfirmen an, welche genau auf diese Produkte spezialisiert sind. Da an dem Standort mehrere dasselbe Produkt herstellende Firmen vorhanden sind, kann der Zulieferer bessere Preise erreichen. Dadurch, dass der Zulieferer mehrere Kunden vor Ort hat, kann er sich schneller spezialisieren. Aufgrund dessen siedeln sich wieder neue Zulieferer an. Oft sind es ehemalige Mitarbeiter des Zulieferers. Diese besetzen dann die durch die Spezialisierung erfolgten Nischen. So siedeln sich nach und nach mehr Unternehmen in der Region an und sobald die Nachfrage groß genug ist, tun es auch die oben genannten Organisationen, welche den Cluster vervollständigen.

7.2.3 Vorteile von Clustern

Wie schon angedeutet, besitzen Unternehmen in Clustern viele Vorteile, welche sie gegenüber anderen Unternehmen wettbewerbsfähiger und ertragreicher machen. Im Folgenden sollen einige dieser Vorteile beschrieben werden. Alle Vorteile ausführlich zu erläutern würde den Rahmen dieser Darstellung überschreiten. Firmen in Clustern besitzen den Vorteil, sich leichter zu spezialisieren und damit produktiver und kostengünstiger arbeiten zu können. Durch das Vorhandensein vieler Unternehmen an einem Ort können diese Unternehmen besser und flexibler zusammenarbeiten und sich im Rahmen ihrer Kernkompetenzen spezialisieren, wodurch sie ihre Rendite optimieren können. Durch die genannte Spezialisierung der Firmen können sich auch die Arbeitskräfte spezialisieren und somit produktiver arbeiten. Diese Spezialisierung ist in einem Cluster kein Risiko, wie es sonst der Fall ist. Da verschiedene ähnliche und konkurrierende Firmen in der Region ansässig sind, hat der Arbeitnehmer eine große Auswahl an geeigneten Arbeitsplätzen. Das Qualifikationsniveau der Mitarbeiter in Clustern ist meist höher, da vor Ort eine gute Qualifizierungsinfrastruktur, wie z. B. Lehrgänge, besteht. Wenn Unternehmen innerhalb einer regionalen Kultur zusammenarbeiten, ist dies mit geringeren Kosten verbunden, als wenn dies international erfolgt. Alle Unternehmen haben eine ähnliche Unternehmensstruktur und Arbeitsweise, wodurch nicht in diesbezügliche Schulungsmaßnahmen der Mitarbeiter investiert werden muss. Es gibt in einem Cluster weniger Überraschungen durch Missverständnisse kulturübergreifender Zusammenarbeit.

Ein weiterer Vorteil von Clustern ist der so genannte „Cafeteria-Effekt". Durch die große Anzahl von Beschäftigten in einer regionalen Häufung von Unternehmen siedeln sich auch schnell Unternehmen aus der Gastronomiebranche an. Dadurch, dass Mitarbeiter in denselben Restaurants oder Kantinen essen, lernen sie sich schneller kennen und es entsteht ein soziales Gefüge. Es werden dort informelle Informationen, ob gewollt oder aus Versehen, ausgetauscht, wodurch die Unternehmen meist über die Aktionen der Kunden, Zulieferer und Wettbewerber informiert sind. Somit ist die Informationsbeschaffung einfacher und kostengünstiger, das Risiko der Zusammenarbeit geringer und das Vertrauen unter den Unternehmen größer. Außerdem steigt der Innovationsdruck auf die Unternehmen. Wenn neue Erkenntnisse gewonnen werden, müssen diese auch umgesetzt werden, da sonst die Wettbewerber die Ideen für sich verwenden. Somit verkürzen sich die internen Diskussionen über die Durchsetzung von Projektvorhaben und die Innovationskraft innerhalb der Cluster steigt.

Trotz der aufgezeigten Vorteile für Unternehmen in Clustern ist diese Form der Ansiedlung nicht für alle Branchen geeignet. Kleine Einzelhändler oder Dienstleistungsunternehmen vermeiden eher die direkte Konkurrenz, um ihren Marktanteil in einem Gebiet zu erhöhen und dem Ziel des „lokalen Monopols" nachzugehen. Dies gilt vor allem für kleine Geschäfte mit Produkten für den täglichen Gebrauch und für lokale Restaurants. Dagegen siedeln sich große Unternehmen derselben Branche, wie Banken, Fastfood-Ketten oder Kaufhäuser häufig nahe der Konkurrenz an.

7.3   Standorttheorie

Die bewusste Planung von Standorten erfolgt erst seit den 1970er Jahren. Vorher wurden Standorte in der Nähe des Wohnortes des Unternehmens und anhand intuitiver Entscheidungen ausgewählt. Heute gibt es verschiedene Methoden zur Standortwahl, welche auf den ursprünglichen Methoden basieren und weiterentwickelt wurden. Die Standortwahl kann in drei Phasen eingeteilt werden. Diesen Phasen geht bei etablierten Unternehmen eine Unzufriedenheit mit den aktuellen Bedingungen, wie Kapazitätsdefizite, Kapazitätsüberschüsse oder Standortunzulänglichkeiten voraus. Zuerst erfolgt eine Makroanalyse. Der erste Schritt ist die Auswahl eines bestimmten Landes oder einer Region. Im zweiten Schritt der Makroanalyse wird ein Gebiet in der vorher ausgewählten Region als Standort festgelegt. In der darauf folgenden Mikroanalyse wird ein genaues Grundstück ausgesucht, welches die strategischen Unternehmensziele optimiert. Praktisch erfolgen die Schritte jedoch nicht immer in dieser Reihenfolge. Bestimmte K.o.-Kriterien, welche eigentlich erst in der letzten Phase zum Ausscheiden des potentiellen Standortes führen würden, werden manchmal schon früher erkannt und somit der Entscheidungsprozess für den Standort abgebrochen. Kleinere Unternehmen beschränken sich bei der Standortauswahl meist auf die Phase der Mikroanalyse, da sie häufig mit ihrem Unternehmen in der Nähe des Wohnortes bleiben wollen. Oft erfolgt gerade bei diesen Unternehmen die Standortwahl rein intuitiv. Es ist auffällig, dass viele Unternehmen bei der Auswahl ihres zukünftigen Standorts aufgrund begrenzter Ressourcen nur sehr wenige potenzielle Orte untersuchen. Kleinere Unternehmen entscheiden sich meist schon für den ersten untersuchten Standort. Im Durchschnitt werden drei bis fünf Alternativen bewertet.

Bei der Auswahl des Standortes können zwei Ansätze verfolgt werden. Im ersten Ansatz kann die Suche nach geeigneten Standorten erfolgen, indem keine potentiellen Standorte vorgegeben werden, sondern anhand von Koordinaten nach passenden Standorten gesucht wird. Dabei wird das Transportaufkommen für den potenziellen Standort im bereits bestehenden Netz von Standorten berücksichtigt. Dieses Modell ist für Standortbestimmungen in Netzen geeignet. Trotz bestimmter Einschränkungen bietet das Modell eine gute Annäherung an den optimalen Standort und kann in der Makroanalyse z. B. zur Bestimmung eines geeigneten Zentrums verwendet werden.

Im zweiten Ansatz werden mehrere Standortalternativen bewertet, beispielsweise anhand von potenziellen Grundstücken, welche dann anhand der Standortfaktoren bewertet werden. Da die Beschreibung aller Verfahren den Rahmen dieser Arbeit sprengen würde, wird im Folgenden nur auf einige Methoden eingegangen.

Die erste qualitative Methode, welche zur Standortbewertung angewandt wird, ist das Checklistenverfahren. Hierbei werden die Vor- und Nachteile der Alternativen aufgelistet und auf die relevanten Standortfaktoren übertragen. Dieses Verfahren ist jedoch alleine betrachtet nicht sehr aussagekräftig, da alle Faktoren gleichwertig behandelt und nicht gewichtet werden. Jedoch kann es als Grundlage für weitere Verfahren gesehen werden. Um diesen Mangel zu beheben, wurde die Nutzwertanalyse entwickelt, die eine Quantifizierung der Faktoren ermöglicht. Jedem relevanten Standortfaktor wird eine Gewichtung zugeordnet, die seiner Bedeutung entspricht. Die Standortfaktoren werden danach bewertet, inwieweit sie den Faktor erfüllen. Anschließend werden Erfüllungsgrad und Bedeutung des Faktors multipliziert und die einzelnen Faktoren addiert. So können Standortalternativen miteinander verglichen werden. Dieses Verfahren setzt eine relativ exakte Analyse voraus und macht das Verfahren transparent. Trotzdem enthält das Verfahren noch subjektive Elemente, wie etwa die Gewichtung.

Im Zusammenhang mit internationalen Standortentscheidungen werden so genannte Country-Ratings angewandt. Dies sind Listen mit Einschätzungen zu politischen und wirtschaftlichen Risiken von Standorten. Diese basieren auf quantitativen und qualitativen Daten. Die quantitativen Daten beruhen auf Statistiken und die qualitativen auf Expertenbefragungen.

Die quantitative Kapitalwertmethode liefert realistischere Ergebnisse als die qualitativen Verfahren. Dabei werden in der Berechnung der zeitliche Anfall von Zahlungsströmen und deren Auswirkungen auf die Verzinsung des Kapitals berücksichtigt. Im Rahmen der Kapitalwertmethode werden alle mit einer Investitionsrechnung verbundenen Ein- und Auszahlungen auf einen Zeitpunkt abgezinst und summiert. Der Kapitalwert einer Investitionsalternative kann somit als Barwert der durch eine Investition bewirkten Ein- und Auszahlungen

verstanden werden. Ein Nachteil dieser Berechnung ist die Vernachlässigung qualitativer
weicher Faktoren. Darüber hinaus wird die genaue Prognose aller Ein- und Auszahlungen im
Zeitraum der Planung vorausgesetzt, was jedoch in der Realität selten gegeben ist.

7.4   Fazit

Es wird deutlich, dass Standortentscheidungen von Unternehmen sehr gründlich geplant
werden müssen. Neue Standorte erfordern hohe Investitionen und binden Kapital langfristig.
Daher sollten auch Existenzgründer die Standortwahl im Vorfeld der Gründung bewusst
planen, um ihr Unternehmen wettbewerbsfähig zu machen. Auch bestehende Unternehmen
sollten abwägen, ob eine Standortverlagerung überhaupt notwendig ist oder ob nicht vielleicht doch ungenutzte Potenziale am aktuellen Standort bestehen. So gibt es Faktoren, wie
etwa Netzwerke und Beziehungen, die in einer neuen Umgebung erst mühsam und teuer
wieder aufgebaut werden müssen; Faktoren, die am Heimatstandort in großer Menge und
guter Qualität bereits vorhanden sind. Den Bereich der Netzwerke haben Unternehmen, die
in Clustern ihre Niederlassungen besitzen, optimiert. Diese Unternehmen sind aus verschiedenen Gründen wettbewerbsfähiger und innovativer als Unternehmen außerhalb von
Clustern, obwohl sich die direkte Konkurrenz in räumlicher Nähe befindet.

Abschließend ist zu sagen, dass die Standortwahl ein sehr komplexes Thema ist, welches von
vielen Unternehmen unterschätzt wird. Ein großer Teil der Standortentscheidungen, besonders bei kostenbedingten Produktionsverlagerungen ins Ausland, stellen sich im Nachhinein
als Fehlentscheidungen dar, weil oftmals nur die kurzfristige Kostenminimierung, nicht aber
der langfristige Nutzen im Rahmen der Entscheidung berücksichtigt worden ist. Somit ist
festzuhalten, dass eine Standortwahl immer mit den langfristigen strategischen Unternehm-
menszielen im Einklang stehen muss.

8   Anmeldeformalitäten

In der Bundesrepublik Deutschland gilt grundsätzlich „Gewerbefreiheit". Hiernach darf jede natürliche oder juristische Person ein Gewerbe betreiben, ohne dass hierzu eine behördliche Erlaubnis erforderlich wäre. Ausnahmen hierzu bestehen nur in wenigen Bereichen, in denen aus Gründen des Verbraucherschutzes eine Erlaubnis erforderlich ist. Zu derartigen Ausnahmen gehören beispielsweise die Apotheken und das Gaststättengewerbe. Aber trotz der bestehenden Gewerbefreiheit müssen auch bei der Gründung nicht erlaubnispflichtiger Gewerbebetriebe einige Anmeldeformalitäten beachtet werden. Es ist daher zu empfehlen, sich frühzeitig über die Vorgaben zu informieren, um zu verhindern, dass sich beispielsweise die Ausführung der Gewerbetätigkeit zeitlich verschiebt und der Betreiber mit finanziellen Folgen konfrontiert wird, die er vorher nicht berücksichtigt hat.

Mit Ausnahme der Land- und Forstwirte oder der freien Berufe, wie beispielsweise Arzt, Architekt, Künstler, Rechtsanwalt oder Steuerberater, muss unabhängig von der gewählten Rechtsform jeder Gewerbetreibende dem Gewerbeamt die Aufnahme seines Gewerbebetriebes mitteilen. Freiberufler müssen ihre Tätigkeit direkt beim Finanzamt anmelden. Die Gewerbeanmeldung des Gewerbetreibenden erfüllt den Zweck, dass die zuständigen Verwaltungsbehörden einen Überblick über die Anzahl, die Art und den Sitz, der in ihrem Bezirk vorhandenen Gewerbebetriebe bekommen und ihnen die Überwachung der Gewerbeausübung möglich wird.

Nach § 14 der Gewerbeordnung (GewO) muss jeder Gewerbetreibende den Beginn seines Betriebes anzeigen und zwar unverzüglich mit der ersten gewerblichen Handlung. Demnach begründet erst der Beginn der Gewerbetätigkeit die Anzeigepflicht. Dies bedeutet auch, dass der Beginn nicht notwendigerweise in der Eröffnung des Unternehmens gesehen wird, sondern es sich auch um vorbereitende Tätigkeiten handeln kann, wie beispielsweise die Anmietung von Räumlichkeiten oder Maschinen und die Bestellung von Waren. Zur Anmeldung kann von der Stadt oder der Gemeinde, in deren Bezirk der Sitz des Gewerbes entsteht, ein Vordruck zur Gewerbeanmeldung bezogen werden, der entsprechend der darauf befindlichen Vorgaben auszufüllen ist. Das zuständige Amt der Stadt- oder Gemeindeverwaltung trägt in Deutschland keine einheitliche Bezeichnung. So wird das Gewerbeamt je nach Region auch als Unterabteilung des Ordnungsamts oder des Amts für öffentliche Ordnung, des Bürgermeisteramts oder der Gewerbepolizeibehörde geführt. Da vom Existenzgründer im Rahmen der Anmeldung ein Nachweis über die Identität der anmeldenden Person erforderlich ist, bietet es sich nahezu zwingend an, die Gewerbeanmeldung nicht auf dem Postweg, sondern persönlich vorzunehmen und einen gültigen Personalausweis oder Reisepass zur Hand zu haben. Gegebenenfalls sind darüber hinaus auch noch weitere Urkunden als Nachweis vorzulegen (z. B. Handwerkskarte, Gesundheitszeugnis, Genehmigungen). Der im Rahmen der

Anmeldung auszufüllende Vordruck enthält meist mehrere Durchschläge, die je nach Art des Gewerbes an unterschiedliche weitere öffentliche Stellen und Institutionen weitergeleitet werden. Die Liste, der bei der Gewerbeanmeldung durch das Gewerbeamt zu benachrichtigenden Stellen beinhaltet:

- die zuständige Industrie- und Handelskammer (IHK),
- das Handelsregister,
- die zuständige Handwerkskammer,
- die zuständige Landesbehörde für Immissionsschutz,
- die zuständige Landesbehörde für technischen und sozialen Arbeitsschutz,
- das Eichamt,
- die Bundesanstalt für Arbeit (Agentur für Arbeit),
- den Hauptverband der gewerblichen Berufsgenossenschaften (HVBG) zur Weiterleitung an die zuständige Berufsgenossenschaft,
- die allgemeine Ortskrankenkasse (AOK) für eigene Zwecke und als Verteiler an andere Krankenkassen,
- das Finanzamt und
- das Statistische Landesamt.

Diese Einrichtungen erhalten jedoch mit dem Durchschlag nicht alle Informationen des Formulars, sondern jeweils nur die für sie relevanten Daten. Die Weiterleitung durch das Gewerbeamt befreit den Gewerbeanmeldenden jedoch nicht von seiner Pflicht, seinen Betrieb selbst bei den erforderlichen Institutionen anzumelden. Darüber hinaus ist es dringend zu empfehlen, mit relevanten Stellen, wie beispielsweise dem Finanzamt und der IHK, im Vorfeld selbst Kontakt aufzunehmen. Dies kann zur Beschleunigung des Anmeldevorgangs beitragen.

Innerhalb von drei Tagen nach Eingang der Gewerbeanmeldung erhält der Verantwortliche eine Empfangsbestätigung (§ 15 Abs. 1 GewO). Diese Bestätigung ist der Gewerbeschein. Er wird ausgestellt, ohne dass von der Anmeldebehörde geprüft wird, ob die jeweils gegebenenfalls erforderlichen Voraussetzungen oder Erfordernisse erfüllt sind, da dieses nicht in den Aufgabenbereich des Gewerbeamtes fällt. Zumeist wird auch in der Eingangsbestätigung auf mögliche gesetzliche Folgen der Nichterfüllung der Voraussetzungen hingewiesen.

Soll ein erlaubnispflichtiges Gewerbe betrieben werden, so muss der Antrag auf Erlaubnis bei der jeweils zuständigen Behörde eingereicht werden. Wird ein erlaubnispflichtiger Betrieb ohne die erforderliche Erlaubnis, Genehmigung oder Zulassung begonnen, so ist dies eine Ordnungswidrigkeit und kann nach § 144 GewO mit einem Bußgeld belegt werden. Darüber hinaus kann die zuständige Behörde im Verwaltungsverfahren die Weiterführung des Gewerbes verhindern (§ 15 Abs. 2, § 144 GewO). Das gegebenenfalls zu zahlende Bußgeld kann je nach Vergehen bis zu 1.000 Euro, in bestimmten Fällen sogar bis zu 50.000 Euro, betragen.

8.1 Rechtsformabhängige Besonderheiten

Die in Deutschland zulässigen unterschiedlichen Rechtsformen müssen im Rahmen der Gewerbeanmeldung je nach Rechtsform unterschiedliche Besonderheiten berücksichtigen. Für alle gilt, dass der Gewerbetreibende persönlich oder ein Bevollmächtigter mit notariell beglaubigter Vollmacht die Anmeldung vornehmen muss. Unternehmen mit mehr als einem Gründer müssen von allen Mitgründern des Gewerbes angemeldet werden. Die Anmeldung einer GmbH erfolgt durch ihren oder ihre Geschäftsführer.

Wenn es sich bei der Tätigkeit um eine selbständige, nicht gewerbliche Tätigkeit handelt und sie in den Bereich der Freien Berufe fällt, z. B. Künstler, so muss diese Tätigkeit nicht beim Gewerbeamt, sondern nur beim Finanzamt angemeldet werden. Auch Betriebe mit der Rechtsform einer GmbH, die keiner gewerblichen, sondern einer freiberuflichen Tätigkeit nachgehen, sind nicht zur Gewerbeanmeldung verpflichtet. Bei Personengesellschaften sind alle persönlich haftenden Gesellschafter zur Anmeldung verpflichtet. Es gibt hier keine Ausnahmen, so dass Einzelkaufleute und Gewerbetreibende einer OHG oder KG ohne Ausnahme der Anmeldepflicht unterliegen, da ihre Tätigkeit immer einen Gewerbebetrieb voraussetzt. Bei einer Kommanditgesellschaft müssen neben den persönlich haftenden Komplementären in Einzelfällen auch Kommanditisten an der Gewerbeanmeldung beteiligt sein. Dies ist der Fall, wenn der Kommanditist ausnahmsweise im Unternehmen ein Mitspracherecht bzw. eine Führungsposition innehat. Bei Kapitalgesellschaften muss vor dem Schritt der Gewerbeanmeldung eine Gründung durch Erstellen eines notariell beurkundeten Gesellschaftsvertrages erfolgen. Eine AG muss zusätzlich noch einen Aktionärsvertrag abfassen.

8.2 Kosten der Gewerbeanmeldung

Die Kosten für eine Gewerbeanzeige sind in der Regel gering. Allerdings sind sie nicht bundes- oder landeseinheitlich geregelt, so dass sie von Stadt zu Stadt und von Gemeinde zu Gemeinde unterschiedlich hoch sind. Gewöhnlich liegen die Gebühren in einer Höhe zwischen 15 und 30 Euro. Die erforderliche Empfangsbestätigung, die man drei Tage nach Anmeldeeingang erhält, ist zwingend gebührenpflichtig. Ebenso ist mit Kosten zu rechnen, wenn eine Genehmigung beantragt wird.

8.3 Missachtung der Anmeldepflicht

Wird die Anmeldepflicht durch den Gewerbetreibenden missachtet, so hat dies nicht das Verbot der Fortsetzung des Gewerbes zur Folge. Allerdings ist der zuständigen Behörde die Möglichkeit gestattet, den Zuständen durch das Androhen oder das Verhängen eines Bußgeldes zur Nachholung der Gewerbeanmeldung zu bewegen. Dies geschieht aufgrund von landesrechtlichen Vorschriften. Wenn die Anzeige nach § 146 Abs. 1 und 2 GewO vorsätzlich oder fahrlässig nicht, nicht richtig, nicht vollständig oder nicht rechtzeitig gemacht wurde, so hat der Verantwortliche ordnungswidrig gehandelt und kann nach § 146 Abs. 3 GewO zur Zahlung einer Geldbuße von bis zu 1.000 EUR, bei bestimmten Aspekten von bis zu 50.000 Euro verpflichtet werden. Darüber hinaus liegt eine Ordnungswidrigkeit auch dann vor, wenn bei Beginn der selbständigen Tätigkeit kein Gewerbe angemeldet wurde und danach wirtschaftliche Vorteile in erheblichem Umfang durch Dienst- und Werkleistungen erzielt werden (§ 1 Abs. 2 SchwarzArbG). Hier kann ein Bußgeld zwischen 1.000 und 300.000 Euro verhängt werden (§ 8 Abs. 3 SchwarzArbG).

Wegen der im Rahmen der Gewerbeanmeldung vorgenommenen automatischen Benachrichtigung anderer Stellen ist eine eigenständige Anmeldung beim Finanzamt nicht zwingend erforderlich. Nachdem das Finanzamt von Amts wegen über die Eröffnung des Gewerbes informiert ist, wird es dem Existenzgründer eine Steuernummer zuteilen und ihm einen Fragebogen zukommen lassen, welchen er auszufüllen hat. Hierin befinden sich gewöhnlich Fragen:

• nach dem voraussichtlichen Gewinn. Diese Frage wird gestellt, damit gegebenenfalls Einkommensteuervorauszahlungen festgesetzt werden können.
• nach der Höhe des Betriebsanfangsvermögens,
• nach möglicherweise auszuführenden steuerfreien Umsätzen,
• nach der geschätzten Höhe des Umsatzes,
• nach etwaigen Sonderausgaben,
• nach der Anzahl der beschäftigten Arbeitnehmer, um danach die Lohnsteuer zu bemessen.

9 Neugründung, Franchising, Kauf oder Pacht?

9.1 Arten der Existenzgründung

Bei der Neugründung eines Unternehmens handelt es sich um die Gründung eines neuen Betriebes, der von Beginn an mit einer zumeist eigenen Geschäftsidee und ohne Auflagen oder Vorgaben durch andere aufgebaut wird. Deshalb ist es wichtig, sein Vorhaben ausgiebig zu planen und alle Kriterien einer Betriebsneugründung zu berücksichtigen. Der Businessplan bietet hierzu eine geeignete Vorlage, um möglichst viele wesentliche Punkte zu bedenken.

Der Traum vom eigenen Unternehmen schwebt vielen Arbeitnehmern vor, doch nur wenige wagen den Schritt in die Selbständigkeit. Ausschlaggebend ist oft der Unmut über die vom Arbeitgeber gesetzten Grenzen und Regeln, innerhalb derer neue Ideen nicht respektiert und schlimmstenfalls als bedrohlich oder zu risikoreich abgetan werden. Auch drohende oder bestehende Arbeitslosigkeit kann dazu motivieren, sich selbständig zu machen. Nicht zuletzt entstehen Unternehmen aus völlig neuen, innovativen Geschäftsideen, die großes Potential haben, am Markt erfolgreich zu werden.

Je nach gewählter Rechtsform, sei es nun eine Personen- oder Kapitalgesellschaft, gelten unterschiedliche Verantwortlichkeiten und allgemeine Bestimmungen.

Bei einer Neugründung besteht die Möglichkeit, das Produkt oder die Dienstleistung so zu gestalten, dass sie zumindest für eine gewisse Zeit eine Besonderheit oder einen Vorteil gegenüber Konkurrenzprodukten aufweist. Sofern es nicht schon eine Innovation ist, kann es sich durch ein Alleinstellungsmerkmal von der Konkurrenz abheben. Derartige Besonderheiten machen das Produkt oder die Dienstleistung attraktiv und tragen unter anderem dazu bei, sich damit am Markt zu etablieren. Dabei sollte der Kundennutzen immer im Vordergrund stehen. Um diesen besser einschätzen zu können, sollten zunächst Marktanalysen durchgeführt werden. Die Entwicklung des Standortes spielt eine ebenso große Rolle wie das Konkurrenzverhalten. Wesentlich ist auch die Berücksichtigung des Konsumverhaltens von Kunden, um sie direkt an das eigene unternehmen binden zu können, schrittweise einen Kundenstamm aufzubauen und sich am Markt etablieren zu können. Ähnliches gilt auch für

Lieferanten und Vertriebspartner. Sie müssen erst sorgfältig ausgewählt und akquiriert werden.

Eine Neugründung erfordert einen hohen Kapitalbedarf. Denn bereits bevor die Tätigkeit beginnen kann, sind diverse Vorauszahlungen zu leisten. So müssen beispielsweise zunächst Räumlichkeiten gefunden oder selbst errichtet, das gesamte Inventar gekauft oder ein Lagerbestand gefüllt werden. Darüber hinaus müssen die angebotenen Produkte oder Dienstleistungen insbesondere zu Beginn der Tätigkeit auch beworben werden. Die im Vorfeld und zu Beginn der Tätigkeit anfallenden Kosten zwingen Existenzgründer oftmals, einen Kredit aufzunehmen, da ihr Eigenkapital hierfür nicht ausreicht. Sollen im neu gegründeten Unternehmen Mitarbeiter beschäftigt werden, so ist zudem die Auswahl von qualifiziertem und motiviertem Personal erforderlich.

9.2   Franchising

Franchising ist ein aus den USA übernommenes System. In Deutschland bekannt geworden ist es in den Jahren ab 1970 mit der Fastfood-Kette Mc Donald´s, die mittlerweile mit mehr als 26.000 Niederlassungen auf der ganzen Welt vertreten ist. Beim Franchising wird ein am Markt erprobtes Geschäftskonzept für ein Produkt oder eine Dienstleistung gegen Gebühren für einen vertraglich festgelegten Zeitraum angeboten. Die Selbständigkeit des Franchisenehmers endet demnach nach Ablauf der vereinbarten Zeit. Der Existenzgründer kann also als Franchisenehmer ein am Markt bestehendes Konzept erwerben und sich damit selbständig machen. Er erhält vom Franchisegeber in der Regel den Namen, die Marke, das Knowhow und zumeist auch das Marketing. Im Gegenzug wird dem Franchisegeber ein entsprechendes Entgelt auf der Basis eines Dauerschuldverhältnisses gezahlt. Das heißt, der Franchisenehmer ist als Schuldner dazu verpflichtet, seinen Zahlungen regelmäßig nachzukommen. Das gesamte Unternehmenskonzept ist in einem Handbuch festgehalten, welches genaue Vorgaben über das zu realisierende Produkt bzw. die Dienstleistung enthält. Das Leistungspaket des Franchisegebers umfasst weiterhin ein Beschaffungs-, Absatz- und Organisationskonzept, sowie Nutzungsrechte an Schutzrechten und einer Ausbildung des Franchisenehmers. Darüber hinaus gewährleistet der Franchisegeber, den Franchisenehmer zu jeder Zeit zu unterstützen und seine Geschäftsidee laufend weiterzuentwickeln. Die vorgeschriebene enge Bindung an die Geschäftskonzeption zielt darauf ab, dass alle Franchisenehmer einheitlich am Markt auftreten. Ein gemeinsames Marketing und allgemein gleiches, koordiniertes Vorgehen führt zu einer schnelleren Verbreitung und einem entsprechend hohen Bekanntheitsgrad. Bei Bedarf ist der Franchisegeber dazu berechtigt, die Einhaltung der Vorgaben zu überprüfen. Jedoch sollte die Bindung den Existenzgründer nicht so sehr in seiner unternehmerischen Freiheit einschränken, dass eine eigenständige Geschäftsführung nicht mehr möglich ist.

Neben dem Produkt- und Dienstleistungsfranchising gilt das Masterfranchising als weitere Form des Franchisings. Ein Master erwirbt eine meist aus dem Ausland stammende Lizenz zum Aufbau eines Franchisesystems in einem Land oder einer Region. Er ist somit für alle Franchisenehmer seines Landes oder seiner Region verantwortlich. Über den Master-

Franchisenehmer wird die Kommunikation und Einführung einer ausländischen Geschäfts-idee erleichtert, da mit Hilfe dieser Zwischeninstanz alle notwendigen Vereinbarungen und Anpassungen an die Zielkultur (z. B. Sprache, Recht, Mentalität) geregelt werden können.

Existenzgründer sollten bei der Wahl des Franchisegebers auf einige Punkte achten. Nicht alle lukrativ erscheinende Angebote sind auch seriös. Von den derzeit knapp 900 existieren-den Franchisekonzepten ist ca. ein Drittel beim Deutschen Franchise-Verband (DFV) ver-merkt. Hier werden sie anhand eigener aufgestellter Richtlinien auf ihre Seriosität und auf fairen Umgang zwischen Franchisenehmer und -geber geprüft. Bei Erfüllung der Richtlinien des so genannten „Ethikkodex" kann ein Franchisegeber mit seinem Konzept als Mitglied aufgenommen werden. Damit verpflichtet er sich gleichzeitig, diesen Ethikkodex einzuhal-ten.

Die Kontaktdaten des Deutschen Franchise-Verbands e.V., (DFV) sind:

Deutscher Franchise-Verband e.V. (DFV)
Luisenstraße 41
10117 Berlin

Tel.:   (030) 278902-0
Fax: (030) 278902-15

E-Mail: info@dfv-franchise.de
Internet: www.dfv-franchise.de

Auf ihrer Internetseite können die Konzepte der aufgenommenen Mitglieder eingesehen werden. Weitere Portale wie franchise-net.de und franchise-portal.de werden vom DFV un-terstützt und bieten vertrauenswürdige Angebote an.

9.3   Kauf eines Unternehmens – Betriebsübernahme

In der Bundesrepublik Deutschland stehen jährlich etliche Unternehmen zum Verkauf an. Zwar ist nicht zu leugnen, dass eine Betriebsübernahme immer auch ein gewisses Risiko, insbesondere das Risiko der Insolvenz, mit einschließt, doch bietet eine Übernahme auch große Chancen.

Der potentielle Käufer eines Unternehmens sollte einkalkulieren, dass langjährige Kunden des Unternehmens nach einer Übernahme ihre Geschäftsverbindung lösen könnten, da sie sich möglicherweise nur dem früheren Unternehmer verbunden fühlen. Der Kaufinteressent sollte sich in Vorbereitung der Betriebsübernahme auch nicht allein darauf beschränken, einen Blick in die Bilanzen der letzten Jahre zu werfen. Denn diese alleine sind nicht aussa-gekräftig genug. In der Bilanz ausgewiesene Gewinne können beispielsweise darauf basie-ren, dass notwendige Investitionen unterlassen wurden.

Der Kauf eines Unternehmens wird als Sachgesamtheit angesehen, die mehrere Rechtsge-schäfte beinhaltet. Hierzu gehören u.a. die Übereignung des Grundstücks sowie der beweglichen Sachen und die Übernahme der Arbeitnehmer. Vereinbarungen zur Übernahme bzw. Übergabe werden zwischen dem Unternehmenskäufer und dem Verkäufer vertraglich festgehalten. Entscheidet sich ein Existenzgründer zum Kauf eines bestehenden Unternehmens, übernimmt er dieses vom vorherigen Inhaber gegen Zahlung eines Kaufpreises. Zuvor sollte das Kaufobjekt einer sorgfältigen Prüfung unterzogen werden. Diese wird auch als so genannte „Due Diligence" bezeichnet, welche u.a. eine Firmen-, Produkt- und Marktanalyse beinhaltet. So ist es beispielsweise wichtig, zu erfahren, aus welchem Grund das Unternehmen zum Verkauf steht. Es macht schließlich einen erheblichen Unterschied, ob der Verkauf aus Altersgründen des Inhabers geschieht oder aufgrund eines schlechten Rufs des Unternehmens. Informationen können entweder beim Unternehmer selbst oder bei der kommunalen Wirtschaftsförderung erfragt werden. Ebenso interessant wie der Aufgabegrund sollte für den Nachfolger die Finanzsituation des Betriebes, die Akzeptanz der Produkte bei den Kunden sowie die Anzahl und Größe seiner Konkurrenten am Markt sein. Mit dem individuellen Einverständnis jedes Mitarbeiters kann wertvolles Personal übernommen werden. Auch bestehende Lieferantenbeziehungen vereinfachen den Einstieg. All diese genannten Kriterien fließen in die Bewertung eines Unternehmens ein und bestimmen somit den Unternehmenswert. Ein vorzeitiger Einblick in das Kaufobjekt ist nicht zu unterschätzen. Ein gesundes Betriebsklima wirkt sich auch auf die Produktivität und Motivation aus. Wenn möglich, sollte der angehende Unternehmer sich im Rahmen mehrerer Besuche einen Eindruck verschaffen, um auch seinen Vorgänger kennen zu lernen und dessen wertvolle Hinweise in Anspruch zu nehmen. Es ist sinnvoll zu erfahren, welche Persönlichkeit der Vorgänger hat und welchen Führungsstil er gepflegt hat, um eventuelle spätere Konflikte zu vermeiden.

Ein potentieller Betriebsübernehmer sollte folgende Punkte beachten:

- Ist der Standort des Unternehmens geeignet?
- Ist in Erfahrung zu bringen, weshalb das Unternehmen vom Vorbesitzer veräußert wird?
- Welches Image hat das zum Verkauf stehende Unternehmen?
- Wie ist die Kundenstruktur des Unternehmens?
- Wie ist die Auftragsentwicklung in den letzten Jahren verlaufen? Ist hierbei ein positiver oder negativer Trend zu bemerken?
- Ist die Kundendatei veraltet oder auf einem aktuellen Stand?
- Wie ist der Zustand des Maschinen- und Fuhrparks?
- Sind in nächster Zeit Investitionen erforderlich (z. B. im Hinblick auf den Umweltschutz)?
- Sind die Mitarbeiter motiviert und für ihre Tätigkeit qualifiziert?

Die Unternehmensnachfolgebörse „nexxt change" des Bundesministeriums für Wirtschaft und Technologie (BMWI), der KfW Mittelstandsbank (Kreditanstalt für Wiederaufbau) und weiterer Verbände und Vertreter hält auf ihrer Internetseite (www.nexxt-change.org) Inserate für Interessenten bereit.

9.4   Pacht eines Unternehmens

Im Rahmen der Pacht überlässt ein Verpächter den zu verpachtenden Gegenstand einem Pächter. Hierzu wird ein Vertrag zwischen den beiden Parteien geschlossen. In diesem Pachtvertrag werden dem Pächter der Gebrauch des verpachteten Gegenstandes sowie der Genuss der Früchte während der Pachtzeit durch den Verpächter gewährt. Das heißt, dem Pächter wird nicht nur der Gebrauch der Sache, sondern auch die Nutzung der Erträge gestattet. Im Gegenzug erhält der Verpächter einen entsprechenden Pachtzins. Bei diesem Vertrag handelt es sich um ein Dauerschuldverhältnis, bei welchem der Pächter regelmäßig Zinsen an den Verpächter zahlt. Abhängig von der festgelegten Zeit werden für die Dauer der Pacht vertragliche Vereinbarungen getroffen. Hierzu gehören insbesondere eine Beschreibung des Pachtobjekts, Festlegungen über Pachtdauer, Pachtzins, Kündigungsfristen sowie weitere Rechte und Pflichten der Parteien.

9.5   Die vier Gründungsmöglichkeiten im Vergleich

Angefangen bei der Geschäftsidee lässt sich bereits ein grundlegender Unterschied feststellen. Während ein Existenzgründer bei einer Neugründung seine individuelle Idee umsetzt, ist diese bei den anderen drei Arten bereits vorgegeben oder nur geringfügig zu variieren. So hat ein Franchisenehmer genaue Vorgaben, und auch Nachfolger eines bestehenden Unternehmens oder einer gepachteten Gaststätte sind auf das Vorgängerprodukt bzw. die Vorgängerdienstleistung beschränkt und haben nur wenig Variationsspielraum. Zum einen kann der Neugründer sich vollkommen selbst verwirklichen, indem er sein Unternehmen genau nach seinen Vorstellungen aufbaut und sich nicht an strikte Richtlinien wie beim Franchising halten muss. Die Selbstverwirklichung ist bei den anderen drei Arten nur bedingt möglich, da viele Kriterien bereits festgelegt sind. Der hohe Variationsspielraum kann ein Erfolgsmerkmal darstellen, da der Neugründer dadurch spezieller auf Kundenbedürfnisse eingehen kann. Das bedeutet zum anderen jedoch, dass eine Idee aufgrund ihrer Neuheit oder Einzigartigkeit noch nicht erprobt oder am Markt etabliert ist, so dass sie auch erfolglos bleiben kann. Im Rahmen des Franchisings besteht für den Gründer hingegen ein geringeres Risiko des Scheiterns, da sein Unternehmenskonzept bereits am Markt Erfolg gehabt hat. Auch im Rahmen von Kauf oder Pacht besteht bereits eine Geschäftsidee, die durch den neuen Besitzer bzw. Pächter weitergeführt wird. Davon ausgehend, dass der zum Kauf oder zur Pacht ausstehende Betrieb nicht durch Insolvenz, ein schlechtes Image oder überlegene Konkurrenz belastet ist, sondern aus Altersgründen nicht fortgeführt wird, ist von einem erprobten und etablierten Geschäftskonzept auszugehen. Das geringere Risiko bei Gründung eines Franchisingunternehmens, einer Betriebsnachfolge oder einer Pacht bildet somit einen Vorteil gegenüber der Neugründung. Andererseits kann auch eine völlig neuartige Idee gerade wegen ihrer hohen Flexibilität und Anpassungsmöglichkeit an Kundenbedürfnisse erfolgreich sein. Doch wie sieht der tatsächliche Nutzen des Produktes oder der Dienstleistung für den potentiellen Kunden aus? Neugründer orientieren sich oftmals an diesen Kriterien. Nach ausgiebiger Marktanalyse kann ein Kundenbedürfnis mit einem neuen Produkt oder einer neuen Dienstleistung gezielter gestillt werden. Es sollte zumindest ein Alleinstellungsmerkmal aufweisen, welches vergleichbare Angebote übertrifft. Allerdings muss etwas Neues nicht auch gleichzeitig besser sein. Franchisenehmer und Unternehmer, die einen Betrieb kaufen oder pachten, können sich auf bewährte Produkte und Dienstleistungen verlassen und müssen diese allenfalls entsprechend erweitern und an den aktuellen Markt anpassen. Ihr Nutzen ist in der Vergangenheit bereits bestätigt worden. Doch sollte auch ein Franchise-Unternehmen in der Nähe potentieller Kunden errichtet werden. Denn unabhängig davon, dass sein Unternehmenskonzept sich bereits bewährt hat, kann beispielsweise der Betreiber einer Franchise-Niederlassung für Wassersportausrüstungen nicht an jedem beliebigen Standort Erfolg haben. Der Standort spielt also eine wesentliche Rolle bei der Auswahl der Niederlassung. Handelt es sich um eine Betriebsübernahme oder Pacht, so ist der Standort in der Regel vorgegeben, wohingegen Franchisenehmer und Neugründer bezüglich des Standorts die freie Auswahl haben. Für Franchisenehmer bietet sich bisweilen sogar die Möglichkeit, Geschäftsräume vom Franchisegeber zu übernehmen. Hierbei sollte aber trotzdem kritisch geprüft werden, ob der Standort wirklich geeignet ist. Mag der Neugründer hier zwar ebenfalls freie Hand haben, so müssen aber die passenden Räume erst gefunden oder gar errichtet werden, während diese für zukünftige Pächter und Betriebsübernehmende bereits zur Verfügung stehen. Darüber hinaus ist im Vorfeld zu klären, in wieweit an dem Standort, an welchem gegründet werden soll, eine Kundennachfrage besteht.

Ein Unternehmen zu gründen ist eine Herausforderung, welche mit einer hohen Verantwortung, großem Arbeitsaufwand und äußerst zeitintensiver Beschäftigung verbunden ist. Solch ein Vorhaben gilt es gründlich zu planen. Viele Einzelheiten müssen im Vorfeld beachtet werden, bevor ein Projekt umgesetzt werden kann. Es fängt bereits damit an, zu entscheiden, ob jemand sich alleine selbständig machen möchte oder eine Gründung im Team bevorzugt. Beim Vergleich der vier zugrunde liegenden Existenzgründungsarten – Neugründung, Franchising, Kauf und Pacht – ist festzustellen, dass keine der vorgestellten Arten allgemein favorisiert werden kann. Denn jede Alternative beinhaltet Vor- und Nachteile, die je nach Existenzgründer unterschiedlich gewichtet werden können. Für welche Art der Gründung sich ein Existenzgründer schlussendlich entscheidet, hängt in letzter Konsequenz vom jeweiligen Zweck der Gründung, von der Person des Gründers selbst sowie von dessen Zielen ab. Die Vielfalt an Gründungsarten und Rechtsformen bietet dem Existenzgründer ausreichend Auswahlmöglichkeiten, die für sich geeignete Gründungsart zu finden. Gute Unterstützung und Informationen werden vom Bundesministerium für Wirtschaft und Technologie sowie auch von Banken mit speziellen Förderkrediten angeboten. Entscheidend für eine Gründung sind letztlich der eigene Wille, die nötige Überzeugungskraft und ein Gespür für zukünftige Trends.

9.6   Die Haftung des Erwerbers

Viele Existenzgründer, die ein Unternehmen kaufen oder pachten, möchten den Namen des übernommenen Geschäftes fortführen, da dieser am Markt bekannt und eingeführt ist. Hier-

bei sollte der Käufer eines Unternehmens wissen, dass er bei Fortführung des Unterneh-
mensnamens, der so genannten Firma, für fremde Schulden haften muss.

9.6.1   Fortführung der Firma

So kann sich eine Haftung bereits aus dem Umstand ergeben, dass der Unternehmensname
fortgeführt wird. Dies ergibt sich aus den §§ 25 und 27 HGB. Erwirbt ein Existenzgründer
also ein Handelsgeschäft und führt den Namen des Geschäftes weiter, so haftet er nach § 25
Abs. 1 Satz 1 HGB für alle im Betrieb des Geschäfts begründeten Verbindlichkeiten des
früheren Inhabers. Dies gilt allerdings nur dann, wenn auch tatsächlich der Name des Unternehmens weitergeführt wird. Hierbei spielt es keine Rolle, ob dem Namen ein Zusatz beigefügt wird, der das Nachfolgeverhältnis offen legt, oder ob dies nicht geschieht. Zwar erlischt
hierdurch nicht die Haftung des Unternehmensveräußerers, doch haften nach der Firmenfort-
führung Erwerber und Veräußerer als Gesamtschuldner. Das heißt, der Gläubiger kann von
jedem der Beiden den gesamten Betrag verlangen und diese müssten sich im Innenverhältnis,
also untereinander, um Ausgleich bemühen. Darüber hinaus wird die nach dem Verkauf
liegende Haftung des Verkäufers durch den § 26 HGB begrenzt. Diese Vorschrift sieht vor,
dass der frühere Geschäftsinhaber nur dann für Verbindlichkeiten haftet, wenn sie vor Ablauf
von fünf Jahren fällig sind und daraus gegen ihn Ansprüche bzw. Ansprüche aus vollstreck-
baren Urkunden oder Vergleichen festgestellt sind oder eine gerichtliche oder behördliche
Vollstreckungshandlung vorgenommen oder beantragt wird. Anknüpfungspunkt für den
Beginn der Frist ist das Ende des Tages, an welchem der neue Firmeninhaber in das Handelsregister eingetragen wurde.

Möchte der Erwerber eines Unternehmens die Verbindlichkeiten seines Vorgängers nicht
übernehmen, so steht es ihm grundsätzlich frei, dies durch eine vertragliche Absprache mit
dem Veräußerer zu vereinbaren. Der § 25 Abs. 2 HGB eröffnet ihm diese Möglichkeit. Aus
Erwägungen des Gläubigerschutzes lässt der Gesetzgeber eine Wirksamkeit einer solchen
Vereinbarung Dritten gegenüber aber nur in bestimmten Fällen zu. Nämlich nur dann, wenn
diese Vereinbarung in das Handelsregister eingetragen und bekannt gemacht worden ist, oder
wenn sie dem Dritten von dem Erwerber oder dem Veräußerer mitgeteilt worden ist. Dies
kann in der Praxis beispielsweise durch ein Rundschreiben an die Gläubiger geschehen.

9.6.2   Vertraglich vereinbarte Schuldübernahme

Eine Haftung des Erwerbers für Schulden kann sich auch aus dem Kauf- bzw. Pachtvertrag
selbst ergeben. Dies setzt voraus, dass in diesem Vertrag eine Übernahme der Schulden nach
§ 414 ff. BGB vertraglich vereinbart wurde.

9.6.3   Haftung aus Betriebsübergang

Immer dann, wenn ein Betrieb durch Rechtsgeschäft auf einen anderen Inhaber übertragen
wird, sollte der neue Inhaber auch an die Konsequenzen des so genannten Betriebsübergangs

denken. Nach § 613a BGB tritt der neue Inhaber nämlich in die Rechte und Pflichten der zum Zeitpunkt des Übergangs bestehenden Arbeitsverhältnisse ein.

Der Gesetzestext lautet:

§ 613a Rechte und Pflichten bei Betriebsübergang

(1) Geht ein Betrieb oder Betriebsteil durch Rechtsgeschäft auf einen anderen Inhaber über, so tritt dieser in die Rechte und Pflichten aus den im Zeitpunkt des Übergangs bestehenden Arbeitsverhältnissen ein. (...)

(2) Der bisherige Arbeitgeber haftet neben dem neuen Inhaber für Verpflichtungen nach Absatz 1, soweit sie vor dem Zeitpunkt des Übergangs entstanden sind und vor Ablauf von einem Jahr nach diesem Zeitpunkt fällig werden, als Gesamtschuldner. Werden solche Verpflichtungen nach dem Zeitpunkt des Übergangs fällig, so haftet der bisherige Arbeitgeber für sie jedoch nur in dem Umfang, der dem im Zeitpunkt des Übergangs abgelaufenen Teil ihres Bemessungszeitraums entspricht.

(3) (...)

(4) Die Kündigung des Arbeitsverhältnisses eines Arbeitnehmers durch den bisherigen Arbeitgeber oder durch den neuen Inhaber wegen des Übergangs eines Betriebs oder eines Betriebsteils ist unwirksam. Das Recht zur Kündigung des Arbeitsverhältnisses aus anderen Gründen bleibt unberührt. (...)

Kauft der Existenzgründer den Betrieb nicht, sondern erbt ihn, so ist mangels Veräußerung durch Rechtsgeschäft der § 613a BGB nicht anwendbar. Doch tritt der neue Betriebsinhaber hier nach § 1922 BGB in bestehende Rechtsverhältnisse ein.

Der neue Inhaber kann die Rechtsfolgen durch vertragliche Absprachen mit dem Veräußerer nicht ausschließen.

10   Leasing oder Kauf?

Dem Existenzgründer bietet sich im Rahmen der Anschaffung von Einrichtungsgegenständen die Alternative, diese zu kaufen oder zu leasen.

Leasing lässt sich im Gesamtbild der Finanzierungsmöglichkeiten als eine Sonderform der Fremdfinanzierung einordnen. Aufgrund der großen Vielfalt an Erscheinungsformen kann eine einheitliche Definition weder in der Literatur noch in der Wirtschaftspraxis gefunden werden. Allgemein verbirgt sich hinter dem Begriff „Leasing" (vom englischen „to lease = vermieten, verpachten) eine im zeitlichen Umfang begrenzte Nutzungsüberlassung von Wirtschaftsgütern gegen Zahlung eines periodischen Entgelts – nämlich der so genannten Leasingraten. An Leasingverträgen sind in der Regel drei Parteien beteiligt: der Hersteller oder Lieferant des Leasinggutes, der Leasinggeber und der Leasingnehmer. Der Leasinggeber schließt einen Kaufvertrag mit dem Hersteller bzw. Lieferanten des Leasinggutes ab. Durch getrennten Vertrag, dem so genannten Leasingvertrag, verpflichtet sich der Leasinggeber gegenüber dem Leasingnehmer, ihm die Nutzungsrechte für einen mobilen oder immobilen Vermögensgegenstand – nämlich das Leasinggut – zu überlassen. Mangels anderer gesetzlicher Regelungen wird auf Leasing gewöhnlich Mietrecht angewandt. Während Mobilienleasing die Vermietung beweglicher Anlagegüter bezeichnet, steht der Begriff Immobilienleasing für die langfristige Vermietung von Gebäuden und Grundstücken.

10.1   Arten von Leasingverträgen

Vom Grundtyp her gesehen, werden Leasingverträge oftmals nach ihrer wirtschaftlichen Zielsetzung grob in Operating-Leasing und Finanzierungsleasing unterteilt. Diese beiden Vertragsarten stellen Grundtypen dar, die idealtypisch voneinander abzugrenzen sind. Eine trennscharfe Abgrenzung ist deshalb so schwierig, weil in der Praxis die Leasingverträge sehr unterschiedlich formuliert sind, und die darin getroffenen Vereinbarungen eine Einordnung des Vertragswerkes entweder zum Operating-Leasing oder zum Finanzierungsleasing nahe legen.

10.1.1   Operating-Leasing

Das Operating-Leasing dient oftmals als Alternative zur Überbrückung von Liquiditätsengpässen in der Produktion oder im Vertrieb. Kennzeichnend für diese Vertragsart sind drei

Merkmale: die Mietdauer, der Träger des wirtschaftlichen Risikos und die Service- und Wartungsleistungen, die in der Regel vom Leasinggeber zur Verfügung gestellt werden.

Der Operating-Leasingvertrag ist erheblich kürzer als die betriebsgewöhnliche Nutzungsdauer des Leasinggutes. Die Dauer des Vertrages nimmt demnach nur einen Teil der Gesamtnutzungskapazität des Wirtschaftsgutes in Anspruch. Das heißt, es wird hierbei entweder eine relativ kurze Vertragslaufzeit oder extrem kurze Kündigungsfristen vereinbart. Dementsprechend muss der Leasinggeber das Leasinggut mehrmals vergeben, um seine Investitionskosten zu decken und einen Gewinn zu erzielen. Das bedeutet, dass beim Operating-Leasing nicht von einer Vollamortisation des Leasinggutes im Rahmen eines Vertragsschlusses auszugehen ist. Deshalb ist aus Sicht des Leasinggebers diese Vertragsform insbesondere für besonders marktgängige Objekte geeignet. Aus Sicht des Leasingnehmers hingegen besteht der Vorteil der kurzen Vertragslaufzeit bzw. der kurzfristigen Kündigungsmöglichkeit darin, immer ein relativ neues Produkt zur Verfügung zu haben, ohne eigenes Kapital langfristig binden zu müssen. So sind diese Vorteile beispielsweise bei einem Copy-Shop zu sehen. Kauft der Betreiber eines Kopierladens Fotokopierer, so ist der Verschleiß aufgrund der starken Inanspruchnahme so enorm, dass das investierte und gebundene Geld bzw. dessen Substitut nach einiger Zeit dem Unternehmen nicht mehr nützen kann. Least der Unternehmer hingegen die Geräte, so hat er kein Kapital gebunden und kann bereits nach kurzer Zeit aus dem Vertrag heraus und Verträge über neue Geräte abschließen.

Im Rahmen des Operating-Leasing trägt oftmals aufgrund der Kurzfristigkeit des Vertrages auch der Leasinggeber das mit dem Wirtschaftsgut verbundene Risiko. Zu diesen Risiken zählen beispielsweise die Gefahr der Überalterung, des Diebstahls und des zufälligen Untergangs.

Da eine Abtretung der Ansprüche aus dem Kaufvertrag an den Leasingnehmer gewöhnlich nicht stattfindet, ist die Instandhaltung des Leasinggegenstandes im Rahmen des Operating-Leasing zumeist, wie im Mietrecht geregelt, vom Leasinggeber zu sichern. Insofern bietet der Leasinggeber bei derartigen Verträgen Wartungs- und Serviceleistungen an, da er das Wirtschaftsgut in einem möglichst guten Zustand weitervermieten möchte.

10.1.2   Finanzierungsleasing

Vom Operating-Leasing abzugrenzen ist das Finanzierungsleasing. Derartige Verträge kennzeichnen sich dadurch aus, dass in ihnen zwischen Leasinggeber und Leasingnehmer eine durchaus lange Grundlaufzeit vereinbart wird, in welcher es für beide Vertragspartner unmöglich ist, den Vertrag ordentlich zu kündigen. Lediglich in den Fällen, in denen der Leasingnehmer seinen Verpflichtungen nicht nachkommt und trotz Mahnung und Fälligkeit die Leasingraten nicht bezahlt oder andere wichtige Gründe vorliegen, hat der Leasinggeber das Recht, eine außerordentliche Kündigung zu veranlassen. Aus steuerlichen Gründen beträgt die Grundlaufzeit von Finanzierungsleasingverträgen zumeist zwischen 40% und 90% der betriebsgewöhnlichen Nutzungsdauer des Leasinggutes.

Nur selten werden Service- und Wartungsleistungen vom Leasinggeber angeboten. Oftmals sehen Finanzierungsleasingverträge vor, dass die Pflicht zur Instandhaltung und Versicherung des Leasinggutes vom Leasingnehmer übernommen werden muss. Damit muss er auch für Beschädigung und Untergang des Leasinggutes einstehen, gleichgültig ob dieses verschuldet oder unverschuldet eingetreten ist. Auch sehen die allgemeinen Geschäftsbedingungen von Leasingunternehmen oftmals vor, dass der Leasingnehmer verpflichtet ist, seine Ansprüche aus der Versicherung an den Leasinggeber abzutreten.

Alle Risiken, die mit dem geleasten Wirtschaftsgut verbunden sind, werden im Rahmen des Finanzierungsleasings auf den Leasingnehmer oder den Hersteller bzw. Händler des Leasinggutes abgewälzt. Der Leasinggeber versteht sich eher als Finanzdienstleister und versucht, die Pflichten, die ihm sonst als Verkäufer oder Vermieter obliegen, auf seine Vertragspartner abzuwälzen. Dafür tritt er seine Rechte, die ihm aus dem Kaufvertrag zustehen, an den Leasingnehmer ab. Hierbei spielt es keine Rolle, ob es sich bei dem Leasingnehmer um einen Unternehmer oder einen Verbraucher handelt. Auf diese Art und Weise braucht sich der Leasinggeber nicht um etwaige Sachmängel zu kümmern.

Auch die Beendigung eines Finanzierungsleasingvertrages kann auf unterschiedliche Weise gestaltet sein. Es besteht hierbei die Möglichkeit, dass sich der Leasingnehmer bei Vertragsablauf dafür entscheidet, das Leasinggut zurückzugeben, es zu behalten und einen Restkaufpreis zu zahlen oder es mit deutlich geringeren Raten weiter zu nutzen. Im Falle des Erwerbs zahlt der Leasingnehmer den im Leasingvertrag vereinbarten Restkaufpreis oder es werden ihm die bereits bezahlten Leasingraten angerechnet. Sofern ihm im Leasingvertrag ein so genanntes Andienungsrecht eingeräumt wurde, kann der Leasinggeber sogar vom Leasingnehmer verlangen, das Leasinggut zu kaufen. Die gängigste Vereinbarung in Finanzierungsleasingverträgen stellt jedoch die „Kaufoption" dar. Hiernach kann der Leasingnehmer das Leasinggut zu dem im Vertrag bestimmten Preis erwerben, ist dazu aber nicht gezwungen. Bei derartigen Vereinbarungen ist es sehr wahrscheinlich, dass die Leasingraten etwas höher sind, um einen etwaigen Verlust abdecken zu können, falls der Kaufpreis niedriger angesetzt ist als der aktuelle Marktpreis, denn der Leasinggeber trägt letztlich das Verwertungsrisiko. Eine weitere Klausel kann die Mehrerlösbeteiligung sein. Damit verpflichtet sich der Leasinggeber das Objekt nach Vertragsablauf zu veräußern. Es wird ein Restwert vereinbart und danach richtet sich die Beteiligung des Leasingnehmers an dem Erlös. Liegt der Restwert unter dem Erlös, beteiligt sich der Leasingnehmer in der Regel zu 75%; ist der Restwert höher, muss der Leasinggeber die Differenz zu 100% ausgleichen.

Im Rahmen von Finanzierungsleasingverträgen lassen sich im Grundsatz zwei Varianten unterscheiden: die Voll- und die Teilamortisationsverträge. Bei den Vollamortisationsverträgen handelt es sich um eine Vertragsgestaltung, die während der Grundlaufzeit des Vertrages eine volle Amortisation der Investition des Leasinggebers ermöglicht. Dies bedeutet, dass allein die Leasingraten und eventuelle Sonderzahlungen zur Deckung der laufenden Kosten sowie der Anschaffungs- bzw. Herstellungskosten ausreichen. Demgegenüber zeichnen sich die Teilamortisationsverträge dadurch aus, dass sie dem Leasingnehmer ein ordentliches Kündigungsrecht vor Ablauf der betriebsgewöhnlichen Nutzungsdauer zusichern und die fest vereinbarten Leasingraten die genannten Kosten während der Grundmietzeit nicht in voller Höhe abdecken. Die Leasingraten beim Leasen beweglicher Gegenstände entsprechen dem im Zeitpunkt des Vertragsschlusses geschätzten Wertverzehr. Im Rahmen des Immobilienleasings hingegen wird die anteilige Abschreibung für Abnutzung (AfA) der Anschaffungsbzw. der Herstellungskosten amortisiert. Die Bezeichnung „Teilamortisationsvertrag" ist aber insofern missverständlich, als der Leasingnehmer trotzdem die volle Amortisation zu tragen hat. Er tut dies lediglich nicht durch die Leasingraten, sondern durch eine Abschlagszahlung bei Vertragsablauf.

Folgende Möglichkeiten können im Rahmen der Vollamortisation in der Praxis bezüglich des Vertragsendes getroffen werden:

- Rückgabe;
- Kaufoption;
- Verlängerungsoption.

Im Rahmen der Teilamortisation sind folgende Regelungen üblich:

- Andienungsrecht;
- Mehrerlösbeteiligung;
- die Möglichkeit der Vertragskündigung nach Ablauf der Grundlaufzeit des Vertrages, frühestens jedoch nach 40% der betriebsgewöhnlichen Nutzungsdauer des Leasinggutes. Dabei ist zu beachten, dass eine Abschlusszahlung zu leisten ist, aus der zusammen mit den bis zu diesem Zeitpunkt eingezahlten Leasingraten die Gesamtkosten gedeckt werden.

10.2 (Steuer-)Rechtliche Einordnung des Leasingvertrages

Von der rechtlichen Einordnung des Leasingvertrages ist auch die Bilanzierung des Leasinggutes abhängig. Denn ob und inwiefern sich heutzutage steuerliche Vorteile aus Leasingverträgen ergeben, ist stark davon abhängig, wem das Leasinggut zuzurechnen ist. Im Steuerrecht wird zwischen dem zivilrechtlichen und dem wirtschaftlichen Eigentümer einer Sache unterschieden und somit die Bilanzierung des Gegenstandes abhängig von dieser Zuordnung geregelt. Zwar hat gewöhnlich derjenige einen Gegenstand zu bilanzieren und über die betriebsgewöhnliche Nutzungsdauer abzuschreiben, dem der Gegenstand gehört. Im Steuerrecht gilt jedoch, anders als im Zivilrecht, die so genannte wirtschaftliche Betrachtungsweise. Nach § 39 der Abgabenordnung (AO) ist ein Wirtschaftsgut demjenigen zuzurechnen, der die tatsächliche Herrschaft über ein Wirtschaftsgut in der Weise ausübt, dass er den Eigentümer im Regelfall für die gewöhnliche Nutzungsdauer von der Einwirkung auf das Wirtschaftsgut wirtschaftlich ausschließen kann. Es kommt also im Steuerrecht nicht immer darauf an, wer zivilrechtlich Eigentümer einer Sache ist, sondern wer sie über die tatsächliche Nutzungsdauer hinweg tatsächlich nutzt. Hinter dieser Sichtweise steht der Grundgedanke, dass für die steuerrechtliche Zuordnung, und damit letztlich für die Besteuerung, nicht die rechtlichen Gegebenheiten, sondern die tatsächlichen Verhältnisse maßgebend sein sollen. Das Bundesministerium für Finanzen hat sich auf dem Erlasswege in den Jahren 1971, 1972, 1975 und 1991 hierzu geäußert, um die Grundlagen einer einheitlichen Rechtsanwendung zu setzen. Die in den Erlassen herausgearbeiteten Kriterien werden meistens bei der Gestaltung eines Leasingvertrages von beiden Seiten berücksichtigt, da sie nur so ihre steuerliche Sicherheit gewähren können – das Wirtschaftsgut soll dem Leasinggeber zugerechnet werden, so dass der Leasingnehmer die Leasingraten in voller Höhe absetzen kann. In derartigen Fällen wird von „erlasskonformen Verträgen" gesprochen. Die vier Leasingerlasse beziehen sich auf das Mobilien- und Immobilienleasing mit Teil- und Vollamortisationsverträgen.

10.3   Vertragsabschluss

Der Leasingnehmer sucht sich das Wirtschaftsgut aus, welches er leasen möchte und stellt einen Leasingantrag bei einem Leasinggeber. Der Leasinggeber entscheidet, ob er das Objekt erwerben möchte. Mit der Annahme des Vertragsantrags schließt der Leasinggeber einen Leasingvertrag mit dem Leasingnehmer und erwirbt das gewünschte Leasingobjekt vom Händler bzw. Hersteller. Sofern der Leasingnehmer ein Verbraucher ist, kann nach § 500 i.V.m. § 495 Abs. 1 BGB der § 355 BGB angewandt werden. Das heißt, der Leasingnehmer hat das Recht, den Vertrag innerhalb von zwei Wochen fristgerecht zu widerrufen. Dabei ist es wichtig, dass in der Widerrufsbelehrung des Leasingvertrages eine tatsächliche Adresse und nicht nur eine Postfachanschrift des Leasinggebers angegeben wird, da nach der Rechtsprechung die Postfachanschrift den in § 355 Abs. 2 BGB genannten Anforderungen nicht entspreche (vgl. Weber, Die Entwicklung des Leasingrechts von Mitte 2005 bis Mitte 2007, in: NJW 2007, S. 2526, mit Hinweis auf eine Entscheidung des OLG Koblenz).

Existenzgründer, die sich eine kleine Finanzierungshilfe durch den Leasingvertrag erhoffen, werden vom Gesetzgeber privilegiert und kommen in den Genuss der Verbraucherschutzvorschriften. Denn § 507 BGB ordnet eine Anwendung auch auf Existenzgründer an:

„Die §§ 491 bis 506 gelten auch für natürliche Personen, die sich ein Darlehen, einen Zahlungsaufschub oder eine sonstige Finanzierungshilfe für die Aufnahme einer gewerblichen oder selbständigen beruflichen Tätigkeit gewähren lassen oder zu diesem Zweck einen Ratenlieferungsvertrag schließen, es sei denn, der Nettodarlehensbetrag oder Barzahlungspreis übersteigt 50.000 Euro".

10.4   Die allgemeinen Geschäftsbedingungen

Die Allgemeinen Geschäftsbedingungen (AGB) sind ein üblicher Bestandteil des Leasingvertrages. Sie werden nicht ausgehandelt, sondern vom Leasinggeber bestimmt. Deshalb ist die Gefahr einer Benachteiligung des Leasingnehmers nicht ausgeschlossen. Um dies zu verhindern, hat der Gesetzgeber eine Inhaltskontrolle der AGB vorgesehen, die ab § 305 ff. BGB zum Ausdruck kommt. Eine Überprüfung von AGB kann dann entsprechend der §§ 307, 308 und 309 BGB vorgenommen werden, wobei zu beachten ist, dass die § 308 und 309 BGB nur bei Verbrauchern zur Anwendung kommen und für Unternehmer allein der § 307

BGB als Überprüfungsmöglichkeit verbleibt. Insofern sind Unternehmer vor unangemessenen Bestimmungen in AGB geschützt, sofern diese Bestimmungen nicht klar verständlich sind oder sie, entgegen des Gebots von Treu und Glauben, den Unternehmer als Leasingnehmer unangemessen benachteiligen.

Um eine Inhaltskontrolle der AGB durchführen zu können, ist der Vertragstyp grundlegend. Die AGB-Klauseln dürfen den vertraglichen Sinn und Zweck nicht gefährden. Hierfür werden Rechte und Pflichten, die sich aus der Natur des Vertrages ergeben, auf Übereinstimmung mit den AGB geprüft. Dabei wird auch auf die leasingtypischen Bestimmungen Rücksicht genommen.

10.5   Leasing – Pro und Contra

Nachdem die verschiedenen Facetten und Ausprägungen des Leasings und seine rechtliche Behandlung vorgestellt wurden, können die positiven und negativen Auswirkungen dieser Finanzierungsalternative zusammengefasst werden. Leasing darf nicht als Allheilmittel angesehen werden. Den Vorteilen stehen auch gewisse Nachteile gegenüber. Allerdings können die Aussagen über Vor- und Nachteile keinen Anspruch auf Allgemeingültigkeit erheben, da es im Rahmen des Leasings eine extrem große Anzahl an Erscheinungsformen gibt, die alle dem Leasing (und damit den eben genannten Kriterien) zuzuordnen sind.

10.5.1   Vorteile

In den Fällen des Leasings, in welchen das Leasinggut dem Leasinggeber zugerechnet wird, kann der Leasingnehmer die zu zahlenden Leasingraten vollständig als Betriebsausgaben absetzen. Ein anderer Aspekt dieser Form des Leasings ist es, dass eine Bilanzneutralität gegeben ist. Das heißt, das Leasingobjekt und die damit verbundenen Verpflichtungen erscheinen nicht in der Bilanz des Leasingnehmers. Somit wird eine bessere Eigenkapitalquote erzielt. Dieses hat seit den in Basel festgelegten Regelungen zur Stabilisierung des Finanzsystems sehr an Bedeutung gewonnen. Diese auch als „off-balance-sheet" bezeichnete Finanzierung wirkt sich positiv auf die Bonität und das Rating eines Unternehmens aus. Die Zahlungsverpflichtungen sind nicht in der Bilanz auszuweisen, sondern werden gemäß §§ 285 Nr. 3 HGB nur im Anhang angegeben. Darüber hinaus bietet das Leasing eine sichere Kalkulationsgrundlage. Zumeist sind die Leasingraten konstant und unabhängig vom aktuellen Zinsniveau. Diese feste Kalkulationsgrundlage trägt zu einer sicheren Planung der anstehenden Ausgaben bei.

Durch das Leasing werden Investitionen ohne Bindung von Eigenkapital ermöglicht. Die Leasingnehmer schaffen sich damit größere Handlungsspielräume und schonen ihre Liquidität. Sie werden eventuell in der Lage sein, andere Investitionen zu tätigen, die sonst nicht finanzierbar gewesen wären. Die Leasingraten richten sich nach dem „Pay-as-you-earn"-Gedanken. Durch die Nutzung des geleasten Gutes werden Erträge erwirtschaftet, die dann zur Deckung der Zahlungsverpflichtungen eingesetzt werden. Somit sind keine erheblichen finanziellen Vorleistungen nötig, und der gesamte Finanzierungsaufwand verteilt sich auf die tatsächliche Nutzungsdauer.

Wie bereits erwähnt verfügen Leasingverträge über zahlreiche Ausgestaltungsmöglichkeiten. Je nach Bedarf kann sich der Leasingnehmer die passende Alternative aussuchen. So behält er seine Flexibilität und hat die Möglichkeit, an dem sich schnell wandelnden technologischen Fortschritt teilzunehmen. Sowohl im Mobilien- als auch im Immobilienleasing werden verschiedene Wartungs- und Serviceleistungen von den Leasinggebern angeboten. Für den Leasingnehmer ist das insoweit von Vorteil, als er seine Zeit und seine Kosten optimieren kann, ohne die Verantwortung für die Instandhaltung des Gutes zu übernehmen. Sofern er diese Pflichten durch Leasingvertrag auferlegt bekommt, kann er im Gegenzug aus abgetretenem Recht die ursprünglich dem Leasinggeber aus dem Kaufvertrag zustehenden Rechte geltend machen. Leasing erfordert zumeist kein großes Kapitalvolumen und stellt somit eine Finanzierungsalternative auch für kleinere Unternehmen dar.

10.5.2   Nachteile

Bei näherer Betrachtung offenbaren sich aber auch beim Leasing negative Aspekte. Bereits die ersten Schritte können sich im Rahmen des Leasings für den Existenzgründer als schwierig erweisen, da viele Leasinggesellschaften, ähnlich wie Banken, hohe oder mindestens mit denen der Banken vergleichbare Bonitätsanforderungen stellen. Nach einer Vergleichsrechnung kann festgestellt werden, dass die Gesamtkosten beim Leasing oftmals höher ausfallen als bei einem sonstigen fremdfinanzierten Kauf. Natürlich ist hiermit auch die Frage verknüpft, welche Steuervor- oder Steuernachteile damit verbunden sind. Beim Leasing findet (zunächst) kein zivilrechtlicher Eigentumserwerb des Leasingnehmers statt. Das heißt, ein Verkauf des Leasingobjektes ist ausgeschlossen. Damit trägt der Leasingnehmer die Gefahr, dass er trotz Nichtnutzung des Gegenstandes die Leasingraten weiter zu zahlen hat. Ihm wird innerhalb einer vertraglichen Grundlaufzeit auch keine Kündigungsmöglichkeit eingeräumt. Während dieser Zeit kann der Vertrag nur vom Leasinggeber gekündigt werden, wenn der Leasingnehmer seinen Zahlungsverpflichtungen nicht nachkommt. In solchen Fällen muss der Leasingnehmer auch eventuell bestehende Schadensersatzansprüche seines Vertragspartners erfüllen.

Die Leasingraten sind für die Vertragslaufzeit als Fixkosten anzusehen, dementsprechend sind sie nicht reduzierbar und vom Ertrag unabhängig. Dies kann negative Folgen haben, wenn sich die Erträge über einen längeren Zeitraum vermindern und trotzdem die Fixkosten decken müssen. Wesentlicher Nachteil des Leasings ist also die Abwälzung verschiedener Pflichten und Risiken auf den Leasingnehmer. Dazu zählen insbesondere die Sach- und Preisgefahr sowie die Versicherungspflicht; denn die Kosten hierfür trägt gewöhnlich der Leasingnehmer. Darüber hinaus findet eine Belastung durch die Instandhaltungs- und Instandsetzungspflicht statt.

10.6   Leasing oder Kauf für Existenzgründer

Die Gründung eines Unternehmens kann sehr kostenintensiv sein. Es wird in erster Linie Fremdkapital benötigt. Da erfahrungsgemäß viele der mittelständischen Unternehmen über sehr wenig Eigenkapital verfügen, steht ein Existenzgründer vor der Entscheidung, welche Finanzierungsart sich für sein Vorhaben am besten eignet. Um diese Frage beantworten zu können, muss er seinen Kapitalbedarf ermitteln, seine Wachstumsvorstellungen und seine zukünftige Marktposition planen und präsentieren. Leasing als Steuerersparnis ist für Existenzgründer nicht unbedingt ein besonders verlockendes Argument für den Abschluss eines Vertrages. Die Erfahrung zeigt, dass die meisten jungen Unternehmen am Anfang ihrer Tätigkeit größere Aufwendungen als Erträge haben und dementsprechend nicht viel von den Absetzungsmöglichkeiten nutzen können. Die Gewerbesteuer sowie Einkommens- bzw. Körperschaftsteuer fallen in der Regel in den ersten Jahren kaum oder gar nicht an. Dafür spielt aber für Existenzgründer die Liquiditätsschonung im Rahmen des Leasings eine sehr wichtige Rolle, denn das Eigenkapital ist auch für weitere Fremdfinanzierungen von erheblicher Bedeutung. So sichern sich die Unternehmer einen größeren Handlungsspielraum, brauchen kein weiteres Eigenkapital und können ihre Finanzmittel anderweitig investieren. Gleichzeitig haben sie die Möglichkeit, Erträge mit dem geleasten Wirtschaftsgut zu erzielen und damit die Leasingkosten zu decken.

Das Herstellerleasing kann auch ein interessantes Angebot für Existenzgründer sein. Oftmals bieten Hersteller eines Produktes bessere Konditionen als andere Leasinggesellschaften an, da sie den Puffer zwischen den Herstellungskosten und dem Verkaufspreis ausnutzen können. Dazu kommen noch die eventuellen Wartungs- und Serviceleistungen, die bei dem tatsächlichen Hersteller mit Sicherheit effektiver sind als sonst, da er sich mit dem eigenen Produkt am besten auskennt.

Der Kauf erfordert demgegenüber eine einmalige, hohe Investition am Anfang der unternehmerischen Tätigkeit. Dieses können sich nicht alle jungen Unternehmen leisten. Auch Wartungs- und Instandhaltungskosten wären bei einem Kauf immer vom Eigentümer zu tragen. Diese Bindung von Eigenkapital kann weitere Investitionsvorhaben verhindern und damit die Entwicklung und das Wachstum des Unternehmens verlangsamen. Vorteil des Kaufs gegenüber der Leasingvariante wäre, dass der Eigentümer die Möglichkeit hätte, das Objekt bei Nichtnutzung zu verkaufen. So bleibt der Existenzgründer flexibel.

Auch wenn die Gesamtkosten im Rahmen des Leasings höher ausfallen als bei einem Kauf, kann festgestellt werden, dass die Verteilung der zu erbringenden Zahlungen den Existenzgründer gewöhnlich finanziell stark entlastet. Er muss keine großen Investitionen tätigen, um die notwendige Ausrüstung für den normalen Geschäftsablauf anzuschaffen.

Nach diesem kurzen Überblick lässt sich sagen, dass der Leasingvertrag bessere Möglichkeiten für Existenzgründer bietet, die keine hohe Eigenkapitalquote haben. Allerdings sollte man überlegen, wie dieser Vertrag am besten gestaltet werden soll. Beispielsweise ist ein Vollamortisationsvertrag dann sinnvoll, wenn das Leasinggut für einen großen Teil der betriebsgewöhnlichen Nutzungsdauer gebraucht wird. Der Flexibilität und Bindung von wertvollem Kapital beim Kauf stehen also die höheren Gesamtkosten und die Liquiditätsschonung beim Leasing gegenüber. Wie die Entwicklung des Leasinggeschäfts in den letzten Jahren zeigt, ist diese Finanzierungsalternative trotz ihrer gewissen Nachteile sehr reizvoll. Die Nachfrage nach Leasinggütern ist in den letzten Jahren gestiegen.

11 Einstellen von Personal

Bei vielen Existenzgründungen wächst der Arbeitsanfall proportional zu dem Erfolg des Unternehmens. In diesen Fällen ist zu prüfen, ob und wie viele Angestellte erforderlich sind. Ein Existenzgründer sollte sich in diesem Fall folgende Fragen stellen:

* Möchte ich in meinem Unternehmen Mitarbeiter beschäftigen?
* Rechnen sich Angestellte finanziell?
* Kann ich meinen Personalbedarf möglichst exakt berechnen?
* Wie kann ich meinen Personalbedarf möglichst effektiv auf Voll- und Teilzeitkräfte sowie auf Aushilfskräfte verteilen?
* Bin ich im Stande, die Personalabrechnung vorzunehmen oder benötige ich Hilfe?
* Sind mir die gesetzlichen und die tariflichen Mindestanforderungen bekannt?
* Wie finde ich geeignete Mitarbeiter?
* Welche rechtlichen Anforderungen bestehen für den Umgang mit Mitarbeitern?
* Möchte ich in meinem Unternehmen Lehrausbildung durchführen?

Zunächst sollte der Umfang der anfallenden Arbeit des Unternehmens eingeschätzt werden, um festzustellen, wie viele Arbeitnehmer beschäftigt werden müssen. Ein wichtiger Aspekt ist die Berechnung der Personalkosten und der Personalnebenkosten und damit verbunden die Bestimmung des Personalkostenbudgets. Neben den rechtlichen Bestimmungen bezüglich Verträgen, Arbeitsentgelten, Arbeitszeitregelungen und Arbeitsschutzbestimmungen ist es wichtig, die persönlichen und fachlichen Kompetenzen des zukünftigen Mitarbeiters zu beurteilen, um einzuschätzen, ob diese mit den Anforderungen des Unternehmens übereinstimmen. Die Anforderungen an den Bewerber werden also entsprechend der künftig auszuführenden Tätigkeit analysiert. Aus allen entscheidenden Leistungskriterien wird dann ein Leistungsprofil erstellt, dem der neue Mitarbeiter entsprechen sollte. Hierzu können folgende Kriterien herangezogen werden:

* Kenntnisse und Berufsqualifikationen, wie z. B. Studium, Gesellenbrief oder berufliche Erfahrung;
* gesundheitliche Konstitution;
* Zuverlässigkeit, Konzentrationsfähigkeit und Belastbarkeit;
* Sozialkompetenz (insbesondere Teamfähigkeit).

Der Unternehmer sollte sich im Vorfeld Gedanken darüber machen, welche Art von Beschäftigungsverhältnissen der Arbeitgeber eingehen möchte. Möchte der Existenzgründer Personal einstellen, so hat er als Arbeitgeber folgende Alternativen. Er kann die bei ihm beschäftigten Personen einstellen als:

- Voll- oder teilzeitbeschäftigte Arbeitnehmer in einem sozialversicherungspflichtigen Beschäftigungsverhältnis;
- Teilzeitarbeitnehmer oder befristete Arbeitnehmer: In Unternehmen mit gewöhnlich mehr als 15 Arbeitnehmern haben Arbeitnehmer nach einer Beschäftigungsdauer von sechs Monaten die Möglichkeit, zu verlangen, dass ihre Arbeitszeit verringert wird. Dies wird als Teilzeitbeschäftigung bezeichnet. Der Arbeitgeber ist nur befugt, ein derartiges Ansinnen aus betrieblichen Gründen abzulehnen. Befristete Arbeitsverträge sind hingegen nur zulässig, wenn hierfür ein Grund vorliegt, der das sachlich rechtfertigt. Derartige Gründe können beispielsweise ein nur vorübergehender Bedarf an Arbeitsleistung, die Vertretung eines anderen Arbeitnehmers oder die Erprobung eines Mitarbeiters sein. Sowohl die Teilzeitarbeit als auch die befristeten Arbeitsverhältnisse werden im Teilzeit- und Befristungsgesetz (TzBfG) geregelt. Eine Befristung ohne sachlichen Grund ist nur in Ausnahmefällen möglich. Sie kann gewöhnlich bis maximal zwei Jahre bzw. vier Jahre bei Neugründung eines Unternehmens sowie maximal fünf Jahre bei Arbeitnehmern über 52 Jahre, die zuvor mindestens vier Monate beschäftigungslos waren oder sich in einer vergleichbar anzusehenden Situation befunden haben, eingesetzt werden.
- Zeit- bzw. Leiharbeitnehmer;
- Midijob: Hiermit sind Tätigkeiten im Niedriglohnbereich gemeint, deren Vergütung zwischen 400,01 Euro und 800 Euro beträgt. Hierbei zahlt der Arbeitnehmer einen Beitrag, der sich nach der Höhe des Lohnes sowie der Lohnsteuerklasse richtet. Der Arbeitgeber ist hierbei verpflichtet, den regulären Sozialversicherungsbeitrag zu entrichten.
- Minijob: Für einen so genannten Minijob liegt die Einkommensgrenze des Arbeitnehmers bei maximal 400 Euro pro Monat. Bei dieser Art von Beschäftigungsverhältnis zahlt der Arbeitgeber dem Arbeitnehmer den Lohn ohne Abzüge. Selbst muss er aber pauschal 30% Sozialversicherung und Lohnsteuer an die bei der Bundesknappschaft eingerichtete Minijob-Zentrale zahlen. Darüber hinaus müssen Kleinbetriebe mit bis zu 30 Mitarbeitern zusätzlich 0,1% für die Lohnfortzahlungsversicherung entrichten. Sofern der Minijob nur maximal zwei Monate oder bis zu 50 Arbeitstage im Kalenderjahr ausgeübt wird, wird er als kurzfristiger Minijob bezeichnet, welcher weder für den Arbeitgeber noch für den Arbeitnehmer sozialversicherungspflichtig ist. Es ist hierbei lediglich – je nach Vereinbarung – eine pauschale Lohnsteuer zu entrichten. Der Existenzgründer erspart sich durch den Einsatz von Minijobs komplexe Abrechnungen. Eine geringfügige Beschäftigung gilt trotzdem als ein reguläres Arbeitsverhältnis, in welchem Urlaubsgeld, Feiertagsvergütungen und Jahressonderzahlungen gezahlt, Urlaub gewährleistet und Kündigungsfristen eingehalten werden müssen. Minijobs müssen in der Minijob-Zentrale der Knappschaft angemeldet werden. Wichtig für Existenzgründer zu wissen ist, dass der Arbeitgeber für die Beiträge und Steuern haftet, wenn die Voraussetzungen für die Befreiung von der Sozialversicherung nicht vorliegen. Dies kann beispielsweise dann gegeben sein, wenn der Arbeitnehmer mehrere Minijobs hat und damit zusammen mehr als 400 Euro pro Monat verdient. Um sich dagegen abzusichern, sei es jedem Arbeitgeber nur anzuraten, den Arbeitnehmer im Arbeitsvertrag eine diesbezügliche Erklärung abgeben und unterschreiben zu lassen.

11.1   Die Stellenausschreibung

Sollen Stellen ausgeschrieben werden, so bieten sich dem Existenzgründer auf der Suche nach Arbeitskräften verschiedene Möglichkeiten an. Wenn eine Stellenausschreibung in einem der häufig gewählten Medien Internet oder Zeitung erfolgen soll, ist für den Existenzgründer zu beachten, dass die Stellenausschreibung sowohl die männliche als auch die weibliche Form berücksichtigen muss. Der Arbeitgeber muss das „Allgemeine Gleichbehandlungsgesetz" (AGG) berücksichtigen. Das AGG ist am 18. August 2006 in Kraft getreten und beinhaltet ein allgemeines Diskriminierungsverbot im Rahmen des Bewerbungsverfahrens. Nach diesem Gesetz dürfen Beschäftigte nicht aufgrund ihrer Rasse oder wegen der ethnischen Herkunft, des Geschlechts, der Religion oder Weltanschauung, einer Behinderung, des Alters oder der sexuellen Identität benachteiligt werden. Verstößt ein Arbeitgeber im Rahmen der Stellenausschreibung, des Vorstellungsgesprächs oder im Berufsalltag gegen diese Vorgaben, so hat er damit zu rechnen, dass die benachteiligende Handlung für rechtsunwirksam erklärt wird oder er sogar Schadensersatz zu leisten hat. Für die Stellenausschreibung des Arbeitgebers bedeutet dies, dass er verpflichtet ist, die Stellenausschreibung geschlechtsneutral zu formulieren. Das bedeutet, dass sowohl die männliche als auch die weibliche Form oder zumindest ein geschlechtsneutraler Oberbegriff wie z. B. „Bürokraft" als Berufsbezeichnung aufgeführt werden muss. Darüber hinaus ist nicht allein darauf zu achten, dass nicht nur die Überschrift geschlechtsneutral gehalten ist, sondern dass dies in der gesamten Anzeige umgesetzt wird.

Aber auch eine Altersangabe kann nach Einführung des AGG Probleme machen. Denn gerade diese soll vermieden werden, um ältere Arbeitssuchende nicht zu benachteiligen. Oftmals finden sich in Stellenanzeigen Sätze wie: „Sie sind zwischen 20 und 30 Jahre alt". Nach Einführung des AGG können diese Formulierungen jedoch als ein Indiz für Altersdiskriminierung angesehen werden. Selbst Sätze wie „Wir suchen eine junge, dynamische Bürokraft" können als indirekte Altersangabe angesehen und damit als Verstoß gegen das AGG gewertet werden.

Je nach Art der Tätigkeit ist außerdem zu überlegen, wo und wann die Stellenausschreibung erfolgen soll. Dazu hat der Arbeitgeber folgende Möglichkeiten: Er kann den neuen Mitarbeiter über die Arbeitsverwaltung suchen oder private Arbeitsvermittlungen mit der Personalbeschaffung beauftragen. Darüber hinaus besteht die Möglichkeit, neue Mitarbeiter über Stellenanzeigen zu suchen. Je nachdem welche Position zu vergeben ist, bieten sich unterschiedliche Zeitungsarten an. So werden Hilfstätigkeiten gewöhnlich in Anzeigenblättern, Positionen ohne höhere Qualifikation in regionalen Tageszeitungen, hoch qualifizierte Kräfte und Führungspositionen in überregionalen Tageszeitungen, Spezialisten und bestimmte Branchen in Fachzeitschriften ausgeschrieben. Die Wahl des Mediums ist stark von der Zielgruppe abhängig. Schließlich soll die Anzeige auch vom potentiellen Bewerber gelesen werden. Immer häufiger werden heute allerdings gar keine Stellen mehr ausgeschrieben, sondern innerhalb eines eigenen Netzwerks passende Arbeitnehmer gesucht. Dies geschieht in der Regel über Empfehlungen von Geschäftspartnern, befreundeten Unternehmern oder über Bekannte. Weitere Möglichkeiten Mitarbeiter zu finden sind:

- Personalberater (geeignet für die Suche nach Mitarbeitern in Führungspositionen);
- Neue Medien (Datenbanken und Jobbörsen).

Bei der Auswertung der eingegangenen Bewerbungsunterlagen kann eine erste Einschätzung des Bewerbers anhand der fachlichen Qualifikation, der Ausbildung und der Berufserfahrung aber auch durch die äußere Form der Bewerbung erfolgen. Ebenfalls entscheidend ist die Qualität der Arbeitszeugnisse und Referenzen. Durch sie bekommt der Arbeitgeber Einblicke in die menschlichen Eigenschaften und Qualitäten des zukünftigen Mitarbeiters, wie Ausdauer, Ehrgeiz, Zuverlässigkeit, Kreativität, Flexibilität und Belastbarkeit. So kann er besser einschätzen, wie gut der Bewerber in die Unternehmensstruktur passt. Um eine möglichst genaue Vorauswahl treffen zu können, welchen Bewerber man zum Vorstellungsgespräch einladen möchte, muss der Arbeitgeber bereits im Vorfeld eine klare Stellenbeschreibung formulieren. Darüber hinaus sollte sich der Arbeitgeber bereits vor der Einladung der Bewerber darüber im Klaren sein, wie hoch das eigene Personalkostenbudget ist. Wünschenswert wäre es auch, wenn er zusätzlich in Erfahrung gebracht hat, wie hoch das Lohnniveau bei der Konkurrenz liegt.

11.2   Das Vorstellungsgespräch

Das Vorstellungsgespräch dient dazu, sich von dem zukünftigen Arbeitnehmer ein besseres Bild machen zu können und die Punkte tiefgründiger zu hinterfragen, die sich aus dem Bewerbungsschreiben nicht ohne weiteres ergeben. Das Gespräch soll den Arbeitgeber in die Lage versetzen, den Kandidaten für die ausgeschriebene Stelle zu finden, der hierfür die beste Eignung hat. Das berechtigte Interesse des Arbeitgebers nach Information findet allerdings seine Grenzen durch den Schutz des Persönlichkeitsrechts des Bewerbers. Damit ist der Arbeitgeber nur befugt, Fragen zu stellen, deren Beantwortung für seine Entscheidung im Rahmen der Einstellung relevant ist. Besteht also ein Sachzusammenhang zur Arbeitstätigkeit oder die Zielrichtung, die Eignung des Stellenbewerbers zu hinterfragen, so sind Fragen im Bewerbungsgespräch zulässig.

Im Rahmen des Vorstellungsgespräches gibt es drei Kategorien von Themen bzw. Fragen: Themen mit Offenbarungspflicht, erlaubte Fragen und verbotene Fragen.
Zunächst müssen die Themen mit Offenbarungspflicht besprochen werden. Das heißt, der Bewerber muss diese Punkte von sich aus ansprechen. Tut er dies nicht, so kann der Arbeitsvertrag später angefochten werden. Zu den Themen mit Offenbarungspflicht gehören Punkte, die die Arbeitsleistung ausschließen oder gefährden. Hierzu zählen bestehende Wettbewerbsverbote, noch abzuleistende Haftstrafen oder Krankheiten, die die Arbeitsleistung erheblich einschränken oder sogar aufheben.

Zu den erlaubten Fragen gehören Fragen nach der Schulausbildung, dem beruflichen Werdegang oder die Frage nach der bisherigen Verdiensthöhe, wenn der Bewerber eine bestimmte Vergütung verlangt. Bei Personen, die sich um eine Stelle als leitende Angestellte bewerben, ist es durchaus zulässig, sich nach den Vermögensverhältnissen des Bewerbers zu erkundigen; bei bestimmten ausländischen Stellenbewerbern darf auch nach der Aufenthalts- und Beschäftigungserlaubnis gefragt werden. Selbst nach bestehenden Pfändungen oder Abtretungen von Lohn- und Gehaltsforderungen darf nach weit verbreiteter Ansicht gefragt werden, da dies für den künftigen Arbeitgeber einen erheblichen Verwaltungsaufwand bedeutet. Lügt ein Bewerber auf erlaubte Fragen, so kann der Arbeitsvertrag durch den Arbeitgeber angefochten werden.

Die dritte Kategorie an Fragen sind verbotene Fragen. Hierbei handelt es sich generell um private Fragen. Derartige Punkte sind beispielsweise Fragen des Arbeitgebers nach bevorstehender Heirat, Schwangerschaft oder Kinderwünschen. Auf derartige Fragen darf der Bewerber lügen, ohne dass der Arbeitgeber später deswegen den Arbeitsvertrag anfechten könnte. Auch Fragen zu Gewerkschafts-, Partei- oder Religionszugehörigkeit sind grundsätzlich unzulässig. Ausnahmen bestehen nur bei so genannten Tendenzbetrieben. Sofern sich der Bewerber also bei einer Gewerkschaft, Partei oder Religionsgemeinschaft bewirbt, muss er ausnahmsweise auch die Frage nach der jeweiligen Mitgliedschaft wahrheitsgemäß beantworten.

Sofern ein Bewerber seiner Offenbarungspflicht nicht nachgekommen ist oder er auf eine erlaubte Frage gelogen hat und daraufhin mit dem Arbeitgeber ein Arbeitsvertrag zustande gekommen ist, hat der Arbeitgeber das Recht, den Arbeitsvertrag wegen arglistiger Täuschung gemäß § 123 BGB anzufechten. Die Anfechtung muss innerhalb einer Jahresfrist, beginnend ab Entdeckung der Täuschung, erfolgen. Die Rechtsfolge einer Anfechtung wäre normalerweise die Nichtigkeit des Vertrages von Anfang an, als hätte es ihn nie gegeben. Aus Gründen des Arbeitnehmerschutzes wird im Arbeitsrecht hiervon eine Ausnahme gemacht, wenn die Arbeitstätigkeit bereits aufgenommen worden ist. Dann tritt nämlich nur eine Nichtigkeit des Vertrages vom Zeitpunkt der Anfechtung ein.

Aber auch für das Verhalten des Arbeitgebers nach dem Bewerbungsgespräch gibt es Regelungen. So ist es beispielsweise eine Pflicht des Arbeitgebers, Bewerbungsunterlagen sorgfältig zu verwahren oder Stillschweigen über Geheimnisse, die er durch die Bewerbung erfahren hat, zu wahren.

11.3   Ansprüche des Bewerbers

Grundsätzlich steht dem Bewerber die Erstattung seiner Auslagen durch den Arbeitgeber zu, wenn er zum Vorstellungsgespräch eingeladen wird. Dies gilt unabhängig davon, ob der Bewerber die Stelle erhält oder nicht; und zwar auch, wenn der Reisekostenersatz zuvor nicht explizit zugesagt wurde. Anspruchsgrundlage hierfür ist § 670 BGB. Diese Vorschrift lautet: „Macht der Beauftragte zum Zwecke der Ausführung des Auftrags Aufwendungen, die er den Umständen nach für erforderlich halten darf, so ist der Auftraggeber zum Ersatz verpflichtet. Möchte der Existenzgründer als potenzieller Arbeitgeber dem Bewerber keine Erstattung der Bewerbungskosten zahlen, so kann er – wie in der Praxis durchaus üblich – folgendermaßen verfahren: Er schreibt in das Einladungsschreiben zum Vorstellungsgespräch die Formulierung „Bewerbungskosten werden nicht erstattet", denn dann dürfte der

Bewerber im Rahmen des Vorstellungsgesprächs keine Kosten für erforderlich halten. Nur wenn der Existenzgründer also in der Einladung zum Vorstellungspräch ausdrücklich darauf hinweist, dass keine Kosten für das Vorstellungsgespräch erstattet werden, kann er sicher sein, dass diese Kosten seitens der Bewerber nicht von ihm gefordert werden können.

Damit die Kosten überschaubar bleiben, aber auch um schnell eine Entscheidung treffen zu können, ist es ratsam, eine kleine Auswahl von etwa 5 Bewerbern einzuladen. Während des Bewerbungsgesprächs kann dann der Arbeitnehmer die Aspekte prüfen und erfragen, die aus den Bewerbungsunterlagen noch nicht hervorgegangen sind.

11.4   Der Arbeitsvertrag

Hat sich der Arbeitgeber für einen neuen Mitarbeiter entschieden, müssen beide Seiten das künftige Arbeitsverhältnis, mit allen Rechten und Pflichten, in einem Vertrag darlegen. Zwar muss dieser nicht zwingend schriftlich sein, doch ist es von Vorteil, um betriebliche Regelungen und individuelle Vereinbarungen genau festzuhalten. Neben den Rechten und Pflichten ist ein wesentlicher Bestandteil des Arbeitsvertrages die Stellenbeschreibung, in welcher das Tätigkeitsfeld des Arbeitnehmers genau definiert wird.

Gewöhnlich stellt der Arbeitsvertrag eine spezielle Form des Dienstvertrages nach §§ 611 ff. BGB dar. Das Gesetz schreibt für den Arbeitsvertrag keine Form vor. Insofern können die für den Vertrag erforderlichen Willenserklärungen schriftlich, mündlich oder auch durch schlüssiges Verhalten abgegeben werden. Sofern aber kein schriftlicher Arbeitsvertrag geschlossen wurde, ist der Arbeitgeber nach § 2 Abs. 1 NachweisG verpflichtet, die wichtigen der mündlich vereinbarten Absprachen schriftlich zusammenzufassen und dieses dem Arbeitnehmer innerhalb eines Monats nach Beginn des Arbeitsverhältnisses auszuhändigen. Für Arbeitsverträge gilt die Vertragsfreiheit.

Ein Arbeitsvertrag sollte zumindest Regelungen zu folgenden Punkten enthalten:

- Wann beginnt das Arbeitsverhältnis?
- Welche Tätigkeit bzw. welches Aufgabengebiet hat der Arbeitnehmer?
- Welchen Stundenumfang hat die Arbeitszeit pro Woche?
- Welche monatliche Vergütung ist vorgesehen?
- Welche Anzahl an Kalender- bzw. Arbeitstagen Urlaub hat der Arbeitnehmer?
- gegebenenfalls Regelungen zu Nebenbeschäftigungen und Verschwiegenheitspflicht und Probezeit;
- Kündigungsregelungen.

Darüber hinaus sind unabhängig von der Art der Beschäftigung folgende Formalitäten einzuhalten bzw. müssen dem Arbeitgeber folgende Unterlagen vorgelegt werden:

- Lohnsteuerkarte (ansonsten wird nach höchster Steuerklasse abgerechnet) bzw. eine Freistellungserklärung des Finanzamtes bei geringfügiger Beschäftigung;
- Mitgliedsbescheinigung einer Krankenkasse;

- Sozialversicherungsausweis (bzw. dessen Kopie);
- in einigen wenigen Fällen auch die Geburtsurkunde.

11.4.1 Teilzeit- und Vollzeit

Ist der Arbeitsanfall so groß, dass mehrere Aushilfskräfte beschäftigt werden müssten, so sollte der Arbeitgeber prüfen, ob die Arbeit nicht besser von Teilzeit- bzw. Vollzeitbeschäftigten als von Aushilfen ausgeführt werden kann. Der Vorteil für den Arbeitgeber besteht darin, dass die Anzahl der Beschäftigten niedrig gehalten wird und durch kontinuierliche und langjährige Erfahrung der Mitarbeiter eine höhere Arbeitsqualität des Betriebes erzielt werden kann. Darüber hinaus können oftmals Einarbeitungszeit und Betreuungskosten eingespart werden. Auch der Aufwand des Arbeitgebers für Abrechnungen, Bescheinigungen und Steuerberatungskosten könnte so gesenkt werden. Als Nachteil könnte sich aber erweisen, dass ein fest angestellter Arbeitnehmer im Teil- bzw. Vollzeitarbeitsverhältnis in der Regel Anspruch auf einen höheren Bruttolohn als eine Aushilfskraft hat. Vergünstigungen wie Urlaubsgeld, Jahressonderzahlungen, Kündigungsschutz und Urlaubsanspruch stehen sowohl der Aushilfskraft als auch dem Teil- bzw. Vollzeitbeschäftigten zu.

11.4.2 Arbeitsentgelt

Der Arbeitgeber ist nach § 611 BGB verpflichtet, den Arbeitnehmern die vereinbarte Vergütung ihrer Arbeit zu zahlen. Zum Arbeitsentgelt zählen:

- Zeitlöhne,
- Leistungslöhne,
- Provisionszahlungen,
- Lohnzuschläge (z. B. für Mehrarbeit, Schichtarbeit, Nachtarbeit),
- Sonderzahlungen wie Weihnachtsgeld und Gratifikationen,
- Fortzahlungsansprüche, die bei Abwesenheit wie Urlaub, Krankheit oder Mutterschaft gezahlt werden,
- freiwillige Personalzusatzkosten wie Aus- und Fortbildung oder betriebliche Altersversorgung.

Richtlinien für die Höhe der Vergütung sind in den Tarifverträgen normiert und dienen so Arbeitgebern und Arbeitnehmern als Grundlage bei der Gestaltung der Arbeitsverträge und Arbeitsentgelte. Arbeitnehmer, die in einem tariflosen Arbeitsverhältnis beschäftigt sind, müssen ihr Arbeitsentgelt selbst mit dem Arbeitgeber aushandeln. Dabei darf von Seiten des Arbeitgebers jedoch eine bestimmte Untergrenze nicht unterschritten werden. Hierbei wird vom so genannten Lohnwucher gesprochen. Für einige Branchen gibt es seit Januar 2008 den gesetzlich normierten Mindestlohn. Dieser gilt für folgende Branchen:

- Bauhauptgewerbe,
- Dachdeckerhandwerk,
- Maler- und Lackiererhandwerk,
- Gebäudereinigung,

- Elektrohandwerk,
- Briefdienstleister.

Der Mindestlohn ist unter anderem in folgenden Regelungen normiert: Arbeitnehmer-Entsendungsgesetz (AEntG) in Verbindung mit der Allgemeinverbindlichkeitserklärung des Tarifvertrages, nach § 5 Tarifvertragsgesetz oder alternativ in Verbindung einer nach § 1 Abs. 3a AEntG erlassenen Rechtsverordnung. Für Leiharbeitsverhältnisse ergibt sich die Verbindlichkeit aus § 1 Abs. 2 AEntG. Für die genaue Festlegung der Vergütung werden zusätzlich zu den Richtlinien des Tarifvertrages die speziellen, der Tätigkeit entsprechenden körperlichen und geistigen Anforderungen bzw. Schwierigkeitsgrade mit berücksichtigt. Hierzu gehören: Fachwissen, Geschicklichkeit, Berufserfahrung, Verantwortung für Menschen und Maschinen, Umgebungseinflüsse wie Lärm, Dreck, Staub, Kälte. Mit Hilfe dieser Kriterien kann der Arbeitnehmer dann in eine Lohn- oder Tarifgruppe eingestuft werden. Qualität und Quantität der erbrachten Arbeitsleistung können sich auch noch später auf die Höhe des Entgelts auswirken. Wichtig ist vor allem, dass die Berechnung für alle Arbeitnehmer nachvollziehbar gestaltet wurde. Der Arbeitgeber ist dazu verpflichtet, eine monatliche Lohn- und Gehaltsabrechnung zu erstellen, monatlich Lohnsteuer, Sozialabgaben und die Beträge für vermögenswirksame Leistungen zu bezahlen und nach Aufforderung auch Beiträge zur Berufsgenossenschaft. Aufbau und Ablage des Jahreslohnkontos sind jährlich durchzuführen.

11.4.3   Lohnarten

Grundsätzlich gibt es zunächst drei Hauptlohnformen: den Zeitlohn, den Stücklohn und den Prämienlohn. Stücklohn und Prämienlohn sind leistungsbezogen, da sich die Höhe des Entgelts, unabhängig von der dafür benötigten Zeit, nach der erbrachten Leistung richtet. Im Rahmen des Zeitlohns werden die Arbeitsstunden bezahlt, die ein Arbeitnehmer im Betrieb geleistet hat. Diese Form ist für Beschäftigung mit ständig wechselnder Arbeits- bzw. Leistungsintensität, wie beispielsweise im Dienstleistungsgewerbe, anzuwenden. Die Auszahlung des Arbeitsentgelts erfolgt in der Regel monatlich. Der Arbeitgeber behält den auf den Arbeitnehmer entfallenden Sozialversicherungsbetrag ebenso wie einen im Voraus überschlägig berechneten Lohnsteuerbetrag ein und führt diese an die entsprechenden öffentlichen Stellen ab. Im Krankheitsfall ist der Arbeitgeber nach § 3 EntgeltfortzG verpflichtet, eine sechswöchige Lohnfortzahlung zu gewähren. Danach übernimmt meist die Krankenkasse oder die Berufsunfallversicherung die Versorgungsleistung.

12 Gewerblicher Rechtsschutz, Patentanmeldung und Markenrecht

Viele Existenzgründer machen sich selbständig, weil sie etwas erfunden haben, was sie gerne vermarkten möchten. Oftmals stecken lange Entwicklungsarbeit und Kosten für Entwicklung und Design in ihren Produkten. Damit die Konkurrenz derartige Produkte nicht nachbaut oder „abkupfert", sollte sich der Existenzgründer auf dem Gebiet des gewerblichen Rechtsschutzes besser auskennen. Der Gewerbliche Rechtsschutz ist ein Oberbegriff für die Schutzrechte Patentrecht, Gebrauchs- und Geschmacksmusterrecht sowie das Markenrecht. Diese Themengebiete sollen im Folgenden kurz vorgestellt werden.

12.1 Patentschutz

Wenn ein Existenzgründer eine technische Erfindung gemacht hat, kann er nicht sicher sein, ob nicht zur selben Zeit eine andere Person an einer ähnlichen Idee geforscht hat. Insofern muss bisweilen schnell gehandelt werden, um sich den Patentschutz für eine Erfindung zu sichern. Aber bereits im Vorfeld stellen sich dem Existenzgründer eine Vielzahl an Fragen und ungelösten Problemen: Ist es tatsächlich eine Neuheit oder haben bereits andere Personen eine vergleichbare Erfindung patentieren lassen? Hat die eigene Erfindung überhaupt Chancen am Markt? Lohnt es sich überhaupt, Geld für die Anmeldung eines Schutzrechts auszugeben? Wie ist überhaupt der Patentschutz zu erlangen? Bei der Klärung dieser Fragen kann dem Existenzgründer ein Patentanwalt zur Seite stehen. Gemeinsam mit ihm kann der Existenzgründer Strategien erarbeiten, prüfen, ob eine Patentanmeldung überhaupt lohnenswert ist, und die Anmeldung vornehmen.

Der Patentschutz wird in der Bundesrepublik Deutschland im Patentgesetz (PatG) geregelt. Nach § 1 Abs. 1 PatG wird ein Schutz für Erfindungen erteilt, die neu sind, auf einer erfinderischen Tätigkeit beruhen und gewerblich anwendbar sind. Erteilt wird der Patentschutz vom „Deutschen Patent- und Markenamt", welches seinen Sitz in München hat. Bei dieser Behörde handelt es sich um eine Bundesbehörde, die dem Bundesjustizministerium unterstellt ist. Um dort eine Erfindung patentieren lassen zu können, muss die Erfindung die in der Definition genannten Voraussetzungen erfüllen. Sie muss:

- neu sein,
- auf einer erfinderischen Tätigkeit beruhen,
- gewerblich anwendbar sein.

Ob es sich um eine „neue Erfindung" handelt, muss vom Patentamt zunächst überprüft werden. Neu ist sie dann, wenn sie am Tag der Anmeldung nicht zum Stand der Technik gehört. Das zweite Merkmal, nämlich die „erfinderische Tätigkeit" ist nach § 4 PatG dann gegeben, wenn sie sich für den Fachmann nicht in naheliegender Weise aus dem Stand der Technik ergibt. Die „gewerbliche Anwendbarkeit" als drittes Kriterium ist in § 5 PatG geregelt. Danach liegt eine gewerbliche Anwendbarkeit dann vor, wenn ihr Gegenstand auf irgendeinem gewerblichen Gebiet einschließlich der Landwirtschaft hergestellt oder benutzt werden kann.

Der Schutz durch ein Patent ist in der Bundesrepublik nach § 16 Abs. 1 Satz 1 PatG auf eine Zeitdauer von maximal 20 Jahren ab Anmeldung des Patents begrenzt. Eine Verlängerung dieser Zeit ist, außer einer Ausnahme für Arznei- und Pflanzenschutzmittel, nicht möglich. Wenn ein Existenzgründer ein Patent anmelden möchte, kann er dies entweder beim „Deutschen Patent- und Markenamt" in München oder bei bestimmten Patentinformationszentren tun. Hierzu muss er folgende Unterlagen vorlegen:

- ein Antragsformular für die Erteilung eines Patents. Hierin muss er seine Erfindung kurz aber genau bezeichnen.
- die Angabe dazu, was genau unter Patentschutz gestellt werden soll;
- eine Beschreibung der Erfindung in Textform;
- gegebenenfalls zusätzlich Zeichnungen, sofern in der Beschreibung bzw. in den Patentansprüchen darauf hingewiesen wurde.

Im Rahmen der Patentanmeldung gilt das Prioritätsprinzip. Das heißt, wenn mehrere Personen unabhängig voneinander eine Erfindung gemacht haben, dann gebührt demjenigen das Patentrecht, der die Erfindung zuerst beim Patentamt angemeldet hat. Nachdem die Anmeldung beim „Deutschen Patent- und Markenamt" eingegangen ist, wird von Amts wegen eine formale Prüfung durchgeführt. Sofern hierbei formale Fehler festgestellt werden, wird der Antragsteller unter Fristsetzung aufgefordert, die Fehler des Antrags zu berichtigen. Damit es nach der Anmeldung auch zu einer Prüfung der Patentfähigkeit kommt, bedarf es eines diesbezüglichen Antrags. Sowohl der Erfinder selbst als auch jeder Dritte ist im Zeitraum von sieben Jahren nach der Anmeldung berechtigt, einen diesbezüglichen Antrag zu stellen.

Durch die Erteilung des Patents wird der Patentinhaber befugt, alleine die Erfindung zu nutzen. Nach § 9 PatG ist es jedem Dritten verboten, ohne Zustimmung des Inhabers des Patents:

- ein Erzeugnis, das Gegenstand des Patents ist, herzustellen, anzubieten, in Verkehr zu bringen oder zu gebrauchen oder zu den genannten Zwecken entweder einzuführen oder zu besitzen;
- ein Verfahren, das Gegenstand des Patents ist, anzuwenden oder, wenn der Dritte weiß oder es aufgrund der Umstände offensichtlich ist, dass die Anwendung des Verfahrens

ohne Zustimmung des Patentinhabers verboten ist, zur Anwendung im Geltungsbereich dieses Gesetzes anzubieten;

- das durch ein Verfahren, das Gegenstand des Patents ist, unmittelbar hergestellte Erzeugnis anzubieten, in Verkehr zu bringen oder zu gebrauchen oder zu den genannten Zwecken entweder einzuführen oder zu besitzen.

Bei der Anmeldung eines Patentes ist mit folgenden Kosten zu rechnen:

- bei einer elektronischen Anmeldung: 50,00 Euro,
- sofern die Anmeldung in Papierform erfolgt: 60,00 Euro,
- Kosten für Recherche nach § 43 PatG: 250,00 Euro,
- für das Prüfungsverfahren: 150,00 Euro, wenn bereits ein Antrag nach § 43 PatG gestellt wurde bzw. 350,00 Euro, wenn ein Antrag nach § 43 PatG nicht gestellt wurde.
- Zur Aufrechterhaltung des Patents muss eine Jahresgebühr gezahlt werden, die in den ersten Jahren mit 70,00 Euro noch recht moderat ist, sich aber immer mehr steigert, so dass im 20. Jahr bereits eine Jahresgebühr von 1.940,00 Euro fällig ist.

Informationen können auch am Patentserver unter www.patentserver.de recherchiert werden. Ein Existenzgründer, der viel Geld in die Entwicklung seiner Erfindung gesteckt hat, braucht sich aber nicht durch die Kosten der Patentanmeldung abschrecken zu lassen. Sofern er nachweisen kann, dass er nach seinen persönlichen und wirtschaftlichen Verhältnissen nicht in der Lage ist, die Anmeldekosten vollständig aufzubringen, hat die Möglichkeit, so genannte Verfahrenskostenhilfe zu beantragen. Der hierfür erforderliche Antragsvordruck und ein Informationsblatt werden ihm auf Wunsch zugeschickt.

Patentschutz kann auch über die Landesgrenzen Deutschlands hinaus über das „Europäische Patentamt" vergeben werden. Das „Europäische Patentamt" hat seinen Sitz ebenso wie das „Deutsche Patent- und Markenamt" in München.

12.2   Gebrauchsmusterrecht

Vom Patentrecht abzugrenzen ist das so genannte Gebrauchsmusterrecht. Damit ein Gebrauchsmusterschutz entstehen kann, müssen eine Anmeldung und eine Eintragung in die Gebrauchsmusterrolle beim „Deutschen Patent- und Markenamt" vorliegen. Das Gebrauchsmusterrecht kann als technisches Schutzrecht verstanden werden. Ähnlich wie bereits das Patentrecht, schützt auch das Gebrauchsmusterrecht „Erfindungen". Das Gebrauchsmusterrecht wird im Gebrauchsmustergesetz (GebrMG) geregelt und soll kleine Erfindungen schützen, für die sich die Anmeldung eines Patentes nicht lohnt. Es handelt sich dabei meist um kurzlebige Neuerungen, die nur einen kleinen technischen Fortschritt mit sich bringen. Somit ist es auch kaum verwunderlich, dass in der Praxis oftmals vor allem kleine und mittelgroße Betriebe von dieser Schutzmöglichkeit Gebrauch machen. Im Gegensatz zum Patent ist der Gebrauchsmusterschutz nämlich einfacher und schneller zu erlangen. So ist in der Praxis festzustellen, dass das Gebrauchsmuster oftmals schon ein bis zwei Monate nach der Anmeldung eingetragen wird. Der Existenzgründer, der einen derartigen Schutz für seine Produkte anstrebt, sollte aber bedenken, dass nach der Veröffentlichung der Unterlagen des Gebrauchsmusters kein Wechsel zum Patentschutz mehr möglich ist. Dies erklärt sich damit, dass nach der Veröffentlichung die Erfindung nicht mehr als neu gilt. Andersherum ist wegen § 5 GebrMG ein Wechsel vom Patent zum Gebrauchsmuster explizit gestattet. Die Voraussetzungen für die Anmeldung eines Gebrauchsmusters sind:

- Es muss sich um eine Erfindung handeln,
- diese muss neu sein,
- sie muss auf einem erfinderischen Schritt beruhen,
- sie muss gewerblich anwendbar sein.

Anders als beim Patentrecht werden im Rahmen der Anmeldung eines Gebrauchsmusters die materiellen Voraussetzungen nicht überprüft; d.h. es wird nicht geprüft, ob der angemeldete Gegenstand tatsächlich durch Neuheit, erfinderischen Schritt und gewerbliche Anwendbarkeit schutzwürdig ist. Eine Überprüfung findet später erst dann statt, wenn nach Eintragung jemand behauptet, es fehle dem Erzeugnis an der notwendigen Erfindungshöhe oder das Muster sei nicht neu. Die dann folgende Überprüfung ist mit der Prüfung im Rahmen der Patenterteilung vergleichbar. Es gibt noch andere Unterschiede zum Patentrecht. So bringt beispielsweise das Gebrauchsmusterrecht lediglich Schutz für Erzeugnisse aber nicht wie das Patentrecht einen Schutz von bestimmten Verfahren. Unterschiede bestehen auch in der Schutzdauer. Der Schutz des Gebrauchsmusters ist erheblich kürzer als der Patentschutz. Er beträgt nach § 23 GebrMG maximal zehn Jahre. Danach tritt Gemeinfreiheit ein. Zur Erlangung des Schutzes muss zunächst auf einem Vordruck eine schriftliche Anmeldung an das „Deutsche Patent- und Markenamt" gerichtet werden, in der angegeben werden muss, was genau unter Schutz gestellt werden soll. Es folgt eine Beschreibung des Gegenstandes sowie eine Zeichnung. Darüber hinaus ist nach § 3 Abs. 1 Patentkostengesetz (PatKostG) eine Anmeldegebühr zu zahlen. Als Kosten für den Gebrauchsmusterschutz müssen folgende Beträge einkalkuliert werden:

- Die Kosten der Anmeldung nach § 4 GebrMG betragen bei einer elektronischen Anmeldung 30,00 Euro und bei einer Anmeldung in Papierform 40,00 Euro für eine Schutzdauer von drei Jahren.
- Für die Recherche wird nach § 7 GebrMG ein Betrag in Höhe von 250,00 Euro erhoben.
- Die Gebühren für die Aufrechterhaltung des Schutzes sind in § 23 Abs. 2 GebrMG geregelt. Sie liegen für die Zeit vom vierten bis zehnten Jahr in einer Höhe zwischen 210,00 bis 530,00 Euro pro Jahr.

Der Schutz des Gebrauchsmusterrechts verbietet es nach § 11 Abs. 1 GebrMG jedem Dritten, ohne Zustimmung des Inhabers ein Erzeugnis, das Gegenstand eines Gebrauchsmusters ist, herzustellen, anzubieten, in Verkehr zu bringen oder zu gebrauchen oder zu den genannten Zwecken entweder einzuführen oder zu besitzen.

12.3   Geschmacksmusterrecht

Ein Schutz durch das Geschmacksmusterrecht kann für Existenzgründer von Interesse sein, die viel Zeit oder Geld in die Entwicklung des Designs ihrer Produkte investiert haben. Das Geschmacksmusterrecht ist im Geschmacksmustergesetz (GeschmMG) vom 12. März 2004 (BGBl. I 2004, S. 390) normiert. Es kann insbesondere dazu verwendet werden, die Formgestaltung von ästhetischen Darstellungen zu schützen. Nach dem Geschmacksmustergesetz werden Muster geschützt, die eine zwei- oder dreidimensionale Erscheinungsform eines gesamten Erzeugnisses oder eines Teils davon darstellen und sich insbesondere aus den Merkmalen der Linien, Konturen, Farben, der Gestalt, Oberflächenstruktur oder der Werkstoffe des Erzeugnisses selbst oder seiner Verzierung ergeben (vgl. § 1 Nr. 1 GescmMG). Unter dem Begriff des „Erzeugnisses" versteht das Gesetz jeden industriellen oder handwerklichen Gegenstand, einschließlich dessen Verpackung, Ausstattung, graphischen Symbole und typographischen Schriftzeichen sowie Einzelteile, die zu einem komplexen Erzeugnis zusammengebaut werden. Die Schutzdauer beträgt nach § 27 Abs. 2 GeschmMG maximal 25 Jahre ab dem Tag der Anmeldung. Anzumelden ist das Geschmacksmuster beim „Deutschen Patent- und Markenamt". Voraussetzungen hierfür sind:

- Neuheit,
- Eigentümlichkeit.

Damit ein Geschmacksmusterschutz erteilt werden kann, muss der Antrag eine zur Bekanntmachung geeignete Wiedergabe beinhalten. Dies kann beispielsweise eine Fotografie oder eine Grafik sein. Ähnlich wie schon beim Gebrauchsmuster beschrieben, erfolgt auch im Rahmen des Anmeldeverfahrens eines Geschmacksmusters neben der formalen Prüfung keine materielle Überprüfung, ob es sich bei dem Muster um eine Neuheit mit einer Eigentümlichkeit handelt. Nach § 12 Abs. 1 GeschmMG ist es auch möglich, mehrere Muster in einer Sammelanmeldung zusammenzufassen.

Die Kosten für das Anmeldeverfahren betragen:

- bei einer elektronischen Anmeldung 60,00: Euro,
- bei einer Anmeldung in Papierform 70,00: Euro.

Werden hingegen Sammelanmeldungen durchgeführt, so werden nach § 12 Abs. 1 GeschmG pro Muster folgende Beträge fällig:

- bei Durchführung einer elektronischen Anmeldung: 6,00 Euro pro Muster (mindestens jedoch 60,00 Euro);
- bei einer Anmeldung in Papierform: 7,00 Euro pro Muster (mindestens jedoch 70,00 Euro).
- Sofern der Anmeldende nach § 28 Abs. 1 GeschmMG für das jeweilige Geschmacksmuster zahlt, kann er den Schutz bis auf 25 Jahre ausdehnen. Die Kosten hierfür betragen zwischen dem 6. und 25. Schutzjahr zwischen 90,00 und 180,00 Euro.

Nach Prüfung der formalen Voraussetzungen wird, sofern insoweit alles gesetzmäßig beantragt wurde, das Geschmacksmuster ungeprüft in das Geschmacksmusterregister des „Deutschen Patent- und Markenamtes" eingetragen. Damit wird die Inhaberschaft des Eingetragenen vermutet. Diese Vermutung ist jedoch widerlegbar.

12.4   Markenrecht

Nahezu jeder Existenzgründer hat den Wunsch, dass seine Produkte oder Dienstleistungen aus der Masse des Angebots hervorstechen und nicht mit den Angeboten der Konkurrenz verwechselt werden können. Um eine Verwechselung auszuschließen, werden oftmals Produkte mit einer unverwechselbaren Farbe versehen, Produktnamen gewählt oder Firmenlogos entworfen. Einen Schutz vor Verwechslung bietet im Wirtschaftsleben das Markenrecht. Für Existenzgründer ist die Marke des Unternehmens extrem wichtig. Das gesamte Image des Unternehmens ist darauf konzentriert. Es bedarf einer besonderen Anstrengung, eine Marke aufzubauen. Das Unternehmenslogo, die Werbemaßnahmen, Farbe, Schriftzeichen und Ton; sie alle können zu einem Erfolgskonzept gehören, welches vor Nachahmern zu schützen ist. Das Markenrecht ist im Markengesetz (MarkenG) geregelt. Dem Markenrecht kommt im Rahmen der Existenzgründung eine erheblich große Rolle zu. Denn unter den Markenschutz können nicht nur Unternehmensnamen und Produktbezeichnungen fallen, sondern das Markenrecht spielt auch beim Schutz und dem Herausklagen von Internetdomainnamen eine große Rolle. Nach der Definition des § 3 Abs. 1 MarkenG können alle Zeichen Markenschutz genießen; insbesondere Wörter einschließlich Personennamen, Abbildungen, Buchstaben, Zahlen, Hörzeichen, dreidimensionale Gestaltungen sowie sonstige Aufmachungen einschließlich Farben und Farbzusammenstellungen, sofern die genannten Zeichen geeignet sind, Waren oder Dienstleistungen eines Unternehmens von denen anderer Unternehmen abzugrenzen.

Es wird im Markenrecht jedoch nicht nur vor der Verwendung des identischen Erkennungszeichens geschützt; vielmehr bietet das Markengesetz auch Schutz vor Verwechselungs- oder Verwässerungsgefahr. Das heißt, es schützt auch vor der Verwendung eines Namens, der dem tatsächlichen Markennamen bzw. Zeichen ähnlich sieht oder bei der Aussprache ähnlich klingt. Um Markenschutz entstehen zu lassen, kann man beispielsweise im Markenregister, welches beim „Deutschen Patent- und Markenamt" geführt wird, ein Zeichen als Marke eintragen lassen. Aber ausnahmsweise kann der Markenschutz auch bereits mit der Benutzung eines Zeichens im geschäftlichen Verkehr entstehen, sofern das Zeichen innerhalb der maßgeblichen Verkehrskreise als Marke eine Verkehrsgeltung erworben hat.

Da es sich bei dem Markenrecht um ein ausschließliches Recht handelt, verleiht es dem Markeninhaber die Möglichkeit, gestützt auf § 15 MarkenG jeden der im Geschäftsverkehr unbefugt die Bezeichnung führt auf Unterlassung zu verklagen.

Um Markenschutz zu erlangen, muss diese auf einem vorgeschriebenen Formblatt beim „Deutschen Patent- und Markenamt" angemeldet werden. Dieses erfordert:

- dass Angaben gemacht werden, die eine Feststellung der Identität des Anmeldenden möglich machen,
- eine Wiedergabe der Marke,
- ein Verzeichnis der Waren oder Dienstleistungen, für welche die Eintragung beantragt wird,
- dass die in § 3 des Patentkostengesetzes (PatKostG) genannten Gebühren gezahlt werden.

Sofern der Antragsteller das Verfahren beschleunigen möchte und eine Eintragung innerhalb von sechs Monaten erreichen möchte, kann er nach § 38 MarkenG einen Antrag auf eine beschleunigte Prüfung stellen. Hierfür muss er allerdings eine zusätzliche Gebühr in Höhe von 200,00 Euro bezahlen.

Nachdem die Prüfung der Anmeldeerfordernisse abgeschlossen ist, wird bei Vorliegen aller Voraussetzungen eine Eintragung im Register vorgenommen. Die Frist für das Eintragungsverfahren beträgt ca. sechs Monate. Die Eintragung gilt zunächst für einen Zeitraum von zehn Jahren ab dem Datum der Anmeldung. Nach § 47 Abs. 2 MarkenG besteht aber die Möglichkeit, die Schutzdauer jeweils um zehn Jahre zu verlängern, indem man eine so genannte Verlängerungsgebühr entrichtet. Hinzu kommt bei bestimmten Waren und Dienstleistungen noch eine so genannte Klassengebühr. Ohne Zahlung der Verlängerungsgebühr wird die Marke aus dem Register gelöscht.

So ist für ein Anmeldungsverfahren im Rahmen einer Marke inklusive der Klassengebühr bis zu drei Klassen bei einer elektronischen Anmeldung mit einer Gebühr in Höhe von 290,00 Euro und bei einer Anmeldung in Papierform mit einer Gebühr in Höhe von 300,00 Euro zu rechnen. Viele Existenzgründer bedienen sich im Rahmen der Anmeldung einer Marke der Hilfe eines Rechtsanwaltes. Dann ist für das Anmeldeverfahren inklusive Anwaltskosten mit Kosten ab ca. 700,00 Euro zu rechnen.

Es ist auch wichtig zu wissen, dass das Anmelden von Marken in der Bundesrepublik Deutschland nicht an das Vorliegen eines Geschäftsbetriebes gebunden ist. Das bedeutet, dass rein theoretisch jede natürliche Person die Eintragung einer Marke beantragen und letztlich wie mit einem Wirtschaftsgut damit handeln kann. Aber für Marken besteht nach ihrer Eintragung ein Nutzungszwang. Es kann damit als Grund für eine Löschung aus dem Markenregister angesehen werden, wenn eine eingetragene Marke nicht im geschäftlichen Verkehr für die Kennzeichnung benutzt wird.

13   Versicherungen

Als Indikator für die notwendige Anzahl an Versicherungen, welche ein junges Unternehmen tatsächlich benötigt, dienen die absehbaren Risiken, die das Unternehmen mit sich bringt. Hierbei ist es erforderlich, das Unternehmenskonzept vor dem Hintergrund des Risikopotentials kritisch zu hinterfragen. Dies ist insbesondere dann geboten, wenn es sich in einem innovativen Branchenzweig bewegt und man noch nicht auf Erfahrungswerte zurückgreifen kann. Die Relevanz einer Versicherung richtet sich nach dem Grad der Auswirkungen eines Risikos. Ein existenzbedrohendes Risiko und damit ein akuter Versicherungsbedarf sind dann gegeben, wenn denkbare Ereignisse zu finanziellen Folgen führen, die aus eigenen Finanzmitteln nicht abgedeckt werden können. Hierzu gehören beispielsweise Krankheit oder der dauerhafte Verlust der Arbeitskraft durch einen Unfall. Insbesondere bei neu gegründeten Unternehmen hängt die Funktionsfähigkeit des Betriebes vom persönlichen Einsatz des Geschäftsführers und Existenzgründers ab. Darüber hinaus gibt es in der Anfangsphase oftmals keinen festen Personalstamm, der so gut eingearbeitet ist, dass der Ausfall des Geschäftsführers abgefangen werden kann.

13.1   Die Rechte des Versicherungsnehmers

Damit der Kunde ganz genau weiß, worauf er sich bei dem Abschluss einer Versicherung einlässt, gibt es seit dem 18. Dezember 2007 eine Verordnung über Informationspflichten bei Versicherungsverträgen (VVG-InfoV). Diese Verordnung besteht aus sieben Paragraphen. Der erste Paragraph handelt von den Informationspflichten, die bei allen Versicherungszweigen gelten. So ist geregelt, dass der Versicherungsanbieter sich gegenüber dem Versicherungsnehmer zu erkennen geben muss, indem er seine Geschäftsadresse offen legt und Angaben über seine Hauptgeschäftstätigkeit macht. Entschädigungsregelungen, die außerhalb der vorgegebenen Richtlinien sind, gilt es zu diskutieren. Die Versicherung muss den Klienten ferner über die Tarifbestimmungen und allgemeinen Versicherungsbedingungen aufklären, dazu zählt auch, dass mit dem Versicherungsnehmer besprochen wird, in welchem Umfang Leistungen zur Schadensregulierung erfolgen. Der Kunde muss anhand der aufgeführten Daten die Höhe der Prämie nachvollziehen können und verstehen, wie sie berechnet wird. Alle anfallenden Kosten, wie z. B. Beratungskosten, müssen gesondert aufgeführt werden. Zudem müssen Angaben zur Zahlungsweise und zur Vertragsdauer vorliegen. Auf wirtschaftliche Risiken ist hinzuweisen. Bei Vertragsabschluss müssen Daten über sein Zustandekommen vorliegen. Diese werden 30 Jahre aufbewahrt, um im Rahmen eventueller späterer Rechtsstreitigkeiten für Aufklärung sorgen zu können. Der Kunde muss auf die

Form und Frist des Widerrufsrechtes hingewiesen werden. Ferner müssen Angaben zur
Laufzeit des Vertrages gemacht werden, sowie zur Beendigung des Vertrages, den dazugehörigen Kündigungsregelungen und den Vertragsstrafen. Darüber hinaus gilt es, eine einheitliche Sprache zu finden, in der die beiden Vertragspartner miteinander kommunizieren können. Im Falle einer außergerichtlichen Beschwerde muss der Weg deutlich werden, den der
Kunde gehen muss; auch die Adresse der zuständigen Aufsichtsbehörde ist anzugeben. Des
Weiteren müssen die Angaben zur Adresse der Versicherung, sowie zum Widerrufsrecht und
zu den Kündigungsbedingungen in schriftlicher Form deutlich hervorgehoben werden. Der
zweite Paragraph der Verordnung über Informationspflichten bei Versicherungsverträgen
bezieht sich auf die Bereiche Lebens-, Berufsunfähigkeits- und Unfallversicherung mit Prä-
mienrückgewähr. Hier muss die Versicherung zusätzliche Angaben über die exakte Prämie,
ihre Berechnung und Laufzeit, sowie gesonderte Kosten machen. Der Versicherungsnehmer
ist über den Mindestversicherungsbetrag genauso zu informieren, wie über die Art und Weise der Schadensregulierung. Auch ist darauf hinzuweisen, welche Steuerregelungen für die
jeweilige Versicherung gelten. Der § 3 der VVG-InfoV regelt Bestimmungen bezüglich der
Krankenversicherung. Hier muss der Anbieter darauf verweisen, dass bei steigenden Krank-
heitskosten eine Erhöhung des Betrags erfolgen und eine Altersgrenze Vertragsbeschränkun-
gen mit sich bringen kann. Auch die Beitragsentwicklung der letzten zehn Jahre muss veran-
schaulicht werden. Die Angaben in Zahlen haben jeweils in Euro zu erfolgen. In § 4 sind die
Angaben zum Produktinformationsblatt geregelt. In ihm müssen alle bei Vertragsabschluss
für den Verbraucher relevanten Informationen übersichtlich zu finden sein. Hierzu zählen
Art und Umfang der Leistung, Angaben zur Prämie, Vertragslaufzeit und Vertragsabbruch.
In § 5 VVG-InfoV werden die Informationspflichten bei Telefongesprächen geregelt. Der
Versicherer hat hiernach zu Beginn des Gesprächs den Grund für sein Telefonat zu erklären.
Informationen, die während der Vertragslaufzeit zu regeln sind, sind in § 6 VVG-InfoV erläutert. Der Versicherer hat seine Klienten über Anschriftenänderungen, wechselnde Tarife
und Prämienerhöhungen zu informieren. Die Verordnung ist zum 1. Januar 2008 in Kraft
getreten.

13.2   Die Wahl des Beraters

Bei der Vielzahl der am Markt angebotenen Versicherungsleistungen könnte es für den Existenzgründer bisweilen sinnvoll sein, sich durch einen kompetenten und objektiven Berater
helfen zu lassen. Doch ist es hierbei erforderlich einige Aspekte zu beachten, damit man
nicht an „schwarze Schafe" gerät. Um sich selbst ein objektives Bild von den Angeboten zu
machen, sollte der Existenzgründer zuvor mehrere Angebote unterschiedlicher Versicherungen einholen und diese miteinander vergleichen. Um sich für ein Versicherungsunternehmen
zu entscheiden, kann es hilfreich sein, sich über die Kundenzufriedenheit eines Versicherers
zu informieren oder sich mit Freunden und Bekannten auszutauschen. Bei einem Preisvergleich gilt: „Nicht nur was teuer ist, hat Qualität". Da Versicherungsvertreter an der Provisi-
on der verkauften Versicherung verdienen, ist hier Vorsicht geboten. Zudem ist die Größe
des zu gründenden Unternehmens relevant. Handelt es sich um ein kleines Unternehmen, so
ist hierbei zu bedenken, dass die Angebote großer Versicherungsagenturen nicht immer auf

kleine Unternehmen zugeschnitten sind. Ein weiteres, nicht zu unterschätzendes Kriterium ist, wie einfach der Berater zu erreichen ist und welche Kontaktmöglichkeiten er anbietet. Wenn beispielsweise immer nur die Sekretärin zu erreichen ist, stellt sich die Frage, ob sie in einem eingetretenen Schadensfall sofort helfen kann. Wurden alle genannten Punkte berücksichtigt und ist die Entscheidung für einen Berater gefallen, so kann es zu einem ersten kostenlosen Beratungsgespräch kommen. Das Erstgespräch sollte nicht länger als 40 Minuten dauern und dient dazu, das Unternehmenskonzept kurz vorzustellen, damit der Berater sich eine Vorstellung von den abzusichernden Risikobereichen machen kann. Nach diesem Gespräch sollte der Existenzgründer das Gefühl haben, sich dem Berater anvertrauen zu können. Ist das nicht der Fall, sollte unbedingt der Wechsel zu einem anderen Berater in Erwägung gezogen werden. Auch kann es häufig sinnvoll sein, das Beratungsgespräch einmal am Ort des entstehenden Unternehmens abzuhalten. Möglicherweise fallen dem Versicherungsberater dabei beispielsweise Risikobereiche am Gebäude auf, die es zusätzlich abzusichern gilt. Im Verlauf der Vertragsverhandlungen sollte es in kurzen Abständen immer wieder zu Gesprächen kommen, in denen der Berater die Absicherungsmöglichkeiten jeweils kurz vorstellt und die Kosten vorrechnet. Da sich das Unternehmen noch in Planung befindet, kann es sein, dass es innerhalb dieses Prozesses zu einer Vielzahl von Änderungen kommt. In den Gesprächen ist es wichtig, dass der Berater sich gegenüber dem Gründer verständlich ausdrückt. Darüber hinaus sollte der angehende Unternehmer nicht das Gefühl bekommen, dass der Berater ihm alles Mögliche verkaufen möchte, sondern dass der Berater zunächst nur auf notwendige Punkte hinweist. Ist es zum Abschluss der Verträge gekommen, so zeichnet sich ein Berater dadurch aus, dass er selbständig auf andere und vor allem günstigere Tarife aufmerksam macht. Als Existenzgründer ist die Startphase besonders schwierig, da es sich nicht genau vorhersagen lässt, ob und wie gut sich ein Unternehmen auf dem Markt behaupten kann. Daher sollte es nicht zu einem Abschluss von Langzeitverträgen kommen, sondern die Vertragsdauer sollte die Flexibilität des Unternehmens unterstützen. Ist das Unternehmen erfolgreich auf dem Markt platziert, sollte der Berater auf weitere Möglichkeiten der privaten Absicherung hinweisen. Zusätzliche Verträge sollten vom Berater aber erst dann vorgeschlagen werden, wenn das Geld dafür wirklich entbehrlich ist. Zusammenfassend lässt sich sagen, dass ein Berater nur dann als seriös anzusehen ist, wenn er am tatsächlichen Überleben des Unternehmens interessiert ist, was sich darin zeigt, dass er die Absicherung genau auf dieses Unternehmen zuschneidet, anstatt nach einem bestimmten Raster zu verfahren.

13.3   Die Bedarfsanalyse

In einem zweiten Gespräch mit dem Berater kommt es zu einer Bedarfsanalyse. Hier entscheiden Unternehmer und Berater gemeinsam, welche Risikoherde auftreten können und in welchem Maße sie abgedeckt werden müssen. Dieser Prozess ist sehr zeitaufwendig und wird daher bei einer Existenzgründung leider oftmals vernachlässigt. Er ist aber wichtig und wünschenswert, denn hier wird sichtbar, ob eine Unterdeckung oder eine doppelte Abdeckung der zu erwartenden Risiken vorliegt. Die Absicherung kann grob in zwei Bereiche unterteilt werden: zum einen in den persönlichen und zum anderen in den betrieblichen Bereich.

13.3.1   Persönliche Vorsorge

Theoretisch ist es möglich, sich gegen alle Risiken abzusichern. Aber gerade bei Existenzgründern ist der finanzielle Rahmen eher eng abgesteckt. Es ist daher vernünftig, bei der Wahl der Versicherungsarten Prioritäten zu setzen. Hierbei sollte dem Unternehmer bewusst sein, dass seine Arbeitskraft im Rahmen der Existenzgründung das wichtigste Gut ist. Besonders zu Beginn der Selbständigkeit ist es wichtig, dass diese Arbeitskraft nicht ausfällt. Deshalb ist es wichtig, sich gegen Krankheit oder einen Unfall abzusichern. Denn daraus können schwerwiegende finanzielle Folgen resultieren, die oftmals aus der eigenen Tasche, vor allem in der Startphase, nicht bestritten werden können. Für Selbständige spielt auch die Alterssicherung eine große Rolle. Rechtsschutzversicherungen können abgeschlossen werden, wenn man dem Risiko von Prozesskosten entgehen möchte. Demgegenüber ist eine Lebensversicherung oder sonstige Hinterbliebenenabsicherung lediglich dann sinnvoll, wenn tatsächlich Familie vorhanden ist.

Eine Krankenversicherung ist absolut notwendig. Hierbei ist zu überlegen, wie hoch der Beitrag sein muss. Es ist zu entscheiden, ob man Mitglied in der gesetzlichen oder privaten Krankenkasse sein möchte. Hier ist es nützlich die Vor- und Nachteile gegenüberzustellen. Denn wurde erst einmal von der gesetzlichen in die private Krankenversicherung gewechselt, ist der Weg zurück nur selten ohne Probleme möglich. Der Beitrag für gesetzliche Krankenkassen bemisst sich nach dem Einkommen des Versicherungsnehmers. Die private Krankenversicherung hingegen berechnet den Beitrag in Abhängigkeit vom Alter des Versicherungsnehmers und nach dem vereinbarten Versicherungsschutz. Wechselt ein Arbeitnehmer in die Selbständigkeit, kann er in seiner gesetzlichen Kasse bleiben, allerdings muss er der Kasse den Schritt in die Selbständigkeit innerhalb von drei Monaten mitteilen. In der gesetzlichen Krankenkasse sind der Ehepartner sowie minderjährige Kinder mitversichert. Für Kinder, die sich in der Ausbildung befinden und nicht erwerbstätig sind, gilt der gesetzliche Versicherungsschutz der Eltern in der gesetzlichen Krankenversicherung bis zum 25. Lebensjahr. In der privaten Krankenversicherung hingegen muss jedes Familienmitglied einzeln versichert werden. Insofern können sich junge, unverheiratete Existenzgründer ohne Kinder in der privaten Krankenversicherung grundsätzlich günstiger versichern; verheiratete Existenzgründer mit Kindern sollten die Kosten der privaten Krankenversicherung für ihre Lebenssituation kritisch hinterfragen. Auch in Bezug auf die Versicherungsleistungen lohnt sich ein Vergleich. Die Versicherungsleistung der gesetzlichen Kassen ist vorgeschrieben. Bei dem Eintritt in eine private Krankenversicherung sollte genau kontrolliert werden, welche Bereiche abgedeckt sind. Zusätzlich empfiehlt es sich bei dem Abschluss einer privaten Versicherung, auch eine Krankentagegeldversicherung abzuschließen. Hinzu kommt noch eine Pflegeversicherung. Bisweilen können Arbeitnehmer in Teilzeit, Kleinunternehmer und Existenzgründer bei der privaten Krankenversicherung auch geringere Beiträge aushandeln.

Zwischen der gesetzlichen und der privaten Unfallversicherung gibt es einen großen Unterschied, der den Arbeitnehmern häufig gar nicht bewusst ist. Die gesetzliche Unfallversicherung bezieht sich lediglich auf einen Unfall, der sich während der Arbeit oder auf dem direkten Weg hin oder zurück ereignet hat. Unfälle, die im Urlaub oder am Wochenende passieren, sind nicht abgedeckt. Selbständige können sich meist bei der Berufsgenossenschaft freiwillig gesetzlich versichern. Empfehlenswert ist es jedoch, eine private Unfallversicherung abzuschließen, da diese alle Risiken abdeckt; auch Unfälle in der Freizeit oder im Beruf. Die gesetzliche Versicherung zahlt ab einem Invaliditätsgrad von 20% oder mehr eine Rente aus. Die private Unfallversicherung zahlt bereits bei Eintritt von Invalidität; egal welchen Grades.

Das A und O zur Absicherung bei Krankheit oder Unfall ist die Berufsunfähigkeitsversicherung. Sie ist oftmals wichtiger als die Unfallversicherung, da statistisch gesehen mehr Menschen aufgrund von Krankheit ihre Tätigkeit nicht mehr ausüben können als nach einem Unfall. Der Versicherungsnehmer erhält nämlich eine Rente, wenn er seiner zuvor ausgeübten Tätigkeit nicht mehr nachgehen kann. Bei Vertragsabschluss einer privaten Kasse ist zu bedenken, ab welchem Grad der Behinderung die Versicherung einspringen soll. Die Laufzeit der Ausgleichszahlung sollte einen fließenden Übergang zur Altersrente haben. Demgegenüber steht die gesetzliche Rente bei Erwerbsminderung. Hier wird nur dann gezahlt, wenn der Betroffene überhaupt keine Tätigkeit ausüben kann. Wenn nicht über drei Stunden hinaus gearbeitet werden kann, gilt eine Person als voll erwerbsgemindert und erhält den vollen Betrag. Wer bis zu sechs Stunden täglich arbeiten kann, erhält die Hälfte der Rente. Die gesetzliche Rente wird für die Dauer von ca. drei Jahren gezahlt. Voraussetzung für den Bezug der Rente ist, dass mindestens fünf Jahre in die gesetzliche Rentenkasse eingezahlt wurde.

Mitglied einer privaten Versicherung zu werden ist nicht ganz einfach. Hier wird nach Risikogruppen unterschieden. Ein selbständiger Tanzlehrer wird es beispielsweise schwerer haben, in die private Versicherung aufgenommen zu werden, als ein selbständiger Florist. Die Berufsrisiken sind nämlich unterschiedlich einzustufen. Die Erfahrung der letzten Jahre zeigt deutlich, dass junge Leute, zu Beginn der Gründungsphase zu wenig in ihre Altersvorsorge investieren. Auch hier gibt es wieder die Möglichkeit, in eine gesetzliche oder eine private Kasse einzuzahlen. Für einige selbständig tätige Personen besteht in der gesetzlichen Rentenversicherung eine Versicherungspflicht. Dies ist in § 2 SGB VI normiert. Die Zeit, welche man als Arbeitnehmer bereits in die gesetzlichen Versicherungssysteme eingezahlt hat, bleibt erhalten. Wenn mindestens fünf Jahre eingezahlt wurde, wird ab dem 67. Lebensjahr eine Rente ausgezahlt. Die Höhe der Rente ist abhängig von dem Zeitraum, in welchem eingezahlt wurde und abhängig von der Höhe der Beiträge, die eingegangen sind. Es besteht aber auch die Möglichkeit, auf Antrag als Selbständiger in der gesetzlichen Kasse zu bleiben. Dabei kann entschieden werden, ob die Leistung als Pflichtbeitrag oder als freiwilliger Beitrag erbracht werden soll. Fällt die Entscheidung auf die Pflichtbeiträge, so hat sich der Versicherungsnehmer in einer Frist von vier Jahren bei seiner Versicherung anzumelden und darf nicht vergessen, sich nach Ablauf der Frist erneut anzumelden. Ist die Frist überschritten, ist der Betrag nur noch in Form von freiwilligen Beiträgen zu leisten. Diese werden zwischen Versicherung und Versicherungsnehmer vereinbart, wohingegen der Pflichtbeitrag anhand des Einkommens, ähnlich wie bei Angestellten berechnet wird. Um eine ausreichende Vorsorge für das Alter zu treffen, sollte man seine derzeitigen Lebenshaltungskosten als Grundlage heranziehen und eine Inflationsrate einrechnen, um den tatsächlichen späteren

Bedarf zu ermitteln. Wird daraus ersichtlich, dass die gesetzliche Vorsorge nicht ausreichend ist, so empfiehlt es sich, ein zusätzliches Polster mit dem Abschluss privater Versicherungen zu schaffen. Im Gegensatz zur gesetzlichen Vorsorge ist das Renteneintrittsalter im Rahmen privater Systeme selbst bestimmbar. In der Regel kann die Rente ab dem 60. Lebensjahr einsetzen oder flexibel bis zum 70. Lebensjahr nach hinten aufgeschoben werden. Da es sich steuerlich hierbei um Sonderausgaben handelt, sind die Beiträge entsprechend steuerlich absetzbar. Eine zusätzliche Einzahlung in die Versicherung ist möglich, um die Steuervorteile voll auszuschöpfen. Hat der junge Unternehmer Familie, so ist es sinnvoll, sie beim Ausfall des Haupternährers finanziell abzusichern. Die Risikolebensversicherung zahlt im Todesfall eine zuvor vereinbarte Summe an die Hinterbliebenen aus, bzw. kann laufende Kredite ablösen, ohne dass für die Familie zusätzliche Kosten entstehen. Die Höhe der Summe, die ausgezahlt wird, ist abhängig von der Beitragshöhe.

Wer dem Ärger mit Anwaltskosten entgehen möchte, kann eine Rechtsschutzversicherung abschließen. Für Selbständige gibt es Extraangebote, die sich sowohl auf das Unternehmen als auch auf den privaten Bereich beziehen. Abgedeckt werden kann damit die Familie, der Verkehrs-, Berufs-, sowie Wohnungs- und Grundstücksrechtsschutz. Abschließend ist noch die private Haftpflichtversicherung zu erwähnen. Sie kommt für alle verursachten Schäden auf, die nicht vorsätzlich begangen wurden und stellt einen nicht zu unterschätzenden Faktor dar. Nachdem eben die Kernpunkte einer privaten Vorsorge besprochen wurden, soll nun die betriebliche Absicherung dargestellt werden.

13.3.2   Betriebliche Absicherung

Für einen Existenzgründer ist es besonders wichtig, neben seiner privaten Risiken insbesondere sein Unternehmensrisiko gering zu halten. Zu nennen sind hier die Sparten:

- Sachversicherungen,
- Rechtsschutzversicherung,
- Berufshaftpflichtversicherung.

Schäden wie Sturm oder Wasserrohrbruch können jeden treffen und sollten daher abgesichert werden. Welche Absicherungsmaßnahmen darüber hinaus für den Betrieb wichtig sind, um im Schadensfall nicht existenziell gefährdet zu sein, ist abhängig von der Unternehmensbranche. So hat ein selbständiger Unternehmensberater ganz andere Risikobereiche als ein selbständiger Dachdecker. Um den notwendigen Bedarf zu ermitteln, ist die eingangs erwähnte Bedarfsanalyse sehr sinnvoll. Im Folgenden werden nun einige häufig auftretende Versicherungsarten dargestellt, ohne dabei Anspruch auf Vollständigkeit zu erheben, da es gerade in diesem Bereich ein außerordentlich hohes Angebot an Versicherungsprodukten gibt.

Zunächst gibt es die Betriebshaftpflichtversicherung. Sie reguliert Schäden gegenüber Dritten. Sie tritt bei Schadensersatzansprüchen ein und reguliert Forderungen von Kunden, Lieferanten, Besuchern und Mitarbeitern. Zudem bietet sie Schutz vor überhöhten und unberechtigten Ansprüchen. Der Vertrag sollte bei betroffenen Berufsgruppen ebenfalls den Schadensfall bei Bearbeitungs-, Auslands-, Mietschäden sowie Schäden von Arbeiten auf fremden Grundstücken umfassen. Wie der Name bereits nahe legt, handelt es sich bei der Haftpflichtversicherung um eine Pflichtversicherung, die der Unternehmer abschließen muss.

Eine Betriebsunterbrechungsversicherung kommt für Schäden auf, die durch Feuer, Maschinen-, EDV- und Telefonausfall, sowie Montage- und Transportschäden sowie Personalausfall entstehen können. Solange im Unternehmen nicht produktiv gearbeitet wird, zahlt die Versicherung die laufenden Kosten, wie beispielsweise Miete, Gehaltszahlungen und Raten für Maschinen. Wurde eine derartige Versicherung nicht abgeschlossen und es kommt beispielsweise durch einen Brand zu einem Schadensfall im Unternehmen, so zahlt die Versicherung lediglich die Wiederherstellung des Gebäudes, nicht jedoch die Ausgaben oder die Einnahmeverluste, die dadurch entstehen, dass während der Reparaturarbeiten gegebenenfalls keine Einnahmen entstehen, obwohl laufende Kosten durch den Unternehmer zu begleichen sind. Für die jeweiligen Branchen werden unterschiedliche spezielle Angebote durch die Versicherungswirtschaft bereitgehalten. Die Einbruchdiebstahlversicherung kommt für Schäden nach einem Einbruch sowie bei Vandalismus oder Raub auf. Es wird alles ersetzt, was in einem ursächlichen Zusammenhang mit dem Einbruch steht. Ein Einbruchdiebstahl liegt vor, wenn sich der Dieb mit Hilfe von falschen Schlüsseln oder Werkzeugen unerlaubt Zutritt zu den Betriebsräumen verschafft, wenn er nachts in die Räume mit dem Entschluss zur Begehung eines Diebstahls einsteigt oder wenn der Dieb die Schlüssel unrechtmäßig an sich genommen hat und daraufhin einen Diebstahl begeht. Unter dem Begriff „Raub" ist zu verstehen, dass eine Sache unter Anwendung von Gewalt entwendet wird. Vandalismus hingegen bedeutet, dass Räume oder Gegenstände mutwillig zerstört oder beschädigt werden.

Schäden an Telefon oder EDV-Anlagen sowie an sonstiger Bürotechnik können durch absichtliche Schädigung oder unsachgemäßen Gebrauch ebenso entstehen wie durch Kurzschluss, Feuchtigkeit oder Überspannung. Für derartige Situationen bietet die Versicherungswirtschaft eine Elektronikversicherung an. In dieser ist allerdings eine etwaige nötige Wiedereingabe von Daten oder das notwendige Aufspielen von Daten nicht enthalten. Hierfür wird oftmals eine zusätzliche Datenträgerversicherung angeboten. Denn die Elektronikversicherung ersetzt nur den tatsächlichen Schaden. Ein Zusätzlicher Arbeitsaufwand kann mit einer Mehrkostenversicherung abgedeckt werden.

Ein Selbständiger kann eine Berufsrechtsschutzversicherung abschließen. Derartige Versicherungen treten beispielsweise bei Rechtsstreitigkeiten mit Arbeitnehmern ein und bieten Schutz bei Schadensersatzansprüchen gegen Dritte bei Beschädigung von Betriebsmitteln.

13.3.3   Fazit

Als Faustformel für den Umfang des Versicherungsschutzes sollte der Existenzgründer so wenige Versicherungen wie möglich abschließen; aber so viele wie nötig sind, um die wichtigsten und härtesten Risiken abzudecken. Es sollte gut überlegt werden, gegen welche Risiken eine Absicherung erforderlich ist. Denn ein weit ausgedehnter umfassender Versicherungsschutz führt für den Existenzgründer zunächst nur zu erheblichen Kosten. Deshalb sollte die Versicherungsfrage insbesondere von der Kostenseite her kritisch hinterfragt wer-

den. Um eine bessere Vergleichsmöglichkeit zu haben, sollten unterschiedliche Versiche-
rungsangebote von verschiedenen Anbietern eingeholt werden. Sowohl die Preise als auch
die gebotenen Leistungen können zum Teil erheblich auseinander fallen. Es besteht kein
Grund, einen Vertrag übereilt zu unterschreiben. Auch sollten bei vielen Versicherungen
kurze Laufzeiten von ein bis zwei Jahren vereinbart werden. Denn kurze Laufzeiten eröffnen
dem Versicherungsnehmer die Möglichkeit, sich neu zu orientieren und gegebenenfalls günstigere Angebote wahrzunehmen. Zu den wenigen Ausnahmen von dieser Regel zählen Versicherungen gegen Berufsunfähigkeit oder Lebensversicherungen. Darüber hinaus sollte der
Existenzgründer im Rahmen des Vertragsabschlusses darauf achten, dass seine Angaben
richtig und vollständig sind. Andernfalls können die falschen Angaben zu Schwierigkeiten
bei der Abwicklung von Ansprüchen bis hin zum Verlust des Versicherungsschutzes führen.
Wenn auf den Antrag später die Versicherungspolice zugesandt wird, sollte unbedingt überprüft werden, ob die Police mit den bei Vertragschluss gemachten Angaben übereinstimmen.
Andernfalls sollte der Vertrag widerrufen werden. Zuletzt ist noch darauf hinzuweisen, dass
die Versicherungsprämien stets pünktlich gezahlt werden sollten, da ansonsten der Schutz
durch die Versicherung gefährdet sein könnte.

14   Werbung

Werbung ist wohl das bekannteste und in seiner Art auch das am häufigsten eingesetzte Instrument der Absatzförderung. Ein Existenzgründer sollte von Beginn an klare Vorstellungen über die Möglichkeiten und die rechtlichen Rahmenbedingungen von Werbung haben, denn diese dem Unternehmensbereich des Marketings zuzuordnende Aufgabe verbuchte im Jahre 2006 in Deutschland Gesamtinvestitionen von über 30 Milliarden Euro. Doch der wirtschaftliche Druck, welcher seit einigen Jahren auf den Unternehmen lastet, steigt an. Sie müssen trotz möglicher gesamtwirtschaftlicher Schwankungen auch bei sinkenden Budgets versuchen, den Verkauf der Güter mit Hilfe der Werbung anzukurbeln. Doch viele Werbemethoden, die in der Praxis angewandt werden, gehen bis an die Grenzen des Erlaubten. Damit der Verbraucher bei der Anwendung aggressiver Werbemethoden, die sich zum Ziel gesetzt haben, Kunden zu akquirieren und den Konkurrenten Marktanteile abzunehmen, nicht belästigt oder überrumpelt wird, gibt es in der sozialen Marktwirtschaft der Bundesrepublik Deutschland gesetzliche Regelungen, die ihn davor beschützen sollen. Diese sollen im Folgenden kurz dargestellt werden.

14.1   Gesetz gegen den unlauteren Wettbewerb

Das Gesetz gegen den unlauteren Wettbewerb (UWG) ist in der Anzahl von Paragraphen zwar nicht besonders umfangreich, doch ist es für ein geregeltes und gesundes Wirtschaftsleben von wichtiger Bedeutung. Das UWG dient dabei dem Schutz der Verbraucher und Mitwettbewerber. Als Verbraucher wird hierbei jeder angesehen, der Waren ersteht oder Dienstleistungen in Anspruch nimmt, um sie privat zu nutzen. Zur rechtlichen Definition dient hier der § 13 des „Bürgerlichen Gesetzbuchs" (BGB). Zwar schützt das Gesetz gegen den unlauteren Wettbewerb die Verbraucher, doch können nach § 8 UWG lediglich Mitbewerber, rechtsfähige Verbände, qualifizierte Einrichtungen oder Industrie- und Handelskammern beziehungsweise Handwerkskammern diesen Schutz geltend machen. Der eigentlich Betroffene, nämlich der Verbraucher, ist selbst nicht berechtigt, gegen unlauteren Wettbewerb vorzugehen. Er kann aber versuchen, dies über Verbraucherschutzverbände durchzusetzen. Unter dem Wettbewerb wird das wirtschaftliche Ringen zwischen den verschiedenen Anbietern verstanden, die den eigenen Kundenkreis erhalten oder durch Verdrängen von Mitbewerbern den eigenen Kreis zu vergrößern versuchen. Oftmals ist es in der Praxis von Interesse, Konkurrenten auch mit rechtlich nicht ganz einwandfreien Mitteln auszustechen. Dies wird im Gesetz als „unlauter" bezeichnet. Nach § 3 UWG sind diejenigen Wettbewerbshandlungen unlauter, „die geeignet sind, den Wettbewerb zum Nachteil der Mitbewerber, der Verbraucher oder der sonstigen Marktteilnehmer nicht nur unerheblich zu beeinträchtigen".

14.2   Belästigende Werbung

Generell wird von einer Belästigung gesprochen, wenn Fußgänger auf der Straße angesprochen werden, außer sie befinden sich auf einem Markt oder einer Messe. Ebenso verhält es sich, wenn ein Vertreter unverlangt zu Besuch kommt. Unlauterkeit ist nach § 7 Abs. 1 UWG gegeben, wenn der Betroffene in unzumutbarer Weise belästigt wird. Werbung ist nach § 7 Abs. 2 UWG beispielsweise auch dann eine unzumutbare Belästigung, wenn ein Verbraucher sie erhält, obwohl er sie erkennbar nicht erhalten möchte; wenn sie ihm also aufgedrängt wird. Auch Hausbesuche können eine große Belästigung darstellen. Wird der Besucher vergeblich aufgefordert zu gehen oder nicht wiederzukommen, so ist dies zum einen als „unlauter" im Sinne des § 7 Abs. 1 UWG zu qualifizieren; zum anderen stellt es auch den Tatbestand des Hausfriedensbruchs nach § 123 StGB dar. In der neueren Literatur wird bereits das Aufsuchen der Wohnungstür und der Beginn eines Gespräches als eine Störung angesehen, die sich nicht aufheben lässt, auch wenn der ungebetene Besuch direkt wieder weggeschickt wird. Diese strenge Form wurde aber bisher durch die Rechtsprechung noch nicht bestätigt.

14.3   Telefon- und Faxwerbung

Unter den Begriff des „Telemarketing" fallen insbesondere so genannte Cold Calls, also Anrufe, die bei Personen ohne deren Wunsch oder Vorbereitung eintreffen. Zumeist werden allgemeine Umfragen zu einem allgemeinen Thema durchgeführt, z. B. zum Kaufverhalten. Nach herrschender Meinung sind Telefonanrufe mit Werbezweck eine Belästigung und stellen einen Verstoß gegen § 3 UWG dar. Nach § 7 Abs. 2 Ziffer 2 UWG sind derartige Telefongespräche eine unzumutbare Belästigung, sofern der Angerufene nicht ausdrücklich solchen Anrufen zuvor zugestimmt hat. Dies bedeutet, dass der Anruf einen werbenden Charakter besitzen muss. Er muss also konkret die Einstellung des Angerufenen zu einer Marke, einem Produkt oder Ähnlichem ändern wollen bzw. subjektive Informationen liefern. Eine Untersuchung der Marktforschung hingegen hat die Ermittlung empirischer Bestände nach objektiven Maßstäben zum Ziel, ohne den Befragten beeinflussen zu wollen. Darüber hinaus ist dabei ebenfalls zu beachten, wie oft und zu welcher Tageszeit eine Person angerufen wird. Insgesamt muss der Anruf einen wissenschaftlichen Charakter haben und nicht einen werblichen; nur dann werden die Grenzen zum unlauteren Wettbewerb nicht überschritten. Eine besonders belästigende Form stellen anonyme Anrufe dar, welche auf Band gesprochene Nachrichten abspielen und in kurzer Zeit sehr viele Gespräche abwickeln können. Auch sie verstoßen nach § 7 Abs. 2 UWG gegen das Recht des unlauteren Wettbewerbs. Dementsprechend ist es nach § 7 Abs. 1 UWG in Verbindung mit § 3 UWG nicht zulässig, einen potentiellen Kunden in einer unzumutbaren Weise zu belästigen. Im geschäftlichen Bereich hingegen ist es aber zulässig, bei einem konkreten geschäftlichen Anlass das Einverständnis des Angerufenen zu vermuten.

Ähnlich der Telefonwerbung ist die Werbung per Telefax zu betrachten. Hierbei tritt wie beim Telefon die Belästigung insbesondere dadurch auf, dass in der Zeit des Empfangs bei analogen Geräten kein anderer Faxempfang möglich ist und beim Faxempfang der Adressat Papier bedruckt bekommt und damit Tinte bzw. Toner verschwendet wird, woraufhin Kosten entstehen. Dies macht unerbetene Telefaxwerbung generell wettbewerbswidrig.

14.4   E-Mail- und Briefkastenwerbung

Der Einsatz von Werbe-E-Mails ist nach §§ 3 und 7 Abs. 1 UWG unlauter, wenn der Empfänger in unzumutbarer Weise belästigt wird. Die Unzumutbarkeit ist dann gegeben, wenn der Adressat dieser Art der Kontaktaufnahme vorher nicht zugestimmt hat. Ohne Zustimmung ist die Zusendung solcher E-Mails nur dann keine unzumutbare Belästigung wenn einer der in § 7 Abs. 3 UWG genannten Punkte zutrifft. Dies ist dann der Fall, wenn der Anbieter zuvor elektronische Post von seinem Kunden erhalten hat oder Direktwerbung des Unternehmers für ähnliche Güter vorgenommen wird, der Kunde nicht der Nutzung seiner Adresse widersprochen hat oder der Versender in jeder Mitteilung auf das Recht des Kunden zur jederzeitigen Kündigung hinweist. Es ist aber unzumutbar belästigend, wenn der Absender seine Identität verbirgt, also eine anonyme Nachricht versendet. Es ist daher für eine ordentliche Werbe-E-Mail notwendig und von seriösen Unternehmen gängige Praxis, dass sich die Empfänger für die Zustellung von Newslettern oder Ähnlichem vorher registriert oder per Internet im Rahmen eines Einkaufs vor einer solchen Einwilligung ein Häkchen gesetzt haben. Die einseitige Zustimmung kann formlos sein, muss dabei aber nach §§ 182 und 183 Satz 1 BGB ausdrücklich erfolgen und darf nicht einfach durch die Annahme, dass der Kunde die E-Mail durch den Kauf eines Produktes befürwortet oder dadurch, dass er einem Empfang nicht widersprochen hat, erfolgen.

Die Briefwerbung ist durch ihre allgemeine Üblichkeit mit dem Gesetz gegen den unlauteren Wettbewerb vereinbar. Als Wohnungseigentümer steht dem Adressaten aber hergeleitet aus den § 1004, 903 und 862 BGB das Recht zu, sich gegen die Beeinträchtigung seines Briefkastens zu wehren. Der § 1004 ist dabei die wesentliche Grundlage, wenn sich ein Verbraucher zur Wehr setzen möchte. Jedoch reicht eine fehlgeleitete Werbung nicht dazu aus. Vielmehr ist hierfür schon eine gewisse Hartnäckigkeit des Verteilers erforderlich. Das individuelle Recht, über den eigenen Briefkasten zu entscheiden, ist höher einzuschätzen als das Recht des anderen, zu werben. Ein Verstoß gegen § 7 Abs. 2 Ziffer 1 und Ziffer 3 UWG gibt dem Betroffenen die Möglichkeit, nach § 8 Abs. 3 Ziffer 3 UWG über Verbraucherschutzverbände gegen derartige Belästigungen vorzugehen. Voraussetzung ist, dass der Empfänger diese Post erkennbar nicht erhalten möchte, was auch oftmals durch die im Handel erhältlichen Aufkleber „Bitte keine Werbung" oder „Keine Werbung einwerfen!" zum Ausdruck gebracht werden kann.

14.5   Gewinnspiele und Preisausschreiben

Gewinnspiele mit attraktiven Preisen werden häufig von Unternehmen als Werbemittel eingesetzt, um Kunden anzulocken und Aufmerksamkeit zu erregen. Zumeist handelt es sich
dabei um Preisausschreiben oder Rätsel. Der § 4 Ziffer 6 UWG stellt dazu klar, dass ein
Gewinnspiel oder entsprechende andere Aktionen in der Regel unlauter sind, wenn „die
Teilnahme von Verbrauchern an einem Preisausschreiben oder Gewinnspiel von dem Erwerb
einer Ware oder der Inanspruchnahme einer Dienstleistung abhängig" gemacht wird. Denn
schließlich handelt es sich dann hierbei um einen Kaufzwang. Hierbei ist jedoch zu beachten,
dass der Gesetzgeber in seiner Gesetzesbegründung bereits anführte, dass Gewinnspiele
eines Kreuzworträtsels, die traditionell mit dem Kauf einer Zeitschrift verbunden und schon
seit Jahrzehnten in dieser Form am Markt üblich sind, nicht als unlauter anzusehen sind,
obwohl die Teilnahme am Spiel mit dem Kauf der Zeitschrift verbunden ist. Darüber hinaus
müssen, wie in § 4 Ziffer 5 UWG beschrieben, Preisausschreiben und Gewinnspiele mit
werblichem Charakter klare Teilnahmebedingungen besitzen. Ein nach § 4 Ziffer 6 UWG in
Verbindung mit § 3 UWG unlauteres Gewinnspiel wäre also gegeben, wenn der Verbraucher
das Produkt kaufen muss, um mit einer darauf enthaltenen Information einen Teilnahme-
schein ausfüllen zu können oder er erst Teile des Produktes, wie z. B. Deckel oder Etiketten,
sammeln muss. Hersteller umgehen diese Regelung heutzutage mit so genannten Treueaktio-
nen, bei denen Deckel, Etiketten etc. gesammelt werden, aber für eine bestimmte Anzahl von
ihnen ein Treuegeschenk nicht verlost, sondern der Erhalt bereits garantiert ist. Insgesamt
kann gesagt werden, dass heutige Kunden durch allerlei Gewinnspiele und sonstige Aktionen
gewissermaßen eine Gewöhnung erfahren haben und nicht besonders blauäugig durch die
Wirtschaftswelt laufen. Sind also die Vorgaben des § 4 Ziffer 5 UWG zur Transparenz eingehalten und handelt es sich um keine Irreführung, so ist das Gewinnspiel auch nicht als
unlauter anzusehen. Nur ein schwer nachweisbarer psychischer Kaufzwang könnte durch
sehr außergewöhnliche Umstände noch in die Illegalität führen.

14.6   Psychologischer Kaufzwang

Allgemein sieht man den psychologischen Kaufzwang darin, dass Verbraucher dazu gebracht
werden, ein Geschäft aufzusuchen, um z. B. an einem Gewinnspiel teilnehmen zu können
und dann im Geschäft in die Zwangssituation kommen, etwas zu erstehen. Der psychische
Kaufzwang zeichnet sich besonders durch einen unangemessenen unsachlichen Einfluss aus.
Der § 4 Ziffer 1 UWG nennt dies eine Wettbewerbshandlung, die durch ihren Druck dazu
geeignet ist, in menschenverachtender Weise oder durch sonstigen unangemessenen, unsachlichen Einfluss, die Entscheidungsfreiheit des Verbrauchers zu nehmen.

Gern wird hier als Beispiel die gute alte Kaffeefahrt angeführt, eine besondere Form des
Direktmarketings. Durch eine schriftliche Briefwerbung werden oftmals sehr preiswerte
Busfahrten zu reizvollen Ausflugszielen in der näheren Umgebung dargeboten, welche au-
ßerdem eine Verköstigung der Teilnehmer vorsehen. Eine Butterfahrt entspricht dem eben

beschriebenen, wobei hier kein Bus, sondern ein Schiff zur Personenbeförderung zum Zuge kommt. In diesen Postwurfsendungen wird nebenbei auch erwähnt, dass eine Verkaufs- oder Werbeveranstaltung stattfindet. Werden hierbei falsche Versprechungen, wie beispielsweise Geldgewinne, gemacht oder Geschenke, die nicht ausgehändigt werden, so verstößt dies gegen den § 4 Ziffer 1 UWG. Die Bereitstellung eines Geschenks, welches zwar meist wertlos ist, aber Laien oft in die psychische Zwangslage bringt, peinlich berührt zu sein, wenn sie während der obligatorischen Verkaufsveranstaltung gar nichts kaufen, also demzufolge nicht eines der angebotenen Produkte aufgrund seiner tollen Eigenschaften oder ansprechenden Ästhetik, sondern rein aus Anstand erstehen, dann kann man zu Recht von einer unangemessenen und unsachlichen Einflussnahme auf die Entscheidungsfreiheit des betroffenen Verbrauchers sprechen.

In § 4 Ziffer 2 UWG ist eine weitere Kategorie von unlauterem Wettbewerb genannt. Kinder und Jugendliche, die noch unerfahren sind und keinen großen Erfahrungsschatz in Bezug auf Werbemethoden haben, werden als leichtgläubige Marktteilnehmer unter besonderen Schutz gestellt. Um eine gewisse Schwelle einzubauen, bevor das Gesetz eingreift, muss derjenige, der unlauter handelt, die Leichtgläubigkeit, die Angst oder die Zwangslage des Beworbenen ausnutzen. Ein aktuelles Thema in diesem Zusammenhang ist die Werbung für Klingeltöne. In Jugendzeitschriften oder im Rahmen von Kinderprogrammen auf Privatsendern sind auch Klingeltonabonnements für Handys kritisch zu hinterfragen, ob diese dazu geeignet sind bzw. sogar darauf abzielen, die Unerfahrenheit der noch nicht markterfahrenen Klientel auszunutzen. Dabei ist es nicht die Frage, ob der Preis von 3,99 Euro oder 4,50 Euro die Jugendlichen überfordert; der § 4 Ziffer 2 UWG bietet dafür keine Grundlage. Die Werbung muss jedoch für diese Zielgruppe besonders deutlich machen, was mit der Bestellung eines Klingeltons außerdem noch auf sie zukommt; nämlich der Preis dafür und möglicherweise sogar ein Abonnement. Wird dies nicht deutlich, so ist die Werbung in Jugendzeitschriften, d.h. in Zeitschriften, deren Leserschaft zu mehr als der Hälfte aus Jugendlichen besteht, unlauter, da sie dem besonderen Schutz der Minderjährigen nicht ausreichend Rechnung trägt (vgl. BGH, Urteil vom 6. April 2006 – I ZR 125/03, in: WPR 2006, S. 885 f.).

14.7   Rabatte und Zugaben

Unter Rabatt versteht man einen Preisnachlass und unter einer Zugabe ein Gut, welches neben einem Hauptprodukt ohne Entgelt gewährt wird. Seitdem das Rabattgesetz und die Zugabenverordnung im Sommer 2001 aufgehoben wurden, gibt es keine Rechtsvorschriften mehr, die Händlern bei diesen Instrumenten eine Einschränkung auferlegen. Nur der § 4 Ziffer 4 UWG schreibt ihnen vor, dass dem Verbraucher die Bedingungen für solche Preisnachlässe oder Geschenke „klar und eindeutig" dargelegt werden sollen. Diese Aufgabe wird Transparenzgebot genannt und dient, wie schon beschrieben, dazu, den Kunden nicht über die Höhe und den Wert der Zugaben zu täuschen. Derartige Aktionen üben auf die Verbraucher eine psychologisch starke Attraktivität aus und würden dies sonst zu Unrecht tun. In der Werbung ist also darauf zu achten, dass es den Verbrauchern ersichtlich ist, wie sie in den Genuss des Rabattes kommen, wie hoch dieser ist und welchen Gegenwert die Zugabe hat.

Ist dies alles berücksichtigt, kommt es zu keinen rechtlichen Komplikationen. In diesem Zusammenhang ist auch die Buchpreisbindung innerhalb der Bundesrepublik Deutschland erwähnenswert. Das BuchPrG verpflichtet die Verlage, für ihre Erzeugnisse in Deutschland einen festen Verkaufspreis anzugeben, der dann auch im Handel eingehalten werden muss. Bis zum Jahre 1973 konnte für Markenartikel ebenfalls eine solche Preisbindung festgelegt werden. Heutzutage handelt es sich dabei nur noch um eine unverbindliche Preisempfehlung, die den Handel zu nichts verpflichtet. Preisnachlässe bei Verlagserzeugnissen sind jedoch ausschließlich für besonders gekennzeichnete Mängelexemplare, Importe aus Ländern ohne Buchpreisbindung, gebrauchte Waren oder bei Räumungsverkäufen zulässig.

Ein Beispiel für unlauteren Wettbewerb ist die zeitliche Begrenzung einer Preissenkung auf einen Tag. Eine derartig kurze Zeit ist nach § 3 UWG in Verbindung mit § 4 Ziffer 1 UWG als unlauter anzusehen, da sie Druck auf die Verbraucher ausübt und damit einschränkend auf ihre Entscheidungsfreiheit Einfluss nimmt (vgl. OLG Dresden, Urteil vom 30.08.2005 – 14 U 1021/05, in: WPR 2006, S. 283 f.). Genauso wurde eine Aktion eines Küchenanbieters verboten, der an einem Sonntag 25% Nachlass auf seine Ware gewährte. Den Verbrauchern wurde so die Chance genommen, sich vor ihrer Entscheidung mit dem Angebot der Mitbewerber auseinanderzusetzen. Hingegen wurde ein Extrarabatt für Frühaufsteher im Zusammenhang eines Schlussverkaufs als lauter beurteilt. Von 8.00 Uhr bis 10.00 Uhr erhielten die Kunden 10% zusätzlich. Die Begründung für diese Entscheidung besagt, dass bei einem beginnenden Schlussverkauf die Kunden ohnehin keine Preise vergleichen. Dies zeigt die durchaus uneinheitliche Sichtweise auf solche Vorfälle. Zum einen wird, wie in letzterem Beispiel, die Kundenhandlung zwar als problematisch, aber nichtsdestoweniger noch als rational angesehen, unter dem Risiko, mehr als bei einem Wettbewerber zu zahlen und die Ware trotzdem zu kaufen. Aber andererseits wird eine unangemessene unsachliche Beeinflussung dann gesehen, wenn der Kunde Konkurrenzangebote aus Zeitmangel nicht einholen kann. Nach Abschaffung des offiziellen Schlussverkaufs dürfte sich das Problem allerdings sowieso erledigt haben.

Ein anderes Beispiel, in dem sich ein Konkurrent bedrängt sah, ist durch ein Eröffnungsangebot eines Baumarktes ausgelöst worden. Dieser warb für seine Eröffnungsveranstaltung in Zeitungsanzeigen damit, der Günstigste zu sein und falls ein Kunde anderswo das betreffende Produkt billiger sehen würde, erhielte dieser den gleichen Preis und darauf nochmals 10% Rabatt. Dieser Fall ist jedoch kein unlauterer Wettbewerb, da der Wettbewerber dadurch nicht wie nach § 3 UWG in Verbindung mit § 4 Ziffer 10 UWG gefordert, gezielt behindert oder systematisch aus dem Markt gedrängt wird (vgl. BGH, Urteil vom 30.03.2006 – I ZR 144/03, in: WRP, S. 888 f.).

14.8   Vergleichende Werbung

Vergleichende Werbung wird im Gesetz gegen den unlauteren Wettbewerb in § 6 UWG geregelt und zeichnet sich, wie der Name bereits vermuten lässt, dadurch aus, dass verschiedene Produkte und ihre Eigenschaften gegenübergestellt werden. Dabei wird unterschieden, ob die persönlichen Eigenschaften und Sachverhalte des Konkurrenten herangezogen werden oder ob sich der Vergleich auf eine spezielle Leistung oder Ware des Rivalen bezieht. In § 6 Abs. 2 UWG ist angegeben, was genau einen Vergleich unlauter macht, wobei wiederum auf § 3 UWG Bezug genommen wird. Hauptsächlich sollte die Werbung substituierbare Güter an Hand von objektiven und nachvollziehbaren Merkmalen vergleichen, ohne dabei die Wertschätzung des anderen auszunutzen oder zu beschädigen.

14.9   Herabsetzung und Verunglimpfung

Verunglimpfung ist im Sinne von § 6 Abs. 2 Ziffer 5 UWG dadurch eine verstärkte Art von Herabsetzung, weil das Objekt des Vergleiches durch nachhaltige Werturteile, denen es an einer objektiven Grundlage mangelt, verächtlich gemacht wird. Eine vergleichende Werbung, die den Gegenstand des Vergleiches herabsetzt oder verunglimpft ist also nach § 6 Abs. 2 Ziffer 5 UWG in Verbindung mit § 3 UWG unlauter.

Vor nicht all zu langer Zeit erregte in diesem Zusammenhang ein Werbespot des Praktiker Baumarktes am 1. April 2007 große Aufmerksamkeit. Dieser „Aprilscherz" beinhaltete die Aussage, dass der Baumarkt OBI preiswert sei, woraufhin der Sprecher des Werbespots in Gelächter verfiel und auf zwei Querbalken die Schrift „April, April" zu sehen war. Dieser allgemeine und irreführende Werbespot, dessen Aussage für den Verbraucher auch nicht ohne weiteres nachgeprüft werden kann, wurde von OBI durch zwei Unterlassungsklagen gegen Praktiker beantwortet, auf die der Praktiker-Markt mit der Abgabe einer Unterlassungserklärung reagierte, die ihn dazu verpflichtete, den Spot nicht mehr ausstrahlen zu lassen (vgl. Amann, Werbeduell der Baumärkte. Frechheiten bitte auf YouTube, in: Spiegel Online,   S. 1,   http://www.spiegel.de/wirtschaft/0,1518,475980,00.html,   Abrufdatum 31.07.2007).

14.10   Preisvergleiche

Wenn es um die wesentlichen Gründe für einen Kauf geht, dann nimmt der Produktpreis zumeist einen der vorderen Plätze ein. Häufig ist der Preis auch ein Grund für Preiskriege zwischen verschiedenen Anbietern. Der besondere Fall von vergleichender Werbung mit Preisen fällt zunächst durch seine Objektivität auf. Der Preis eines Produktes, das ist etwas, was jeder versteht und woran man sich orientieren kann. Dies entspricht auch § 6 Abs. 2 Ziffer 2 UWG, wonach der Preis als objektives und nachprüfbares Merkmal herausgestellt wird. Hierbei ist aber darauf zu achten, dass der Vergleich vollständig ist und zudem der Wahrheit entspricht. Im Einzelhandel wird ein Preisvergleich dann als irreführend im Sinne von § 5 UWG angesehen, wenn die Angaben falsch sind oder Güter verglichen werden, die völlig verschieden sind. In § 6 Abs. 3 UWG wird die Rechtmäßigkeit für den Preisvergleich von Sonderangeboten festgeschrieben. Es muss darauf geachtet werden, dass der Zeitraum in der Werbung angegeben und gegebenenfalls das Ausgehen der Ware als Ende des Aktionszeitraums zu benennen ist. Das soll verhindern, dass der Preis wie bei so genannten Lockvogelangeboten nur zu Werbezwecken gesenkt wird.

14.11   Lockvogelangebote

Ein Lockvogelangebot hat einen besonders günstigen Preis, ist aber nur in geringen Mengen vorrätig und dient in erster Linie dazu, potentielle Kunden in das Geschäft zu locken. § 5 Abs. 5 UWG sieht vor, dass ein angebotener Artikel frühestens nach zwei Tagen ausverkauft sein darf. Sollte dies eher der Fall sein, so kann der Anbieter sich durch eine nachvollziehbare und wahrheitsgemäße Begründung weiter in der Legalität bewegen. Entschuldigungsgründe für das frühere Ausgehen der Ware können beispielsweise unvorhergesehene Lieferschwierigkeiten, höhere Gewalt oder andere Umstände ohne eigenes Verschulden sein.

14.12   Getarnte Werbung

Wird eine Werbemaßnahme so durchgeführt, dass ihr eigentlicher (werbender) Charakter verborgen bleibt, so liegt eine unlautere Handlung im Sinne des § 4 Ziffer 3 in Verbindung mit § 3 UWG vor. Werbeanzeigen in Zeitschriften müssen ebenfalls als solche gekennzeichnet werden, so dass ein verständiger Durchschnittsleser sie als Werbung identifizieren kann. Besonders in ganzseitigen Anzeigen, mit der gleichen Schriftart wie in normalen Texten und ähnlichem Layout versuchen viele Werber den Eindruck zu erwecken, es handele sich um einen gewöhnlichen redaktionellen Text. Nach dem in Deutschland geltenden Trennungsgebot muss eine deutliche Trennung zwischen informativem Text und Werbung erfolgen, sonst ist dies ein Verstoß gegen § 4 Ziffer 3 UWG.

14.13   Ausblick

Der Wettbewerb ist und bleibt hart. Die Schaffung eines europäischen Binnenmarktes macht es für Unternehmen leichter, sich zu bewegen. Platte Aussagen wie „die Konkurrenz schläft nicht" enthalten einen wahren Kern und benennen das Problem sehr genau. Viele Unternehmen werden in Zukunft noch härter kämpfen und ihre Strategien überdenken müssen. Es steht außer Frage, dass diese Auseinandersetzungen auch auf dem Feld der Werbung ausgetragen werden, und dass diese in vielen Fällen auch aggressiv sein werden. Deshalb ist auch das Gesetz gegen den unlauteren Wettbewerb einem ständigen Wandel unterworfen, in welchem es der Gesetzgeber den Verhältnissen des Marktes anpassen muss.

15 Rechtliche Besonderheiten bei der Abwicklung von Verträgen

Verträge sind für Juristen zwei übereinstimmende Willenserklärungen, nämlich Angebot und Annahme. Obwohl Willenserklärungen grundsätzlich mündlich, schriftlich oder durch schlüssiges Verhalten rechtswirksam abgegeben werden können, ist es dringend anzuraten, im Geschäftsleben alle Verträge stets schriftlich zu fixieren. Nur so kann im Falle eines Rechtsstreits sinnvoll Beweis angetreten werden.

15.1 Kaufvertrag mit Verbrauchern

Der Verkäufer ist durch den Kaufvertrag dazu verpflichtet, dem Käufer die Kaufsache frei von Sach- oder Rechtsmängeln zu übereignen. Während Rechtsmängel Rechte Dritter an der Kaufsache darstellen, liegt ein Sachmangel vor, wenn eine der in § 434 BGB genannten Voraussetzungen gegeben ist. Diese sind:

* Fehlen einer vereinbarten Beschaffenheit bei Gefahrübergang;
* Nichteignung für die vertraglich vorausgesetzte Verwendung oder die Ungeeignetheit für die gewöhnliche Verwendung, sofern die Beschaffenheit fehlt, die der Käufer üblicherweise erwarten kann.
* fehlerhafte Montage durch den Verkäufer oder seines Erfüllungsgehilfen;
* Mangelhaftigkeit einer Montageanleitung, es sei denn die Sache ist fehlerfrei montiert worden;
* Falschlieferung oder Lieferung von zu wenigen Gegenständen.

Sofern ein Produkt mangelhaft ist, hat der Verbraucher die Möglichkeit, die unter § 437 BGB genannten Mängelgewährleistungsrechte geltend zu machen. Hierbei muss er sich zunächst aber auf die Nacherfüllung, also Umtausch gegen ein mangelfreies Produkt oder Reparatur, beschränken. Das Wahlrecht hiefür besitzt der Käufer. Der Verkäufer ist nicht berechtigt, dem Kunden vorzuschreiben, welche der beiden Alternativen zur Mängelbeseitigung durchgeführt wird. Das Wahlrecht des Kunden kann nur in sehr begrenzten Fällen auch eine Alternative beschränkt sein. Dies ist beispielsweise dann der Fall, wenn eine limitierte Ware gekauft worden ist und diese im Zeitpunkt der Mängelgewährleistung nicht mehr vorrätig ist und nicht mehr beschafft werden kann. Dann muss der Kunde sich redlicherweise auf Reparatur einlassen. Oder umgekehrt kann der Kunde dazu verpflichtet sein, sich mit einem Austausch der Ware zufrieden geben zu müssen, wenn die von ihm gewünschte Nachbesserung einen unverhältnismäßigen Kostenaufwand erfordern würde. In § 439 Abs. 2 BGB ist ausdrücklich geregelt, dass der Verkäufer verpflichtet ist, die zum Zwecke der Nacherfüllung erforderlichen Aufwendungen, insbesondere Transport-. Wege-, Arbeits- und Materialkosten zu tragen. Wird die Wahl des Kunden grundlos abgelehnt oder hat sich der Kunde für Nachbesserung (also Reparatur) entschieden und diese ist zweimal fehlgeschlagen, so kann der Käufer auf die übrigen unter § 437 Nr. 2 und Nr. 3 BGB aufgeführten Rechte übergehen. Ohne auf eine etwaige Reihenfolge Rücksicht nehmen zu müssen, hat der Käufer nun folgende Möglichkeiten der Rechtsdurchsetzung. Er kann:

- vom Vertrag zurücktreten,
- den Kaufpreis mindern,
- Schadensersatz oder Ersatz vergeblicher Aufwendungen verlangen.

Gewöhnlich verjähren die Ansprüche des Käufers nach § 438 Abs. 1 Nr. 3 BGB innerhalb einer Zeit von zwei Jahren ab Übereignung. In der Praxis spielt aber noch die Frist der Beweislastumkehr eine wesentliche Rolle. Da die Pflicht des Verkäufers zur Übereignung einer mangelfreien Ware der Anknüpfungspunkt für die Mängelgewährleistung ist, stellt sich die Frage, wer die Mangelhaftigkeit bei Übereignung beweisen muss. Die Gerichte haben festgelegt, dass, sofern der Fehler innerhalb der ersten sechs Monaten nach Übereignung der Ware auftritt, der Verkäufer die Beweislast dafür trägt, dass er die Ware mangelfrei übereignet hat. Denn die Gerichte gehen davon aus, dass der Fehler bei Übereignung bereits versteckt in der Ware vorhanden war. Tritt der Mangel in der Zeit nach den ersten sechs Monaten auf, so muss im Streitfall der Käufer beweisen, dass der Gegenstand bereits bei Übereignung den Mangel aufwies.

Die eben beschriebene Mängelgewährleistung darf nicht mit einer Garantie verwechselt werden. Garantie ist ein einseitiges „dafür Einstehen wollen". Hersteller eines Produktes geben oftmals eine Garantie, weil sie so überzeugt sind von der Qualität ihrer Ware. Selbst wenn Mängelgewährleistungsfrist und Garantiedauer zeitlich identisch sind, kann es für den Kunden von Vorteil sein, nach Ablauf der ersten sechs Monate, nämlich dann wenn die Beweislastumkehr greift, von seinem Recht auf Garantie Gebrauch zu machen und an den Hersteller heranzutreten.

15.2   Kaufvertrag mit Unternehmern

15.2.1   Rügeobliegenheit

Die oben dargestellten Mängelgewährleistungsrechte des Verbrauchers erfahren im Handelsrecht eine gravierende Einschränkung, sofern Kaufleute untereinander Verträge schließen und diese abwickeln. Zwar gilt auch im Rahmen des Handelskaufs das Mängelgewährleistungsrecht der §§ 434 ff BGB, doch sieht die Rechtsordnung die Verjährungsfrist von zwei

Jahren beim Wareneinkauf für den kaufmännischen Geschäftsverkehr als viel zu lang an. Damit in der Bundesrepublik eine zügige Geschäftsabwicklung gewährleistet bleibt, muss der Verkäufer hier viel eher erfahren, ob der Käufer die Beschaffenheit der Ware akzeptiert. Aus diesem Grunde sieht das Handelsgesetzbuch für Geschäfte unter Kaufleuten nach § 377 HGB eine Untersuchungs- und Rügeobliegenheit des Kaufmanns vor. Die Regelung des § 377 HGB sieht vor, das ein Kaufmann Ware, die er erhält, bei Annahme auf Mängel untersuchen und etwaige Mengenabweichungen oder Mängel bei dem Verkäufer unverzüglich rügen muss, um seine gesetzlichen Mängelgewährleistungsrechte zu erhalten. Kommt er der Untersuchungs- und Rügeobliegenheit nicht nach, so verliert er nach § 377 Abs. 2 HGB seine Gewährleistungsrechte. Die Untersuchung ist in der Praxis von den äußeren Umständen und Gegebenheiten abhängig. So genügten beispielsweise bei einer großen Warenmenge minderwertiger Waren, wie z. B. Dosen mit Nahrungsmitteln, die zahlenmäßige Überprüfung und Stichproben. Bei wertvoller Ware, wie beispielsweise einer sehr geringen Anzahl kostbarer Weinflaschen, ist gegebenenfalls keine Stichprobe sondern nur eine Sichtprobe durch Augenkontrolle auf Unversehrtheit der Flaschen und des Inhalts vorzunehmen.

15.2.2   Allgemeine Geschäftsbedingungen

Unter allgemeinen Geschäftsbedingungen sind nach § 305 BGB alle für eine Vielzahl von Verträgen vorformulierten Vertragsbestimmungen zu verstehen, die eine Vertragspartei (Verwender) der anderen Vertragspartei bei Vertragsschluss stellt. Doch können derartige Bedingungen nur dann wirksam Bestandteil eines Vertrages werden, wenn bei dem Vertragsschluss auf sie ausdrücklich hingewiesen wurde und für den anderen Vertragspartner die Möglichkeit der Kenntnisnahme bestand. Das „Bürgerliche Gesetzbuch" bietet Verbrauchern, denen gegenüber Allgemeine Geschäftsbedingungen verwendet werden, die Möglichkeit, diese nach den §§ 307, 308 und 309 BGB auf ihre Zulässigkeit bzw. auf ihre Wirksamkeit zu überprüfen. Widersprechen vorformulierte Vereinbarungen den §§ 305 ff., so führt dies nicht zur Nichtigkeit des gesamten Vertrages, sondern lediglich zur Unwirksamkeit der einzelnen betroffenen Regelungen. Sofern hierdurch eine Regelungslücke entsteht, wird diese dadurch gefüllt, dass insofern die gesetzlich normierte Regelung gilt.

Sowie sich ein Existenzgründer in das Wirtschaftsleben stürzt und die Kaufmannseigenschaft besitzt, gewährt ihm das Gesetz bei Vertragsschlüssen, die im Rahmen des Unternehmens abgeschlossen werden, in vielen Punkten weniger Schutz als dem gewöhnlichen Verbraucher. So sollte ein Jungunternehmer die Verträge, die er unterschreibt und insbesondere auch die allgemeinen Geschäftsbedingungen seines Vertragspartners unbedingt genau lesen. In ihnen dürfen wegen der Vertragsfreiheit in den allgemeinen Geschäftsbedingungen viele Punkte wirksam vereinbart werden, die durch das Recht der allgemeinen Geschäftsbedingungen in den §§ 305 ff. BGB gegenüber Verbrauchen verboten sind und daher unwirksam wären. Anders als bei Verträgen mit Verbrauchern, wo eine Überprüfung der allgemeinen Geschäftsbedingungen nach den §§ 309, 308 und 307 BGB stattfindet, sind Bestimmungen in allgemeinen Geschäftsbedingungen in Verträgen, die Kaufleute untereinander schließen, nur unzulässig, sofern sie gegen § 307 BGB verstoßen. Diese Vorschrift lautet:

§ 307 Inhaltskontrolle

(1) Bestimmungen in Allgemeinen Geschäftsbedingungen sind unwirksam, wenn sie den Vertragspartner des Verwenders entgegen den Geboten von Treu und Glauben unangemessen benachteiligen. Eine unangemessene Benachteiligung kann sich auch daraus ergeben, dass die Bestimmung nicht klar und verständlich ist.

(2) Eine unangemessene Benachteiligung ist im Zweifel anzunehmen, wenn eine Bestimmung

1. mit wesentlichen Grundgedanken der gesetzlichen Regelung, von der abgewichen werden soll, nicht zu vereinbaren ist oder

2. wesentliche Rechte oder Pflichten, die sich aus der Natur des Vertrages ergeben, so einschränkt, dass die Erreichung des Vertragszwecks gefährdet ist.

(3) Die Absätze 1 und 2 sowie die §§ 308 und 309 gelten nur für Bestimmungen in Allgemeinen Geschäftsbedingungen, durch die von Rechtsvorschriften abweichende oder diese ergänzende Regelungen vereinbart werden. Andere Bestimmungen können nach Absatz 1 Satz 2 in Verbindung mit Absatz 1 Satz 1 unwirksam sein.

Diese Vorschrift macht deutlich, dass eine Unwirksamkeit von allgemeinen Geschäftsbedingungen, die einem Unternehmer gegenüber verwendet werden, nur dann eintreten kann, wenn diese sehr stark von der Gesetzeslage abweichen und damit geeignet sind, den eigentlichen Vertragszweck zu vereiteln.

Im Wirtschaftsleben kann es im Rahmen von Vertragsschlüssen dazu kommen, dass sowohl der Käufer als auch der Verkäufer ihre allgemeinen Geschäftsbedingungen in den Vertrag einbeziehen möchten. Wenn dann Angebotsschreiben und Auftragsbestätigung die jeweiligen allgemeinen Geschäftsbedingungen des Versenders beinhalten, stellt sich die Frage, wessen Geschäftsbedingungen denn hier gelten. Allein Klauseln, die in den allgemeinen Geschäftsbedingungen beider Vertragsparteien übereinstimmen, werden Vertragsbestandteil. Klauseln, die sich widersprechen, werden nicht Vertragsbestandteil, so dass die dort entstehenden Regelungslücken durch die bestehenden gesetzlichen Regelungen, wie etwa den Vorschriften des BGB oder des HGB, zu schließen sind. Vor derartigen Problemfällen können bisweilen die in der Praxis oftmals anzutreffenden Abwehrklauseln schützen. Unter derartigen Abwehrklauseln sind Formulierungen zu verstehen wie beispielsweise: „Es gelten ausschließlich unsere allgemeinen Geschäftsbedingungen" oder „Allgemeine Geschäftsbedingungen unserer Kunden finden keine Anwendung". Sinn derartiger Abwehrklauseln ist es, dazu zu führen, dass die allgemeinen Geschäftsbedingungen des Vertragspartners nicht zur Geltung gelangen. Sollten jedoch die Verträge beider Vertragspartner eine derartige Abwehrklausel enthalten, so gelten insoweit die gesetzlichen Regelungen.

15.2.3   Kaufmännisches Bestätigungsschreiben

Das kaufmännische Bestätigungsschreiben hat sich als Handelsbrauch entwickelt. Es ist nicht gesetzlich geregelt. Wenn Kaufleute oder Personen, die in größerem Umfang beruflich tätig sind, im Rahmen ihrer Berufstätigkeit eine mündliche oder telefonische Vereinbarung getroffen haben, so kann diese durch ein kaufmännisches Bestätigungsschreiben schriftlich bestätigt werden. Sinn einer solchen Bestätigung ist es, z. B. umfangreiche detaillierte Absprachen, an deren Einzelheiten sich der Vertragspartner eventuell später nicht mehr so genau erinnern kann, verbindlich schriftlich zu fixieren, damit später keine Unklarheiten oder sogar Diskussionen über einzelne bereits vereinbarte Punkte aufkommen können. Wie eben bereits dargestellt, ist diese Möglichkeit nur gegenüber Personen möglich, die in größerem Umfang beruflich tätig sind. Dies schließt die Anwendbarkeit eines kaufmännischen Bestätigungsschreibens gegenüber einem Kleinhandwerker also aus. Ein kaufmännisches Bestätigungsschreiben muss den Zweck haben, eine vorausgegangene Vereinbarung schriftlich zu fixieren und diesen Zweck auch deutlich erkennen lassen. Überhaupt muss der Inhalt des Schreibens eindeutig abgefasst sein. Darüber hinaus darf das Schreiben keine so erheblichen Abweichungen von den vereinbarten Vertragsinhalten enthalten, dass der Absender des Bestätigungsschreibens nicht mit dem Einverständnis des Empfängers rechnen dürfte. Wenn das kaufmännische Bestätigungsschreiben daraufhin in unmittelbarem zeitlichen Zusammenhang, also innerhalb von circa drei bis fünf Tagen nach der getroffenen Vereinbarung beim Empfänger eingeht, so hat dieser, sofern er die fixierten Inhalte für falsch oder unzutreffend hält, unverzüglich, also je nach Umständen innerhalb von einem Tag bis drei Tagen, zu widersprechen. Andernfalls gilt das schriftlich fixierte als vereinbart; selbst dann, wenn es von dem ursprünglich Vereinbarten abweicht. Das kaufmännische Bestätigungsschreiben ist eines der wenigen Aspekte im deutschen Rechtssystem, in welchem dem Schweigen ausnahmsweise die Bedeutung einer Zustimmung zukommt. Bei Schweigen des Empfängers wird nach Auffassung des Bundesgerichtshofs unwiderleglich vermutet, dass die Parteien einen Vertrag mit dem im Schreiben festgelegten Inhalt tatsächlich vereinbart haben (vgl. BGHZ 40, S. 46). Allerdings wird die Vollständigkeit des Inhalts des kaufmännischen Bestätigungsschreibens nicht unwiderlegbar vermutet. Das heißt, es kann im Rahmen eines Rechtsstreits dargelegt werden, dass über den schriftlich fixierten Inhalt hinaus weitere Absprachen getroffen worden sind (vgl. BGHZ 67, S. 381). Das kaufmännische Bestätigungsschreiben darf aber nicht mit einer Auftragsbestätigung verwechselt werden. Während eine Auftragsbestätigung eher als eine Art schriftliche Annahmeerklärung zu sehen ist, dient das kaufmännische Bestätigungsschreiben der schriftlichen Fixierung eines bereits geschlossenen gültigen Vertrages.

15.2.4   Forderungsmanagement

Zu Recht erwartet der Existenzgründer, mit den Gewinnen seiner selbständigen Tätigkeit seine Lebenshaltungskosten finanzieren zu können. Damit dieses aber gewährleistet ist, muss er ein konsequentes Management seiner Forderungen betreiben. Denn im Wirtschaftsleben ist festzustellen, dass sich die Kunden mit der Bezahlung offener Rechnungen immer mehr Zeit lassen. So kann es heute durchaus passieren, dass Unternehmer ein bis zwei Monate auf die Bezahlung ihrer Rechnungen warten müssen. Existenzgründer treffen aber verspätetes Eingehen von Zahlungen oder totale Forderungsausfälle besonders hart; insbesondere weil sie für den Aufbau des Unternehmens auf regelmäßig eingehende finanzielle Mittel angewiesen sind. Aus diesem Grunde sollten Existenzgründer und junge Unternehmen genau überlegen, wie viel Zeit sie ihren Kunden für die Bezahlung lassen können und lassen möchten. Möchte der Kunde ein sehr fern liegendes Zahlungsziel eingeräumt haben, so sollte sich der Existenzgründer die Konsequenzen genau vor Augen halten. Bei Unsicherheit oder zu großem Risiko sollte der Mut vorhanden sein, gegebenenfalls ein zu riskantes Geschäft auch einfach abzulehnen. Bei einer Geldschuld kommt der Schuldner nach § 286 Abs. 3 BGB automatisch spätestens dann in Verzug, wenn er nicht innerhalb von 30 Tagen nach Fälligkeit und Zugang der Rechnung bezahlt. Der Gesetzgeber bietet durch die Gesetzesformulierung, dass der Schuldner „spätestens" nach 30 Tagen in Verzug kommt, dem Gläubiger die Möglichkeit, durch eine in der Rechnung gesetzten Frist oder durch eine vor Ablauf der 30 Tage erfolgten Mahnung einen Verzug nach kürzerer Zeit herbeizuführen. Bei dem nach 30 Tagen automatisch eintretenden Verzug ist jedoch unbedingt zu beachten, dass dies gegenüber einem Schuldner, der Verbraucher ist, nur dann funktioniert, wenn in der Rechnung besonders darauf hingewiesen worden ist.

Der Gläubiger kann nach § 286 BGB als Rechtsfolge des Verzuges neben dem weiter bestehenden Erfüllungsanspruch auch Schadensersatz wegen der Verzögerung der Leistung fordern. Nach § 280 BGB steht ihm dieser aber nur zu, wenn die Pflichtverletzung vom Schuldner zu verantworten war. Zu derartigen Schäden gehören:

- Verzugszinsen: Eine Geldschuld ist während des Verzuges nach § 288 Abs. 1 Satz 1 BGB zu verzinsen. Bei Rechtsgeschäften, an denen ein Verbraucher beteiligt ist, beträgt der Zinssatz 5% über dem Basiszinssatz und bei Rechtsgeschäften unter Kaufleuten, an denen also kein Verbraucher beteiligt ist, beträgt der Zinssatz nach § 288 Abs. 2 BGB 8% über dem Basiszinssatz. Die Höhe des Basiszinssatzes ist in § 247 BGB festgelegt und verändert sich jeweils zum 1. Januar und 1. Juli eines jeden Jahres. Der aktuelle Basiszinssatz kann im Internet unter www.basiszinssatz.de abgerufen werden.

- Kosten für Rechtsverfolgung: Hier können Anwaltskosten oder die Kosten für die Arbeit eines Inkassobüros geltend gemacht werden. Wegen der Schadensminderungspflicht des § 254 BGB dürfen die Kosten des Inkassobüros die Kosten einer anwaltlichen Tätigkeit nicht übersteigen.

Im Rahmen seines Forderungsmanagements sollte der Existenzgründer folgende Punkte beachten:

- Sowie Ware geliefert oder eine Leistung erbracht wurde, sollte das Erbrachte unbedingt gleich in Rechnung gestellt werden. Hierbei sollten die erbrachten Leistungen vollständig und korrekt aufgeführt werden. Fehler und Ungenauigkeiten können dazu führen, dass der Vertragspartner die Zahlung verzögert oder sich sogar vollständig weigert, die Rechnung zu begleichen.

- Bereits bei Vertragsschluss können viele Probleme verhindert werden, wenn der Existenzgründer sich vor Vertragsschluss darüber informiert hat, wie kreditwürdig sein Vertragspartner ist. Auch sollte der Existenzgründer seinen Geschäftspartnern nicht bessere Zahlungskonditionen einräumen, als sie in der Branche, in welcher er tätig ist, üblich sind.

- Die Zahlungseingänge sollten genau überwacht werden. Wurde nicht gezahlt, bietet es sich an, vor dem Herausschicken der ersten Mahnung zu überprüfen, ob die vereinbarte Lieferung oder Leistung vollständig erbracht worden ist, ob der Kunde evtl. reklamiert hat und ob die Rechnung überhaupt an ihn geschickt wurde. Dann sollte relativ schnell eine Mahnung an den Kunden geschickt werden.

- Darüber hinaus sollte der Jungunternehmer im Rahmen der Liquiditätsplanung auch die Zahlungsmoral seiner Kunden berücksichtigen. Ihm sollte stets bewusst sein, dass durch nicht oder nur schlecht zahlende Kunden die Existenz seiner Unternehmung gefährdet sein kann. Schließlich hat der Existenzgründer selbst laufende Verpflichtungen, wie beispielsweise Mieten und Lieferantenrechnungen, zu erfüllen.

16   Steuerrechtliche Grundlagen

Das Wissen um grundsätzliche steuerliche Aspekte ist für einen Existenzgründer unabdingbar. Nur wer sich in diesem Bereich informiert hat, wird in der Lage sein, sein Handeln und
die Organisation seines Unternehmens so auszurichten, dass steuerliche Komplikationen im
Vorfeld vermieden werden oder zumindest schnell behoben werden können. Auch wenn der
zukünftige Unternehmer möglicherweise die Arbeit an einen Steuerberater abgibt, sollte er
sich dennoch mit den Grundzügen des deutschen und, sollte er über die Landesgrenzen tätig
sein, gegebenenfalls auch mit dem europäischen Steuersystem vertraut machen. Wer von
Anfang an einen Blick auf die Steuern hat, kann gerade in der Gründungsphase von steuerlichen Vorteilen profitieren und vermeidet im laufenden Geschäft unangenehme Überraschungen, wenn beispielsweise zu spät die Erkenntnis erfolgt, dass nicht alle Arten der Besteuerung im Rahmen der Planung bedacht worden sind.

16.1   Die Pflicht zur Abgabe von Steuererklärungen

Eine der wichtigsten steuerlichen Pflichten des Unternehmers ist die Pflicht zur Abgabe von
Steuererklärungen. Durch die Steuererklärungen werden dem Finanzamt Auskünfte und
Erklärungen über steuerrechtlich erhebliche Vorgänge gegeben. Ohne Steuererklärungen ist
die Besteuerung nicht denkbar, denn die Steuererklärung ist die eigentliche Basis der Steuer-
festsetzung. Geregelt ist die Pflicht zur Erklärung in den §§ 149 bis 153 AO. Diese Vorschriften werden durch die Regelungen in den einzelnen Steuergesetzen Einkommensteuergesetz (EStG), Körperschaftsteuergesetz (KStG), Gewerbesteuergesetz (GewStG) und Umsatzsteuergesetz (UStG) ergänzt.

16.2   Form der Steuererklärung

Steuererklärungen sind nach amtlich vorgeschriebenem Vordruck abzugeben (§ 150 AO)
und, wenn ein Steuergesetz dies anordnet, eigenhändig zu unterschreiben (§ 150 Abs. 3 AO).
Dies wird z. B. in § 25 Abs. 3 EStG gefordert. Nach § 151 AO können Steuererklärungen
aber auch beim Finanzamt zur Niederschrift erklärt werden, wenn die Schriftform dem Steuerpflichtigen nicht zugemutet werden kann. Dieses ist beispielsweise bei geschäftlich uner-
fahrenen Steuerpflichtigen oder Personen, die nicht hinreichend Deutsch verstehen, der Fall.
Von immer größer werdender Bedeutung ist auch die elektronische Steuererklärung. Speziel-

le Regelungen bestimmen, wann und wie dies zulässig ist (§ 87a und § 150 Abs. 6 AO). Die Finanzverwaltung hat ein Interesse an der elektronischen Übermittlung und wirbt für die elektronische Abgabe der Einkommensteuererklärung (ELSTER). Vorteile dieser Art der Steuererklärung sind beispielsweise: kürzere Bearbeitungszeit, keine Übertragungsfehler im Finanzamt, weniger Papier, weitgehender Belegverzicht, elektronische Bescheiddatenübermittlung, Steuerberechnungsfunktion.

16.3   Abgabefristen

Steuererklärungen, die sich auf ein Kalenderjahr oder einen gesetzlich bestimmten Zeitpunkt beziehen, sind spätestens fünf Monate danach abzugeben (§ 149 AO). Fristen zur Einreichung von Steuererklärungen können jedoch auf Antrag verlängert werden. Hier bietet es sich in der Praxis an, folgende Formulierung zu verwenden: „... bitte ich um stillschweigende Fristverlängerung bis zum ...". Der Vorteil dieser Formulierung besteht darin, dass der Steuerpflichtige dem Finanzamt vorgibt, bis wann er die Steuererklärung abgeben möchte. Die Formulierung „stillschweigend" bedeutet, dass der Finanzbeamte dem Steuerpflichtigen keine Bewilligungsnachricht schicken muss, damit die Fristverlängerung gewährt wird. Vorteil ist, dass es nun dem Finanzbeamten gewöhnlich leichter fällt, eine Verlängerung der Abgabefrist zu bewilligen, weil er dazu einfach nichts tun muss. In Einzelfällen können die Abgabefristen nach § 109 Abs. 1 Satz 1 und 2 AO sogar verlängert werden, wenn sie bereits abgelaufen sind; doch ist es dem Steuerpflichtigen dringend anzuraten, die Abgabefrist einzuhalten oder zumindest vor deren Ablauf eine Fristverlängerung zu beantragen. Über die Verlängerung der Fristen für die Einkommensteuer-, Körperschaftsteuer-, Gewerbesteuer- und Umsatzsteuererklärung ergehen jährlich Verwaltungsvorschriften der obersten Finanzbehörden der Länder, die für verschiedene Fälle unterschiedliche Verlängerungen regeln.

Selbstverständlich steht dem Finanzamt auch ein Druckmittel zur Verfügung, um die Steuerpflichtigen zur rechtzeitigen Abgabe der Steuererklärung zu veranlassen. Es handelt sich hierbei um die Möglichkeit der Festsetzung eines Verspätungszuschlags (§ 152 AO). Dieser darf jedoch nach § 152 Abs. 2 AO 10% der festgesetzten Steuer nicht übersteigen und höchstens 25.000 Euro betragen. Er ist nicht zulässig, wenn die Versäumnis entschuldbar erscheint (§ 152 Abs. 2 AO). Ein weiteres Mittel bei hartnäckiger Verweigerung der Abgabe der Steuererklärung ist die Schätzung von Besteuerungsgrundlagen durch das Finanzamt (§ 162 AO).

16.4   Inhalt der Steuererklärung

Welche Angaben in der Steuererklärung zu machen sind, ergibt sich aus den jeweiligen Vordrucken. Die Angaben sind wahrheitsgemäß nach bestem Wissen und Gewissen zu machen (§ 150 Abs. 2 AO). Wenn die Vordrucke dies vorsehen, müssen auch für außersteuerliche Zwecke Angaben gemacht werden (§ 150 Abs. 5 AO).

16.5   Wer hat welche Steuererklärungen abzugeben?

Die einzelnen Steuergesetze bestimmen, wer jeweils zur Abgabe einer Steuererklärung verpflichtet ist (§ 149 AO). Zur Abgabe einer Steuererklärung ist aber auch verpflichtet, wer hierzu von der Finanzbehörde aufgefordert wird (§ 149 Abs. 1 Satz 2 AO).

Nach § 25 EStG hat der Steuerpflichtige für den abgelaufenen Veranlagungszeitraum (Kalenderjahr) eine Einkommensteuererklärung abzugeben. Ehegatten haben bei der Zusammenveranlagung eine gemeinsame Erklärung einzureichen. Weitere Voraussetzungen sind in der Einkommensteuerdurchführungsverordnung (EStDV) geregelt. Die Verpflichtung zur Abgabe einer Einkommensteuererklärung hängt auch davon ab, ob die Einkünfte eine bestimmte Mindesthöhe übersteigen. Für körperschaftsteuerpflichtige Kapitalgesellschaften gilt § 31 KStG. Dieser verweist auf das EStG, dessen Vorschriften über die Durchführung der Besteuerung auf Kapitalgesellschaften entsprechend anzuwenden sind. Auch das Gewerbesteuergesetz (GewStG) enthält eine Steuererklärungspflicht (§ 14a GewStG). Hiernach hat der Steuerschuldner, nämlich der Unternehmer, für den steuerpflichtigen Gewerbebetrieb eine Erklärung zur Festsetzung des Steuermessbetrags und in bestimmten Fällen außerdem eine Zerlegungserklärung abzugeben. Der Steuerschuldner hat die Erklärung eigenhändig zu unterschreiben. Für die Umsatzsteuer hat der Unternehmer nicht nur für das abgelaufene Kalenderjahr eine Steuererklärung abzugeben (§ 18 Abs. 3 UStG), vielmehr hat er auch – im Laufe des Jahres – so genannte Umsatzsteuervoranmeldungen einzureichen und auf deren Grundlage Vorauszahlungen zu leisten (§ 18 Abs. 1 UStG). Die Voranmeldungen sind bis zum 10. Tag nach Ablauf jedes Voranmeldungszeitraums nach amtlich vorgeschriebenem Vordruck auf elektronischem Wege nach Maßgabe der Steuerdaten-Übermittlungsverordnung zu übermitteln (§ 18 Abs. 1 UStG). Voranmeldungszeitraum ist das Kalendervierteljahr. Beträgt die Steuer für das vorangegangene Kalenderjahr mehr als 6.136 Euro, ist der Kalendermonat Voranmeldungszeitraum. Beträgt die Steuer für das vorangegangene Kalenderjahr nicht mehr als 512 Euro, kann das Finanzamt den Unternehmer von der Verpflichtung zur Abgabe der Voranmeldung und Entrichtung der Vorauszahlungen befreien (§ 18 Abs. 2 UStG). Die Umsatzsteuererklärung und die Umsatzsteuer-voranmeldung sind so genannte Steueranmeldungen. Dies sind Steuererklärungen, in denen der Steuerpflichtige die Steuer selbst zu berechnen hat (§ 150 Abs. 1 Satz 3 AO).

Darüber hinaus ist noch auf die Pflicht des Arbeitgebers hinzuweisen, Lohnsteueranmeldungen einzureichen (§ 41a EStG). Darin hat er die von den Arbeitslöhnen einzubehaltende und abzuführende Lohnsteuer zu berechnen. Die Lohnsteueranmeldungen sind elektronisch zu übermitteln (§ 41a Abs. 1 Satz 2 EStG), und zwar spätestens am 10. Tag nach Ablauf eines jeden Lohnsteueranmeldezeitraums. Anmeldezeitraum ist grundsätzlich der Kalendermonat, in bestimmten Fällen aber auch das Kalendervierteljahr oder das Kalenderjahr (§ 41a Abs. 2 EStG).

16.6   Einkommensteuer

Das Erreichen einer Steuergerechtigkeit spielt im Rahmen der Bemessungsgrundlage zur Einkommensteuer eine besondere Rolle. Um diese zu erreichen, sind sowohl erhebliche Mitwirkungspflichten des Steuerpflichtigen als auch ein erheblicher Verwaltungsaufwand staatlicherseits erforderlich. Im Rahmen der Einkommensteuer steht seit jeher sowohl die persönliche als auch die wirtschaftliche Leistungsfähigkeit des Einkommensteuerpflichtigen im Mittelpunkt. Die Einkommensteuer ist zugleich eine Besitz- als auch eine Veranlagungssteuer. Letzteres bedeutet, dass der Steuerpflichtige nach Ablauf eines Kalenderjahres mit dem Einkommen veranlagt wird, welches er im abgelaufenen Veranlagungszeitraum erzielt hat.

16.6.1   Steuerpflicht

Natürliche Personen, die im Inland ihren Wohnsitz oder gewöhnlichen Aufenthalt haben, sind unbeschränkt einkommensteuerpflichtig. Da es sich bei Kapitalgesellschaften (wie z. B. GmbH und AG) nicht um natürliche sondern um juristische Personen handelt, sind diese nicht einkommensteuerpflichtig. Für derartige Unternehmen gilt das Körperschaftsteuergesetz, auf welches erst im nächsten Kapitel eingegangen wird. Eine Personengesellschaft kann hingegen Steuersubjekt des Einkommensteuergesetzes sein, da sie in der Gesamtheit der an ihr beteiligten Gesellschafter die Merkmale eines Besteuerungstatbestandes verwirklicht. Zugerechnet wird dies allerdings den einzelnen Gesellschaftern. Wer in der Bundesrepublik Deutschland also seinen Wohnsitz oder gewöhnlichen Aufenthalt hat, gilt als unbeschränkt steuerpflichtig. Die Folge hiervon ist, dass man sein gesamtes Welteinkommen in der Bundesrepublik versteuern muss. Bereits im Ausland entrichtete Steuern können nach entsprechendem Nachweis im Rahmen des Besteuerungsverfahrens gegebenenfalls unter Zuhilfenahme eines Doppelbesteuerungsabkommens angerechnet werden. Von einem gewöhnlichen Aufenthalt wird ausgegangen, wenn sich eine Person im Veranlagungszeitraum mehr als 183 Tage in der Bundesrepublik aufgehalten hat.

Personen, die zwar nicht in der Bundesrepublik Deutschland ihren Wohnsitz oder gewöhnlichen Aufenthalt haben, aber dennoch in Deutschland Einkünfte beziehen, sind hingegen nur beschränkt einkommensteuerpflichtig. Im Gegensatz zu unbeschränkt Steuerpflichtigen unterliegt nicht ihr auf der ganzen Welt erwirtschaftetes Einkommen der Besteuerung, sondern nur das Einkommen, welches sie in der Bundesrepublik erzielt haben.

Eine Person, die weder in der Bundesrepublik ihren Wohnsitz oder gewöhnlichen Aufenthalt hat, noch im Veranlagungszeitraum hier Einkünfte bezogen hat, ist in der Bundesrepublik nicht einkommensteuerpflichtig.

16.6.2 Ermittlung des zu versteuernden Einkommens

Im deutschen Einkommensteuerrecht wird bei der Ermittlung der Einkunftsarten im Rahmen von § 2 Abs. 2 EStG zwischen Gewinneinkünften und Überschusseinkünften unterschieden. Nur diese Einkünfte unterliegen der Einkommensteuer. Zu den Gewinneinkünften zählen:

- Einkünfte aus Land- und Forstwirtschaft,
- Einkünfte aus Gewerbebetrieb,
- Einkünfte aus selbständiger Arbeit.

Zu den Überschusseinkünften zählen:

- Einkünfte aus nichtselbständiger Arbeit,
- Einkünfte aus Kapitalvermögen,
- Einkünfte aus Vermietung und Verpachtung,
- sonstige Einkünfte im Sinne des § 22.

Unter sonstigen Einkünften im Sinne von § 22 EStG sind unter anderem Einkünfte aus allen sonstigen wiederkehrenden Bezügen, aus privaten Veräußerungsgeschäften sowie Entschädigungen, Amtszulagen, Zuschüsse zu Kranken- und Pflegeversicherungsbeiträgen zu verstehen. Außerdem gehören Übergangsgelder, Überbrückungsgelder, Sterbegelder, Abgeordnetenbezüge sowie Leistungen aus Altersvorsorgeverträgen, Pensionsfonds, Pensionskassen und Direktversicherungen dazu. Eine allgemeine und detaillierte Definition von „Einkünften" erscheint – abgesehen von deren Arten – für die Ermittlung des zu versteuernden Anteils des Einkommens von Bedeutung. Diese findet sich in § 2 Abs. 2 EStG: „Einkünfte sind bei Land- und Forstwirtschaft, Gewerbebetrieb und selbständiger Arbeit der Gewinn (...) bei den anderen Einkunftsarten der Überschuss der Einnahmen über die Werbungskosten".

Insbesondere sind im Einkommensteuerrecht die Einkunftsarten sauber voneinander abzugrenzen. Dies ist deshalb erforderlich, weil einige Einkunftsarten besondere Eigengesetzlichkeiten haben, durch welche der Umfang der Steuerpflicht erheblich determiniert wird. Des Weiteren hat die Zuordnung einen Einfluss darauf, ob bestimmte Nebenfolgen zu beachten sind oder ob bestimmte Freibeträge oder Freigrenzen für die Einkünfte zu beachten sind. Hier schließt sich nun die Frage nach dem Zustandekommen von Gewinn bzw. dem genannten Überschuss an.

16.6.3 Gewinn

Entscheidend für die Ermittlung der Steuersumme, die eine natürliche Person zu entrichten hat, ist der Gewinn bzw. der Überschuss der Einnahmen über die Werbungskosten. Zur Gewinndefinition können die §§ 4 und 5 EStG herangezogen werden und zur Definition von „Einnahmen" und „Werbungskosten" die §§ 8 und 9 EStG. So legt der Gesetzgeber in § 4 Abs. 1 Satz 1 EStG fest: „Gewinn ist der Unterschiedsbetrag zwischen dem Betriebsvermögen am Schluss des Wirtschaftsjahres und dem Betriebsvermögen am Schluss des vorangegangenen Wirtschaftsjahres, vermehrt um den Wert der Entnahmen und vermindert um den Wert der Einlagen".

In der Regel ist das Wirtschaftsjahr mit dem Kalenderjahr gleichzusetzen. Eine Ausnahme gibt es nur in der Land- und Forstwirtschaft. Hier handelt es sich nach § 4a Abs. 1 EStG um einen Jahreszeitraum vom 1. Juli bis 30. Juni oder gegebenenfalls einen aus wirtschaftlichen Gründen erforderlichen abweichenden Zeitraum.

Gewöhnlich errechnet sich der Gewinn eines Unternehmens dadurch, dass vom Betriebsvermögen am Schluss des Wirtschaftsjahres das Betriebsvermögen am Anfang des Wirtschaftsjahres abgezogen wird. Das bei dieser Rechnung entstehende Ergebnis zeigt die Veränderungen des Betriebsvermögens. Hierzu werden die Privatentnahmen addiert und die Privateinlagen werden abgezogen. Das Ergebnis ist der Gewinn des jeweiligen Wirtschaftsjahres. Personen, die nicht zur Buchführung verpflichtet sind, insbesondere die Angehörigen der freien Berufe, brauchen lediglich eine Einnahme-Überschussrechnung nach § 4 Abs. 3 EStG zu machen. Diese Art der Gewinnermittlung hat den Vorteil, dass sie keine umfassenden Buchführungskenntnisse erfordert. Hierbei werden lediglich die Einnahmen aufgeführt und die Ausgaben davon abgezogen. Das Ergebnis dieser Rechnung stellt den Gewinn bzw. Verlust der Tätigkeit dar.

16.6.4   Liebhaberei

Für Existenzgründer kann nach einigen Jahren dauerhafter Verluste das Problem entstehen, dass das Finanzamt ihre Verluste als Liebhaberei qualifiziert. „Liebhaberei ist eine Betätigung, die nicht Ausdruck eines wirtschaftlichen, auf Erzielung von Erträgen gerichteten Verhaltens ist, sondern auf privater Neigung beruht. >>Liebhaberei<< in diesem Sinne liegt vor, wenn nach den im Einzelfall gegebenen objektiven Verhältnissen erkennbar ist, dass ein Betrieb (nach seiner Wesensart) auf die Dauer gesehen nicht nachhaltig mit Gewinn arbeiten kann." (BFH-Urteil vom 22.11.1979, IV R 88/76, BStBl. II 1980, S. 152). Zwar ist es normal, dass ein neues Unternehmen in den ersten Jahren Verluste erwirtschaften kann; doch sollte dieser Zustand nicht permanent andauern. Sollten die Verluste über mehrere Jahre anhalten, besteht die Gefahr, dass die Finanzverwaltung die Tätigkeit als Hobby ohne Gewinnerzielungsabsicht betrachtet und deshalb die bisher geltend gemachten Betriebsausgaben rückwirkend streicht. Dies kann zu erheblichen Steuernachzahlungen führen. Um dieses zu verhindern, können dem Finanzamt bei Zeiten geplante und umgesetzte betriebliche Umstrukturierungsmaßnahmen vorgelegt werden, um damit zu dokumentieren, dass eine Gewinnerzielungsabsicht trotz dauernder Verluste tatsächlich vorhanden ist.

16.7 Körperschaftsteuer

16.7.1 Einführung

Bei der Körperschaftsteuer handelt es sich um eine Steuer, die der Einkommensteuer in vielerlei Hinsicht sehr ähnlich ist. Aus diesem Grunde spricht man bei der Körperschaftsteuer bisweilen auch davon, dass sie die Einkommensteuer der juristischen Personen sei. Denn so, wie natürliche, also lebende Personen aus Fleisch und Blut, Einkommensteuer zahlen, so müssen juristische Personen, also Konstrukte wie GmbH, AG, Stiftungen und Vereine, eine entsprechende Steuer zahlen. Diese wird als Körperschaftsteuer bezeichnet. Unter juristischen Personen werden nämlich Zusammenschlüsse von Gesellschaftern verstanden, welche sich zu einem Unternehmenszweck verbunden haben. Derartige Zusammenschlüsse werden als rechtsfähig angesehen. Rechtsfähigkeit bedeutet in diesem Zusammenhang, dass die Organisation, also die juristische Person, ohne Rücksicht auf die hinter ihr stehenden Gesellschafter selbständig Träger von Rechten und Pflichten sein kann. Dies führt zu einer Haftungsbegrenzung der Gesellschafter. Bei Gründung eines Unternehmens, welches verstärkt einem wirtschaftlichen Risiko ausgesetzt ist, bietet es sich somit an, eine Körperschaft zu gründen, um die Haftung mit dem eigenen Privatvermögen auszuschließen. Aufgrund dieses Trennungsprinzips wurde 1920 mit der Erzbergerschen Steuerreform eine differenzierte Besteuerung von natürlichen und juristischen Personen beschlossen. Zuvor wurden beide steuerlich gleich behandelt. Aufgrund des Steuergegenstandes und der geschichtlichen Entwicklung besteht bis heute eine enge Verknüpfung von Körperschaft- und Einkommensteuer. Aus dieser Tatsache folgt allerdings das Problem der Doppelbesteuerung, da die zu entrichtende Körperschaftsteuer der juristischen Person letztlich doch die dahinter stehenden natürlichen Personen zu tragen haben. Denn indirekt sind sie über eine Verringerung ihres Einkommens aufgrund der Minderung des Gewinnes der Körperschaft durch die Körperschaftsteuer daran beteiligt. Müssten sie nun zusätzlich den auf sie entfallenden Gewinnanteil im Rahmen ihrer individuellen Einkommensteuer versteuern, so würde der selbe Gewinn doppelt besteuert. Grundsätze des Körperschaftsteuerrechts und die Vermeidung der Doppelbelastung sollen deshalb im Folgenden dargestellt werden.

16.7.2 Steuertarif

Wie das Einkommensteuergesetz legt auch das Körperschaftsteuergesetz die unbeschränkte Steuerpflicht für juristische Personen fest, die im Inland ihren Sitz haben. Hierzu gehören:

- Kapitalgesellschaften, insbesondere Europäische Gesellschaften, Aktiengesellschaften, Kommanditgesellschaften auf Aktien, Gesellschaften mit beschränkter Haftung;
- Genossenschaften einschließlich der Europäischen Genossenschaften;
- Versicherungs- und Pensionsfondsvereine auf Gegenseitigkeit;
- sonstige juristische Personen des privaten Rechts;

- nichtrechtsfähige Vereine, Anstalten, Stiftungen und andere Zweckvermögen des privaten Rechts;
- Betriebe gewerblicher Art von juristischen Personen des öffentlichen Rechts.

Personengesellschaften wie die GbR, die OHG oder die KG sind hingegen mangels vollständiger Rechtsfähigkeit nicht körperschaftsteuerpflichtig. Auch die beschränkte Körperschaftsteuerpflicht ist der beschränkten Steuerpflicht des Einkommensteuergesetzes sehr ähnlich. Nach § 2 KStG unterfallen folgende Unternehmen der beschränkten Körperschaftsteuerpflicht:

- Körperschaften, Personenvereinigungen und Vermögensmassen, die weder ihre Geschäftsleitung noch ihren Sitz im Inland haben, mit ihren inländischen Einkünften;
- sonstige Körperschaften, Personenvereinigungen und Vermögensmassen, die nicht unbeschränkt steuerpflichtig sind, mit den inländischen Einkünften, die dem Steuerabzug vollständig oder teilweise unterliegen.

Der Veranlagungszeitraum der Körperschaftsteuer ist für gewöhnlich das Kalenderjahr, es sei denn, der Steuerpflichtige hat sich nach dem HGB zu richten, das unter Umständen ein vom Kalenderjahr abweichendes Wirtschaftsjahr zulässt bzw. erwartet. Außerdem werden alle drei Monate Körperschaftsteuervorauszahlungen verlangt, die am Jahresende mit der tatsächlichen Steuerschuld verrechnet werden. Bemessungsgrundlage im Rahmen der Körperschaftsteuer ist nach § 7 und § 8 das so genannte „zu versteuernde Einkommen", welches nach den Vorschriften des Einkommensteuergesetzes ermittelt und aufgrund überlagernder Spezialvorschriften des Körperschaftsteuergesetzes zum Teil den Gegebenheiten einer Körperschaft angepasst wird. Seit 1. Januar 2008 beträgt der auf das zu versteuernde Einkommen anzuwendende Körperschaftsteuersatz nach § 23 Abs. 1 KStG 15%. Die Senkung um 10% zu den Vorjahren wurde mit dem Unternehmenssteuerreformgesetz 2008 beschlossen. Hinzu kommt ebenso wie bei der Einkommensteuer auch hier ein Solidaritätszuschlag in Höhe von 5,5%.

16.7.3   Die Ermittlung der Körperschaftsteuer

In diesem Zusammenhang stößt man besonders häufig auf die Tatsache, dass im KStG immer wieder Formulierungen zu finden sind, die Bezug auf das EStG nehmen. Auch hier zeigt sich also, dass das KStG lediglich eine Erweiterung des EStG ist. So folgt die Definition des Einkommens in § 8 KStG unter anderem der des EStG. Handelt es sich bei den Steuerpflichtigen um Kapitalgesellschaften, Genossenschaften oder Versicherungs- und Pensionsfondsvereine, dann gilt abweichend, dass sämtliche Einkünfte als Einkünfte aus Gewerbebetrieb zu betrachten sind. Nun lässt sich aus dem KStG nicht ohne weiteres ablesen, wie das Einkommen zu ermitteln ist. Zwar verweist der § 7 EStG auf die §§ 8, 24 und 25 des EStG, diese aber definieren nur das Einkommen und legen Freibeträge fest. Die letztlich eindeutige Ermittlung des zu versteuernden Einkommens können wir aus der Richtlinie 29 KStR folgern. Der Ausgangspunkt ist der Gewinn bzw. Verlust laut Steuerbilanz, korrigiert durch den Jahresüberschuss bzw. Fehlbetrag laut Handelsbilanz. Hierzu ist § 60 Abs. 2 EStDV zu berücksichtigen, in welchem die Art und Weise der verlangten Steuererklärung festgelegt ist.

Nun folgen Korrekturen, die mit der Einkommensteuer einhergehen und dann jene, die vom KStG vorgesehen sind. Letztere sind die Abzüge von Gewinnanteilen persönlich haftender Gesellschafter einer KGaA, Abzüge verdeckter Einlagen, Abzüge möglicher negativer Ergebnisse aus ausländischen Beteiligungen sowie Abzüge abziehbarer Spenden. Hierunter sind nach § 9 Abs. 1 Nr. 2 Satz 1 KStG „Ausgaben zur Förderung mildtätiger, kirchlicher, religiöser und wissenschaftlicher Zwecke und der als besonders förderungswürdig anerkannten gemeinnützigen Zwecke" zu verstehen. Dies könnte im Besonderen für ein mögliches zukünftiges Unternehmen von Bedeutung sein, welches in seinem Wachstum und Vorankommen von wissenschaftlichen Erkenntnissen abhängig ist. So wäre eine Körperschaftsteuerminderung und dem Unternehmensziel zu dienen gleichzeitig möglich. Sicher ist aber auch, dass für eine in das Unternehmen integrierte Forschungs- und Entwicklungsabteilung kein Spendenabzug möglich ist. In jedem Fall dienen Zuwendungen an Bedürftige aber dem öffentlichen Ansehen des Unternehmens und bewirken eine Imageaufwertung. Nach den Abzügen sind nicht abziehbare Aufwendungen dem Einkommen hinzuzuzählen. Bei diesen handelt es sich um Steuern vom Einkommen allgemein und anderen Personensteuern sowie Umsatzsteuern für Umsätze, die Entnahmen oder verdeckte Gewinnausschüttungen sind. Zuletzt darf der Verlust abgezogen werden. Voraussetzung dafür ist, dass die den Verlust erleidende Gesellschaft mit der Körperschaft identisch ist, die rechtlich und wirtschaftlich den Verlust zu tragen hat. Das erscheint auf den ersten Blick selbstverständlich. Diese Definition ist aber notwendig, um Missbrauch bei Übertragungen und Fortführungen mit fremdem Betriebsvermögen ausschließen zu können. Der aus dieser Berechnung resultierende Betrag stellt nun das für die Körperschaft zu versteuernde Einkommen dar. Den Ausschluss einer Versteuerung desselben Einkommens auf Grundlage des Einkommensteuergesetzes bewirkte jahrzehntelang ein Verfahren, welches als Anrechnungsverfahren bezeichnet wurde und welches im Laufe weniger Jahre von zwei anderen Systemen, nämlich dem Halbeinkünfteverfahren und der Abgeltungssteuer, abgelöst wurde.

16.7.4   Ausschluss von Doppelbesteuerung

Während in den Jahren 1977 bis 2.000 das so genannte Anrechnungsverfahren dazu diente, die Doppelbesteuerung nahezu vollständig auszuschließen, schaffte es das danach eingeführte Halbeinkünfteverfahren, bei welchem im Rahmen der Einkommensteuererklärung nur die Hälfte der anfallenden Einnahmen im Sinne des § 20 EStG zu versteuern waren und im Gegenzug nur die Hälfte der darauf entfallenden Werbungskosten abzusetzen waren, nicht mehr, die Doppelbesteuerung für alle Steuerpflichtigen gerecht zu vermeiden. Vielmehr mussten die Personen eine kleine Doppelbesteuerung hinnehmen, deren individueller Einkommensteuersatz unter 40% lag. Die ab 1. Januar 2009 geltende Abgeltungssteuer bezieht sich mit einem festen Steuersatz unabhängig vom Einkommensteuersatz auf die Kapitaleinkünfte. Der § 20 EStG regelt ab 2009 die Versteuerung von Kapitalvermögen und privaten Veräußerungsgewinnen zu großen Teilen neu. Beispielsweise erhöhen sich die abziehbaren Werbungskosten nach einer Senkung im Jahr 2007 von 750 Euro auf 801 Euro bzw. von 1.500 Euro auf 1.602 Euro für Ehegatten. Allerdings handelt es sich nicht mehr um einen Freibetrag, sondern um einen Pauschbetrag. Der grundsätzliche Abzug des Betrages ist also durch eine minimale Abzugshöhe abgelöst worden, was letztlich einer Kürzung gleichkommt. Außerdem wird es in Zukunft unerheblich sein, ob die Gewinne einer Kapitalgesellschaft an die an der Gesellschaft beteiligten Personen ausgeschüttet werden, oder ob sie in der Gesellschaft verbleiben – also thesauriert werden – und der Anteilseigner seine Rendite dann aus dem Verkauf oder Teilverkauf seiner Anteile erzielt. Eine Ausnahme bildet hierbei lediglich die Thesaurierungsbegünstigung von Einzelunternehmen und Personengesellschaften. Bei ihnen ist – anders als bei den Körperschaftsteuer zahlenden juristischen Personen – die Einkommensteuer für diese Gewinne für den Fall einer Wiederanlage derselben auf Antrag des Steuerpflichtigen ganz oder teilweise mit einem Steuersatz von 28,25% zu berechnen. Dieses Beispiel zeigt deutlich, dass Steuervorteile bei der Wahl der Unternehmensform ebenfalls berücksichtigt werden sollten.

Ein entscheidender Punkt des Unternehmensteuerreformgesetzes ist auch die Festsetzung des Abgeltungsteuersatzes. Für Kapitalerträge und Wertpapierveräußerungsgewinne, also Einkünfte aus Kapitalvermögen, gilt nach dem neu eingeführten § 32d EStG ein Einkommensteuertarif von einheitlich 35%. Somit wird diese Art von Einkünften um 10% höher besteuert als die sonstigen Einkünfte der Körperschaft. Was die Versteuerung von Gewinnanteilen, Dividenden und Veräußerungsgewinnen für natürliche Personen angeht, so wurde das Halbeinkünfteverfahren vom Teileinkünfteverfahren abgelöst, welches nun 60% statt der bisherigen 50% versteuerungspflichtig macht.

16.7.5   Bedeutung des Steuerrechts für die Existenzgründung

Mit dem Unternehmensteuerrechtsreformgesetz 2008 wurde neben der Einführung der Abgeltungssteuer und einigen anderen Änderungen auch die oben genannte Regelung für die Thesaurierung von Gewinn bei Personengesellschaften oder Einzelunternehmen eingeführt. Diese ist ein Beispiel des Versuches mittelständische und kleinere Betriebe wieder mehr zu entlasten, nachdem sie oftmals bei Unternehmenssteuerreformen eher belastet wurden. Gleichzeitig sollen diese Unternehmen dadurch auch zur Wiederanlage des Gewinnes ermuntert werden. Von diesem Gesichtspunkt aus betrachtet, lohnt es sich also mehr als zuvor, eine Personengesellschaft zu gründen. Besonders in der Anfangszeit des Betriebswachstums wird man Gewinne vermehrt zum Aufbau des Unternehmens nutzen, so dass sich die steuerrechtlichen Regelungen vorteilhaft auswirken könnten. Grundsätzlich kann man jedoch sagen, dass auch die Gründung einer Körperschaft wieder attraktiver geworden ist. Durch die Senkung des Körperschaftsteuersatzes auf 15% bleibt dem Anteilseigner im Normalfall nach der Zahlung der Einkommensteuer mehr als früher. Daran ändert auch das Teileinkünfteverfahren mit nur 40% anrechenbarem Anteil nichts, da diese zu versteuernden 60% auf die Einkünfte der Kapitalgesellschaft nach Körperschaftsteuer anzusetzen sind.

Ist es für ein mögliches zukünftiges Unternehmen und deren Gesellschafter sinnvoller, einzig nach dem EStG oder auch nach dem KStG steuerpflichtig zu sein? Nach den neuesten Fassungen der beiden Gesetzestexte können die Steuerquoten für den Gesellschafter letztlich in beiden Besteuerungsfällen ähnlich sein. Es kommt ganz darauf an, um welche Art von Unternehmen und um welche sonstigen wirtschaftlichen Gegebenheiten es sich handelt. Eine pauschale Antwort der Frage ist also nicht möglich. Entscheidend ist, dass man als Existenzgründer weiß, welche steuerlichen Belastungen in welchen Situationen auf einen zukommen und wie man diese unter Umständen umgehen kann. In jedem Fall kann konstatiert werden, dass die Normen des Einkommen- sowie des Körperschaftsteuerrechts einen entscheidenden Einfluss auf die Unternehmensentscheidung haben. In Zukunft wird es weiterhin Reformen der Unternehmensbesteuerung geben und stets wird sich der Vorteil je nach Betriebsart für die eine oder die andere Unternehmensform verschieben. Mit der Einführung der Abgeltungssteuer und den Regelungen zur Besteuerung von Kapitalerträgen wurde in einigen Punkten ein Schritt in Richtung „Duale Einkommensteuer" gemacht. Dieses Reformmodell könnte bei entsprechendem politischem Willen möglicherweise in der Zukunft Realität werden. Der Existenzgründer sollte ein Auge auf die Änderungen in der Unternehmensbesteuerung haben und sich den jeweiligen Regelungen anpassen. Denn die Besteuerung wird letztlich immer eine Konsequenz auf die Wahl der Unternehmensform haben.

16.8   Die Umsatzsteuer

16.8.1   Einordnung und gesetzliche Grundlage

Für eine systematische Einordnung der Umsatzsteuer in das deutsche Steuersystem gibt es verschiedene Ansätze. Oft wird sie als Verkehrssteuer bezeichnet, da alle wirtschaftlichen Verkehrsvorgänge bzw. Umsätze, also die entgeltlichen Leistungen eines Unternehmers besteuert werden. Daneben ist auch der Begriff Allphasennettoumsatzsteuer zu finden, der besagt, dass auf jeder Produktions- und Handelsstufe Umsatzsteuer erhoben wird. Durch den Vorsteuerabzug wird jedoch nur der Mehrwert (deshalb auch oft die Bezeichnung Mehrwertsteuer) steuerlich belastet. Die am häufigsten zu findende und nach EG-Richtlinien geltende Bezeichnung ist die Umsatzsteuer als Verbrauchsteuer, da Steuerschuldner und Steuerträger nicht identisch sind. Der Endverbraucher trägt wirtschaftlich die Steuerlast, indem er seine Waren und Dienstleistungen inklusive der Umsatzsteuer bezahlt und der Unternehmer muss die eingezogenen Steuern an das Finanzamt abführen.

Rechtsgrundlagen des Umsatzsteuerrechts sind das Umsatzsteuergesetz (UStG), die Umsatzsteuer-Durchführungsverordnung (UStDV) und die Umsatzsteuer-Richtlinien (UStR). Zudem wird die Steuer maßgeblich von der Europäischen Union beeinflusst, da sie als einzige innerhalb der EU einheitlich geregelt ist.

16.8.2   Steuergegenstand und Bemessungsgrundlage

Durch die Umsatzsteuer, die neben der Einkommensteuer die zweitgrößte Einnahmequelle von Bund und Ländern darstellt, werden nach § 1 Abs. 1 UStG folgende Umsätze besteuert:

• Lieferung (Kauf bzw. Verbrauch von Waren) und sonstige Leistungen (z. B. Inanspruchnahme von Dienstleistungen) im Innland gegen Entgelt,

- Einfuhr von Gegenständen aus Drittländern, d.h. Länder außerhalb der EU (Einfuhrumsatzsteuer),
- der innergemeinschaftliche Erwerb im Innland gegen Entgelt.

Gerade für den Existenzgründer ist es wichtig zu wissen, dass man bei der Umsatzsteuer zwischen steuerbaren und nichtsteuerbaren Umsätzen unterscheidet, wobei die steuerbaren Umsätze nochmals steuerfrei oder steuerpflichtig sein können.

- Der nichtsteuerbare Umsatz ist gegeben, wenn Privatgegenstände, die nicht zum Unternehmen gehören, weiterverkauft werden. Hierauf wird keine Umsatzsteuer erhoben und ist somit für den Unternehmer belanglos.
- Zu den steuerpflichtigen Umsätzen gehören die nach § 1 UStG geregelten, oben genannten Umsätze.
- Die steuerfreien Umsätze (Steuerbefreiungen) werden in § 4 UStG aufgelistet und sollten durch den Existenzgründer darauf geprüft werden, ob sie für ihn zutreffen. Oft wird fälschlicherweise davon ausgegangen, dass nur Gewerbetreibende der Umsatzsteuer unterliegen, Freiberufler hingegen von der Umsatzsteuer befreit sind; was aber nur bei bestimmten Heilberufen der Fall ist. In der Regel unterliegt die Tätigkeit eines Freiberuflers, wie beispielsweise die Tätigkeit eines Rechtsanwalts, ebenfalls der Umsatzsteuer. Innerhalb der steuerfreien Leistungen wird zwischen solchen unterschieden, bei denen der Vorsteuerabzug erhalten bleibt (z. B. Umsätze, die mit Auslandsgeschäften zusammenhängen) und solchen, bei denen der Vorsteuerabzug ausgeschlossen ist, was in den meisten Fällen zutrifft.

Bemessungsgrundlage der Umsatzsteuer ist bei Lieferungen, sonstigen Leistungen und innergemeinschaftlichem Erwerb nach § 10 Abs. 1 UStG das Entgelt. Unter Entgelt ist alles zu verstehen, was der Leistungsempfänger aufwendet, um die Leistung zu erhalten, abzüglich der Umsatzsteuer. Der Umsatz bei Einfuhr wird nach § 11 Abs. 1 UStG geregelt. Die Höhe der Umsatzsteuer berechnet sich nach § 12 Abs. 1 UStG mit einem allgemeinen Steuersatz von derzeit 19% der Bemessungsgrundlage. Für bestimmte Umsätze, die in § 12 Abs. 2 UStG aufgeführt sind, gilt der ermäßigte Steuersatz von 7%. Hierbei handelt es sich, vereinfacht zusammengefasst, um Lebensmittel, Blumen, Druckerzeugnisse, aber auch Leistungen aus dem kulturellen Bereich. Der genaue Katalog ist in der Anlage zu § 12 UStG zu finden. Bei Anwendung des jeweiligen Steuersatzes auf die Bemessungsgrundlage ergibt sich dann entweder eine Steuerschuld bzw. Zahllast, die der Unternehmer begleichen muss oder ein Überschuss, wenn der Vorsteueranspruch die Umsatzsteuerschuld übersteigt.

16.8.3   Vorsteuerabzug und Beginn der Unternehmereigenschaft

Vorsteuerabzug besagt, dass ein Unternehmer die für seinen Betrieb durch einen anderen Unternehmer berechnete Umsatzsteuer als Vorsteuer abziehen kann (§ 15 UStG). Allerdings besteht ein Vorsteuerabzugsverbot für Aufwendungen, die nach dem Einkommensteuergesetz nicht als Betriebsausgaben abgesetzt werden dürfen, wie z. B. Aufwendungen für Geschenke im Wert von mehr als 35 Euro (§ 4 EStG). Folgende Vorsteuerbeträge können durch den Unternehmer geltend gemacht werden, sofern sie im Rahmen seiner Unternehmertätigkeit erlangt wurden:

- die in Rechnungen gesondert ausgewiesenen Steuern für Lieferungen und Leistungen;
- die entrichtete Einfuhrsteuer für Gegenstände, die ins Inland importiert worden sind;
- die Steuern für den innergemeinschaftlichen Erwerb von Gegenständen.

Dienst- und Geschäftsreisen gelten grundsätzlich als nicht vorsteuerabzugsfähig, wenn die Reise mit dem privaten Wagen getätigt wird. Nebenkosten wie Telefonkosten sind hingegen abziehbar. Eine genaue Regelung ist in § 15 Abs. 1a UStG zu finden. Sollten sich die Verhältnisse, die für den Vorsteuerabzug maßgeblich waren, im Laufe der Zeit verändern, z. B. durch Veräußerung eines Wirtschaftsgutes, so muss die Vorsteuer gemäß § 15a UStG berichtigt werden, soweit diese im Berichtigungszeitraum liegt.

Da der Existenzgründer zu Beginn seiner Tätigkeit in der Regel große Ausgaben hat, stellt sich die Frage, ab wann er zum Vorsteuerabzug berechtigt ist. Nach A 19 Abs. 2 UStR beginnt die unternehmerische Tätigkeit mit den Vorbereitungshandlungen, die im Zusammenhang der Geschäftseröffnung stehen. Allerdings muss der Existenzgründer bereits im Besitz seiner Steuernummer sein, um den Vorsteuerabzug geltend machen zu können. So dürfen der Wareneinkauf vor der Eröffnung oder der Aufbau des Anlagevermögens (z. B. Fuhrpark) als Vorsteuer abgezogen werden, auch wenn es noch keine Ausgangsumsätze gegeben hat. Bei Einzelunternehmen und Personengesellschaften wird dies in der Regel problemlos anerkannt; strenger ist dagegen die Vorbereitung und Gründung einer Kapitalgesellschaft reglementiert. Um eine Kapitalgesellschaft aufzubauen, schließen sich die beteiligten Personen erst zu einer Vorgründungsgesellschaft zusammen, die dann durch Unterzeichnung des Gesellschaftsvertrages zu einer Vorgesellschaft wird. Diese stellt schon vor der Eintragung der Kapitalgesellschaft ins Handelsregister das Steuersubjekt dar und ist somit zum Vorsteuerabzug berechtigt. Um Missverständnissen mit dem Finanzamt aus dem Weg zu gehen, sollte man alle Anschaffungen auf die Zeit ab Bestehen einer Vorgesellschaft verlagern und den zum Vorsteuerabzug berechtigten Leistungsempfänger eindeutig auf den Eingangsrechnungen benennen, da die erbrachten Steuerabzüge der Vorgesellschaft und nicht der späteren Kapitalgesellschaft zustehen.

16.8.4 Kleinunternehmerregelung

Diese besondere Regelung ist für Existenzgründer besonders bedenkenswert. Denn sie besagt, dass bei Kleinunternehmern mit niedrigen Umsätzen die Umsatzsteuer nicht erhoben wird. Der § 19 UStG befreit Kleinunternehmer also automatisch von der Umsatzsteuerpflicht. Dafür müssen die folgenden beiden Bedingungen für die Umsätze von Lieferungen und Leistungen gemeinsam vorliegen:

- Der Umsatz hat zuzüglich der darauf entfallenden Steuer im vorangegangenen Kalenderjahr 17.500 Euro nicht überstiegen und
- wird im laufenden Kalenderjahr 50.000 Euro voraussichtlich nicht übersteigen.

Bei den Ermittlungen der Grenzen ist nach § 19 Abs. 3 UStG jeweils vom Gesamtumsatz auszugehen; d.h. von den vereinnahmten Entgelten inklusive Umsatzsteuer. So kann der Unternehmer in der Regel schon zu Beginn des Kalenderjahres beurteilen, ob er berechtigt bzw. verpflichtet ist, die Umsatzsteuer auf seinen Rechnungen auszuweisen. Auch wenn der Unternehmer seine Umsätze im laufenden Jahr steigert und die Grenze von 50.000 Euro im Bruttoumsatz im Einzelfall übersteigen wird, werden keine Umsatzsteuern erhoben (vgl. BFH, BStBl. II 1995, S. 562), da die Verhältnisse zum Jahresbeginn maßgebend sind (A 246 Abs. 3 Satz 4 UStR). Lediglich die innergemeinschaftliche Lieferung neuer Fahrzeuge stellt nach § 19 Abs. 1 UStG eine Ausnahme dieser Regelung dar. Darüber hinaus bleiben Umsätze von Wirtschaftsgütern des Anlagevermögens außer Betracht.

Da bei einer Existenzgründung die Umsatzzahlen des Vorjahres fehlen, ist nach der Rechtsprechung in derartigen Fällen allein auf den voraussichtlichen Gesamtumsatz des Gründungsjahres abzustellen. Beginnt die unternehmerische Tätigkeit im Laufe des Geschäftsjahres, so ist der Gesamtumsatz in einen Jahresumsatz umzurechnen; angefangene Kalendermonate sind nach § 19 Abs. 3 Satz 3 und 4 UStG vollständig anzurechnen. Die gesetzlich vorgesehene und damit automatisch greifende Umsatzsteuerbefreiung der Kleinunternehmer hat zur Folge, dass sie im Gegenzug auch nicht zur Vorsteuerabrechnung kommen. Was auf den ersten Blick also wie ein Steuergeschenk aussieht, ist für viele Existenzgründer, die zu Beginn ihrer Tätigkeit oftmals enorme Ausgaben tätigen müssen, eher nachteilig. Denn wenn sie umsatzsteuerpflichtig wären, könnten sie sich die 19% Umsatzsteuer bzw. 7% bei ermäßigtem Steuersatz eins zu eins als Vorsteuer erstatten lassen, anstatt die Investition erst mühselig, mitunter über Jahre, im Rahmen der Einkommensteuer abzuschreiben, was dann nur zu einer geringen Ermäßigung der Steuerlast führen würde. Darüber hinaus sind Unternehmen, die von der Umsatzsteuer befreit sind, nicht dazu berechtigt, auf ihren Rechnungen Umsatzsteuer auszuweisen. Dies ist aber oftmals für andere Geschäftspartner, die nicht Endverbraucher sind, nachteilig; denn für sie wäre der Umsatzsteueranteil nur ein durchlaufender Posten, den sie selbst über die Vorsteuer erstattet bekämen. Eine Rechnung ohne Umsatzsteuerausweis führte dazu, dass sie den Rechnungsbetrag vollständig zu tragen hätten. Wichtig für Existenzgründer, die unter die Kleinunternehmergrenze fallen, ist, dass sie eine unberechtigt auf der Rechnung ausgewiesene Umsatzsteuer zwingend an den Staat abführen müssten, ohne zum Vorsteuerabzug berechtigt zu sein. Aber es gibt eine Möglichkeit für Kleinunternehmer, freiwillig zur Umsatzsteuer zu optieren. Der Kleinunternehmer kann sich vom Finanzamt von der Umsatzsteuerbefreiung des § 19 UStG quasi befreien lassen, indem er bis zur Unanfechtbarkeit der Steuererklärung eine entsprechende Erklärung beim Finanzamt einreicht. Diese gilt von Beginn des Kalenderjahres an und bindet den Kleinunternehmer zwingend auf fünf Jahre an seine Option zur Umsatzsteuerpflicht. Einem Existenzgründer, der trotz Kleinunternehmereigenschaft in den Genuss von Vorsteuerabzug kommen möchte, kann nur geraten werden, vor Gründungsinvestitionen mit dem Finanzamt Kontakt aufzunehmen und diese erst nach Aufnahme der Tätigkeit und nach einer freiwilligen Option zur Umsatzsteuerpflicht durchzuführen. Eine Option zur Befreiung von § 19 UStG ist für viele Existenzgründer sinnvoll. Die mit einer Umsatzsteuerbefreiung verbundene Kleinunternehmerregelung des § 19 UStG ist für Existenzgründer nur in bestimmten Fällen wegen des Wegfalls von umsatzsteuerlichen Formalitäten sinnvoll; beispielsweise bei nebenberuflichen Tätigkeiten mit geringem Investitionsaufwand und einem Kundenstamm, welcher ausschließlich aus Endverbrauchern besteht. Der Nachteil bei dieser Beibehaltung der gesetzlichen Regelung für Kleinunternehmer ist dann allerdings der Wegfall von Vorsteuererstattungen trotz der oftmals hohen Anfangsinvestitionen in der Gründungsphase. Außerdem dürfte dann auf Rechnungen keine Umsatzsteuer ausgewiesen werden, was gegenüber anderen Geschäftspartnern, die nicht Endverbraucher sind, nachteilig für das eigene Geschäft sein kann.

16.8.5   Rechnungsausstellung

Tätigt ein Unternehmer Geschäfte mit anderen Unternehmern, so berechtigen nur im Sinne des § 14 UStG korrekt ausgestellte Rechnungen zum Vorsteuerabzug. In Geschäften mit Privatpersonen wird in der täglichen Praxis auf eine Rechnungsstellung verzichtet und der Kunde erhält nur den Kassenbon. Zu einer korrekten Rechnung gehören gesetzlich geregelte Pflichtangaben, für so genannte Kleinbetragsrechnungen (Quittungen) mit einem Gegenwert von unter 100 Euro sind die Pflichtangaben aus Vereinfachungsgründen eingeschränkt (vgl. § 33 UStDV). Beim Ausstellen von Kleinbetragsrechnungen sollte man aber darauf achten, nicht noch einmal die Umsatzsteuer auf der Quittung auszuweisen, wenn dies schon im dazugehörigen Kassenbon gemacht worden ist. Da in der Praxis die beiden Belege oftmals zusammengeheftet werden, erhält der Kunde sonst zwei vorsteuerabzugsfähige Belege, was aber wiederum bedeutet, dass der Aussteller auch zweifach Umsatzsteuer abführen müsste. Sollte innerhalb einer steuerlichen Prüfung festgestellt werden, dass die Rechnungen nicht den Vorschriften entsprechen, kann es dazu kommen, dass für mehrere Jahre rückwirkend Steuer zu entrichten ist.

16.8.6   Besteuerungsformen

Der Besteuerungszeitraum für die Umsatzsteuer ist nicht das Wirtschafts- sondern das Kalenderjahr. Gemäß § 16 Abs. 1 UStG ist die Berechnung nach vereinbartem Entgelt (Soll-Besteuerung) zu tätigen. Dies bedeutet, dass die Umsätze auch dann an das Finanzamt abzuführen sind, wenn der Unternehmer das Geld vom Kunden noch gar nicht erhalten hat. Dies kann im Zweifelsfall zu Liquiditätsproblemen und Zinsverlusten führen. Um dem entgegenzuwirken, gibt es die Möglichkeit, sich von der Finanzbehörde die Umsatzsteuerberechnung nach vereinnahmtem Entgelt (Ist-Besteuerung) gestatten zu lassen. Dies kann insbesondere für Existenzgründer von Vorteil sein, ist aber nur dann zulässig, wenn zumindest eine der folgenden Bedingungen erfüllt ist:

- Der Gesamtumsatz im vorangegangenen Kalenderjahr war geringer als 125.000 Euro. Dieses Kriterium ist für den Existenzgründer nicht relevant, da er sich auf kein Vorjahr beziehen kann.
- Der Unternehmer ist nach der Abgabenordnung nicht zur Führung von Büchern verpflichtet (z. B. Kleingewerbetreibende).
- Es handelt sich um einen Freiberufler im Sinne des § 18 Abs. 1 EStG.

16.8.7   Besteuerungsverfahren

Der Unternehmer muss seine selbst berechnete und unterschriebene Umsatzsteuererklärung, in welcher die Zahllast oder ein Überschuss angegeben werden, nach dem amtlichen Vordruck bis zum 31. Mai des Folgejahres einreichen (vgl. § 18 Abs. 3 UStG). Bei einer verspäteten Abgabe wird ein Verspätungszuschlag von bis zu 10% der festgesetzten Steuer erhoben. Anders als bei der Einkommensteuerzahlung sind die Umsatzsteuerzahlungen für jede Periode in einer so genannten Umsatzsteuervoranmeldung bis zum 10. des Folgemonats auf elektronischem Wege beim Finanzamt einzureichen. Durch Beantragung einer Dauerfristverlängerung hat man zur Abgabe einen weiteren Monat Zeit, muss aber eine Vorauszahlung in Höhe von 1/11 der Jahressteuer leisten (vgl. §§ 46 ff. UStDV). Der Voranmeldezeitraum hängt nach § 18 UStG grundsätzlich von der Höhe der Umsätze ab, beträgt aber gewöhnlich das Kalendervierteljahr. Bei Existenzgründern gilt jedoch der Voranmeldezeitraum von einem Monat für das laufende und folgende Kalenderjahr, was zwar den Nachteil hat, dass das Finanzamt schneller seine Steuern erhält; bei einem Überschuss bekommt der Existenzgründer aber dann auch seine Rückzahlung schneller erstattet.

16.8.8   Steuerprüfung

Nach § 27b UStG hat die Finanzbehörde die Möglichkeit zur Umsatzsteuer-Nachschau. Das heißt, sie kann ohne Vorankündigung und außerhalb der Außenprüfung Geschäftsräume und Grundstücke des Steuerpflichtigen betreten, Auskünfte und Einsicht in die Bücher und Geschäftspapiere verlangen und bei entsprechendem Anlass unmittelbar zu einer Außenprüfung übergehen (vgl. § 193 AO).

16.9   Gewerbesteuer

Die Gewerbesteuer ist die Haupteinnahmequelle der Städte und Gemeinden. Nur Gewerbebetriebe sind nach § 2 GewStG Steuerobjekt. Freiberuflerpraxen sowie land- und forstwirtschaftliche Betriebe unterliegen deshalb keiner Besteuerung nach dem GewStG. Die Gewerbesteuer belastet als Objektsteuer (Realsteuer) den Gewerbebetrieb, unabhängig davon, wer Eigentümer des Objektes ist oder wem die Erträge aus dem Betrieb zufließen. Die gesetzlichen Grundlagen der Gewerbesteuer bilden das Gewerbesteuergesetz (GewStG), die Gewerbesteuer-Durchführungsverordnung (GewStDV) und die Gewerbesteuer-Richtlinien (GewStR).

Nach dem Gewerbesteuergesetz werden zwei Arten von Gewerbebetrieben unterschieden:

- der stehende Gewerbebetrieb (§ 2 Abs. 1 GewStG),
- der Reisegewerbebetrieb (§ 35a GewStG).

Zur Führung eines Reisebetriebes bedarf es einer Reisegewerbekarte oder der Inhaber muss einen Blindenwaren-Vertriebsausweis besitzen. Alle anderen Betriebe sind stehende Gewerbebetriebe. Die Wahl der Rechtsform ist vom Existenzgründer sehr gut zu überlegen; denn steuerpflichtig ist jedes inländische Gewerbe entweder kraft seiner Tätigkeit (§ 2 Abs. 1 GewStG) oder kraft seiner Rechtsform (§ 3 Abs. 2 GewStG), auch wenn keine gewerbliche Tätigkeit ausgeübt wird.

Die Steuerpflicht einer Kapitalgesellschaft beginnt mit der Erlangung der Rechtsfähigkeit; d.h. mit der Eintragung ins Handelsregister. Allerdings kann durch die Existenz einer Vorgesellschaft schon vor der Registrierung eine Gewerbesteuerpflicht gegeben sein. Anders als bei der Umsatzsteuer reicht in diesem Fall aber nicht der Abschluss des Gesellschaftsvertrages zur Steuerpflicht aus. Vielmehr muss eine nach außen in Erscheinung tretende Tätigkeit aufgenommen werden. Bei der Personengesellschaft, wie auch bei Einzelunternehmen, beginnen die sachlichen steuerlichen Verpflichtungen mit der gewerblichen Tätigkeit, ohne dass eine Eintragung ins Handelsregister nötig ist. Die tatsächliche Zahlungspflicht setzt dagegen nach § 5 GewStG einen positiven Gewerbeertrag voraus. Steuerschuldner ist nach § 5 Abs. 1 Satz 1 und 2 GewStG der Unternehmer, in dessen Rechnung das Gewerbe betrieben wird. Die Betriebe, die nach § 3 GewStG von der Gewerbesteuer befreit sind, haben für den Existenzgründer nur geringe Bedeutung, da es sich hier beispielsweise um bestimmte private Schulen, Alten- und Pflegeheime handelt oder um staatliche Lotterieunternehmen.

Zur Begleichung der Steuerschuld sind vierteljährlich Vorauszahlungen, jeweils am 15. der Monate Februar, Mai, August und November, über die Höhe von einem Viertel der zuletzt gezahlten Steuersumme zu tätigen, wenn diese mindestens 50 EUR betragen hat. Bei der Neugründung eines Gewerbebetriebes kann die Gemeinde die Vorauszahlungen in der erwarteten Höhe festsetzen. Bei verspäteten Zahlungen gilt wie bei der Umsatzsteuer ein Verspätungszuschlag von 10% auf die festgesetzte Steuer.

16.9.1 Das Besteuerungsverfahren

Der Steuerpflichtige gibt bei dem Finanzamt seine Steuererklärung ab. Dieses berechnet nach dem im Gewerbesteuergesetz bundeseinheitlich festgelegten Berechnungsschema den so genannten Steuermessbetrag. Mit Steuerbescheid wird dieser Steuermessbescheid sowohl dem Steuerpflichtigen als auch der Stadt oder Gemeinde mitgeteilt, in welchem der Gewerbebetrieb belegen ist. Der Bescheid an beide ist nötig, weil sowohl der Steuerpflichtige als auch die Kommune durch den Steuerbescheid beschwert sein kann und deshalb die Möglichkeit zum Einspruch hiergegen haben muss. Auf der Grundlage des Steuermessbescheides berechnet die Stadt bzw. Gemeinde durch Verrechnung mit dem individuell festgelegten Hebesatz die Gewerbesteuer und erstellt einen Gewerbesteuerbescheid. Dieser wird an den Steuerpflichtigen geschickt. Wegen dieser Arbeitsteilung zwischen Finanzamt und Kommune wird der Steuermessbescheid des Finanzamtes oftmals auch als „Grundlagenbescheid" und der Steuerbescheid der Kommune auch als „Folgebescheid" bezeichnet. Möchte der Steuerpflichtige gegen die Gewerbesteuer ein Rechtsmittel einlegen, so ist es für den Steuerpflichtigen wichtig, dass er gegen den richtigen Bescheid vorgeht. Liegt ein Fehler in der Berechnung des Finanzamtes vor, so bleibt dem Steuerpflichtigen nur die Monatsfrist zum Einspruch gegen den Grundlagenbescheid. Merkt er den Fehler erst dann, wenn er den Folgebescheid von der Kommune erhält, so wird die Monatsfrist gewöhnlich bereits vorbei sein und sein Einspruch wäre verfristet. Allein gegen die Verrechnung mit dem Hebesatz des Folgebescheides könnte er dann noch vorgehen.

16.9.2 Berechnung der Gewerbesteuer

Zwar stellt der Gewerbebetrieb das Steuerobjekt dar, doch ist nach § 5 GewStG derjenige als Steuerschuldner anzusehen, für dessen Rechnung das Gewerbe betrieben wird. Zunächst wird als Ausgangsgröße nach § 7 GewStG vom Gewinn aus Gewerbebetrieb ausgegangen. Hier kann auf die Grundsätze der Gewinnermittlung des EStG zurückgegriffen werden. Dieser Gewinn aus Gewerbebetrieb wird durch das Addieren von so genannten Hinzurechnungen nach § 8 GewStG und den Abzug von so genannten Kürzungen nach § 9 GewStG korrigiert. Das Ergebnis dieser Berechnung wird als Gewerbeertrag bezeichnet. Von diesem Gewerbeertrag wird ein Freibetrag abgezogen, dessen Höhe nach § 11 Abs. 1 GewStG davon abhängig ist, in welcher Unternehmensform das Gewerbe betrieben wird. Der § 11 GewStG sieht vor, dass natürliche Personen sowie Personengesellschaften einen Freibetrag von 24.500 Euro und bestimmte andere Unternehmen sowie juristische Personen des öffentlichen Rechts einen Freibetrag von lediglich 3.900 Euro in Anspruch nehmen können. Das bei der Berechnung entstehende Zwischenergebnis wird mit der, in § 11 Abs. 2 GewStG normierten Steuermesszahl von 3,5% verrechnet und erhält damit den so genannten Steuermessbetrag. Bis hierher wird die Berechnung durch das Finanzamt durchgeführt. Wenn die Kommune, in welcher der Gewerbebetrieb belegen ist, den Bescheid des Finanzamtes erhält, verrechnet sie den Steuermessbetrag mit dem für die Kommune individuell festgelegten Hebesatz. Ein solcher Hebesatz wird in Prozent ausgedrückt und muss seit dem Jahre 2004 mindestens 200% betragen. Gewöhnlich findet man in der Praxis in Kommunen mit mehr als 50.000 Einwohnern Hebesätze zwischen 350 und 500%.

16.9.3 Standortfaktor Gewerbesteuer

Der Existenzgründer sollte sich vorab über die Höhe des festgelegten Hebesatzes informieren, da dieser erfahrungsgemäß zwischen 200% und 500% liegt und somit einen nicht zu unterschätzenden Faktor im Rahmen der Standortwahl ausmacht. Die Höhe des Hebesatzes bestimmt jede Gemeinde bzw. Stadt im Rahmen ihrer Selbstverwaltungsautonomie alleine. In der Höhe orientieren sich die Kommunen oftmals an ihrem individuellen Finanzbedarf. Eine Einschränkung bildet aber seit dem 1. Januar 2004 der § 16 Abs. 4 GewStG, welcher einen Mindesthebesatz von 200% festlegt. Weniger als diesen Hebesatz dürfen die Gemeinden nicht erheben; mehr hingegen schon.

Existieren Niederlassungen in mehreren hebeberechtigten Gemeinden, so wird der Steuermessbetrag in Anteile aufgeteilt, die sich nach der Arbeitslohnsumme der dort arbeitenden Angestellten richten. Diese Zerlegung muss aber nicht selbst errechnet werden, sondern wird vom Finanzamt durchgeführt. Seit dem 1. Januar 2008 ist die Gewerbesteuer nach § 4 Abs. 5b EStG keine abzugsfähige Betriebsausgabe mehr.

17 Aufzeichnungs- und Aufbewahrungspflichten

Unternehmer haben nach Handels- und Steuerrecht Aufzeichnungs- und Aufbewahrungspflichten zu erfüllen. Das Steuerrecht fordert überdies von den Unternehmern die Abgabe von Steuererklärungen. Die handelsrechtlichen Aufzeichnungs-, Buchführungs- und Aufbewahrungspflichten sind im Handelsgesetzbuch (HGB) und in den handelsrechtlichen Spezialgesetzen, wie z. B. dem Aktiengesetz (AktG), dem Gesetz betreffend die Gesellschaften mit beschränkter Haftung (GmbHG) und dem Genossenschaftsgesetz (GenG) geregelt. Zweck dieser Pflichten ist die Dokumentation aller Geschäftsvorfälle, Rechenschaftslegung und Beweissicherung im Interesse der Rechtssicherheit sowie im Interesse der Gläubiger (Kreditgeber, Lieferanten), der Gesellschafter und der Arbeitnehmer des Unternehmens.

Die steuerrechtlichen Aufzeichnungs-, Buchführungs- und Aufbewahrungspflichten sind in der Abgabenordnung (AO) sowie in den Einzelsteuergesetzen normiert. Es handelt sich zum Teil um eigenständige (originäre) steuerliche Pflichten (§ 141 AO), zum Teil um abgeleitete (derivative) Pflichten; d.h., außersteuerliche Aufzeichnungs- und Buchführungspflichten, die für die Besteuerung bedeutsam sind, gelten auch als steuerliche Pflichten (§ 140 AO). Zweck dieser steuerlichen Pflichten ist die Sicherung der Besteuerung; vor allem die Nachprüfbarkeit durch das Finanzamt.

17.1 Aufzeichnungspflichten

Handels- und Steuerrecht verpflichtet eine Vielzahl von Unternehmern zur Aufzeichnung aller Geschäftsvorfälle. Die laufende Aufzeichnung aller Geschäftsvorfälle ist die Buchführung. Sie ist ein Teil des betrieblichen Rechnungswesens und liefert die Grundlagen für die Kostenrechnung und Kalkulation sowie die Statistik. Darüber hinaus bietet sie einen Überblick über den Erfolg des Betriebes. Insofern sollte die Buchführung nicht als „notwendiges Übel" angesehen werden, sondern als hilfreiches Instrument, welches dem Buchführenden die Steuerung und Kontrolle seines Betriebes erheblich erleichtert und möglichen Nachteilen vorbeugt. Eine ordnungsgemäße Buchführung ist auch aus steuerlichen Gründen notwendig und für den Unternehmer verpflichtend.

Die Verantwortung für die Richtigkeit und Vollständigkeit der Buchführung trägt allein der Unternehmer; d.h. bei der Einzelunternehmung der Inhaber, bei der offenen Handelsgesellschaft alle Gesellschafter, bei der Gesellschaft mit beschränkter Haftung die Geschäftsführer und bei der Aktiengesellschaft die Vorstandsmitglieder, um nur die wichtigsten Formen unternehmerischer Tätigkeit zu nennen. Es wird zwischen kleinbetrieblicher und kaufmännischer Buchführung unterschieden. Letztere wird auch als doppelte Buchführung bezeichnet.

17.1.1   Handelsrechtliche Aufzeichnungspflichten

Nach § 238 HGB ist jeder Kaufmann verpflichtet, Bücher zu führen und in diesen seine Handelsgeschäfte und die Lage seines Vermögens nach den Grundsätzen ordnungsmäßiger Buchführung ersichtlich zu machen. Er muss somit eine vollständige doppelte Buchführung und Jahresabschlüsse mit Gewinn- und Verlustrechnung erstellen. Diese Pflicht trifft Kaufleute im Sinne von § 1ff. HGB, also diejenigen, die ein Handelsgewerbe betreiben. Personenhandelsgesellschaften und Kapitalgesellschaften sind aufgrund ihrer Rechtsform Kaufleute (§ 6 HGB). Ein Unternehmen, welches keine Kaufmannseigenschaft besitzt (Kleingewerbetreibender), kann nach § 2 HGB durch Eintragung in das Handelsregister ein vollwertiger Kaufmann werden. Land- und Forstwirte fallen grundsätzlich nicht unter das HGB. Unter bestimmten Voraussetzungen können sie jedoch nach § 3 HGB den Haupt- oder Nebenbetrieb in das Handelsregister eintragen lassen und erlangen hierdurch Kaufmannseigenschaft. Diese Kaufleute werden bisweilen auch als „Kann-Kaufleute" bezeichnet. Für diese gelten dann auch die Buchführungspflichten. Dagegen sind Freiberufler (z. B. Ärzte, Rechtsanwälte, Architekten) handelsrechtlich nicht zur Buchführung verpflichtet.

Der Kaufmann hat außerdem nach § 240 HGB zu Beginn seines Handelsgewerbes und danach für den Schluss eines jeden Geschäftsjahres ein Inventar aufzustellen. Dieses ist ein Verzeichnis seiner sämtlichen Vermögensgegenstände und Schulden nach Art, Menge und Wert. Es ist die Grundlage für die Eröffnungsbilanz, die daraus abgeleiteten Konten der Buchführung und die Grundlage für die Abschlussbuchungen zur Vorbereitung des Jahresabschlusses. Inventar und Buchführung münden dementsprechend in die jährlich zu erstellende Bilanz und die Gewinn- und Verlustrechnung ein.

Die Buchführung hat den „Grundsätzen ordnungsmäßiger Buchführung" zu entsprechen (§ 238 HGB). Ordnungsmäßig ist die Buchführung dann, wenn sich ein sachverständiger Dritter aus den Aufzeichnungen ein Bild über die Lage des Unternehmens machen kann (§ 238 HGB). Die Eintragungen in Büchern und die sonst erforderlichen Aufzeichnungen müssen vollständig, richtig, zeitgerecht und geordnet vorgenommen werden (§ 239 HGB). Das Gebot der Vollständigkeit und Richtigkeit wird auch als Grundsatz der materiellen Ordnungsmäßigkeit bezeichnet. Der Grundsatz der formellen Ordnungsmäßigkeit bedeutet demgegenüber, dass keine Buchung ohne Beleg erfolgen darf und dass sämtliche Aufzeichnungen klar, übersichtlich und nachprüfbar sein müssen. Da heute fast alle, jedenfalls die größeren Unternehmen EDV-Buchführungssysteme haben, müssen in die Programme Sicherungen und Sperren eingebaut werden, die verhindern, dass einmal eingegebene Daten verändert oder nachträglich weitere Daten eingegeben werden können.

Ergänzend ist zu erwähnen, dass Kapitalgesellschaften einer Prüfpflicht unterliegen und jährlich einen Wirtschaftsprüfer zu bestellen haben, der ihre Buchführung kontrolliert.

Nach §§ 267, 316 HGB müssen zwei der folgenden Kriterien erfüllt sein, damit ein Unternehmen der Prüfpflicht unterliegt:

- die Bilanzsumme ist größer als 4,015 Mio. Euro;
- der Umsatz ist höher als 8,030 Mio. Euro;
- das Unternehmen beschäftigt mehr als 50 Arbeitnehmer.

17.1.2   Steuerliche Aufzeichnungspflichten

Wie in der Einleitung bereits erwähnt, sind Aufzeichnungen, die von nichtsteuerlichen Gesetzen verlangt werden, auch im Interesse der Besteuerung zu tätigen, wenn sie für die Besteuerung von Bedeutung sind (§ 140 AO). Diese Voraussetzung ist bei den oben dargestellten handelsrechtlichen Buchführungs- und Bilanzierungsvorschriften erfüllt. Denn die nach Handelsrecht erstellte Bilanz (Handelsbilanz) ist für die steuerrechtliche Gewinnermittlung maßgebend. Man spricht deshalb vom Grundsatz der Maßgeblichkeit der Handelsbilanz für die Steuerbilanz. Deshalb gelten die handelsrechtlichen Aufzeichnungs-, Buchführungs- und Bilanzierungspflichten zugleich als steuerliche Pflichten.

Es gibt aber auch originäre steuerliche Buchführungspflichten. Nach § 141 AO werden bestimmte Betriebe, die handelsrechtlich nicht buchführungspflichtig sind, steuerrechtlich in den Kreis der buchführungspflichtigen Kaufleute einbezogen. Der Bereich der Buchführungspflichtigen wird damit durch die AO gegenüber den handelsrechtlichen Vorschriften erweitert. Im Einzelnen sind nach § 141 AO gewerbliche Unternehmer sowie Land- und Forstwirte verpflichtet, Bücher zu führen und aufgrund jährlicher Bestandsaufnahmen Abschlüsse zu machen, wenn eine der folgenden Voraussetzungen erfüllt ist:

- Umsätze im Kalenderjahr von mehr als 500.000 Euro;
- Gewinn aus Gewerbebetrieb von mehr als 50.000 Euro im Wirtschaftsjahr;
- Gewinn aus Land- und Forstwirtschaft von mehr als 50.000 Euro im Kalenderjahr;
- selbstbewirtschaftete land- und forstwirtschaftliche Flächen mit einem Wirtschaftswert von mehr als 25.000 Euro.

Dagegen sind Angehörige freier Berufe, Land- und Forstwirte und Gewerbetreibende, die als Minderkaufleute gelten und somit keine Eintragung im Handelsregister benötigen, im oben beschriebenen Sinn nicht buchführungspflichtig. Sie können nach § 4 Abs. 3 EStG eine vereinfachte „Einnahme- Überschussrechnung" erstellen, also eine Aufzeichnung der Einnahmen und Ausgaben vornehmen. Bisweilen ist es aber auch dieser Personengruppe anzuraten, freiwillig eine kaufmännische Buchführung zu führen, da dies zu einer professionellen Organisation der Geschäftsverläufe und einem besseren Überblick verhilft.

Die bereits erwähnten handelsrechtlichen Grundsätze der formellen und materiellen Ordnungsmäßigkeit der Buchführung werden für steuerliche Zwecke in den §§ 145, 146 AO noch einmal detailliert ausgeführt. Es handelt sich hierbei um Ordnungsvorschriften, die deshalb von Bedeutung sind, weil nur der ordnungsmäßigen Buchführung Beweiskraft zukommt. Die Verletzung der Buchführungspflicht ist nicht strafbar, es sei denn, sie steht in Verbindung mit Steuerhinterziehung oder Betrug. Sie kann aber unter Umständen eine Ordnungswidrigkeit nach § 379 AO darstellen. Darüber hinaus kann ein Verstoß gegen Buchfüh-rungspflichten z. B. zu überhöhten Steuerschätzungen durch das Finanzamt, zu Steuernach-zahlungen und Säumniszuschlägen führen.

Weitere steuerliche Aufzeichnungspflichten ergeben sich für Unternehmer im Sinne des Umsatzsteuergesetzes (UStG) für Zwecke der Umsatzsteuer. Diese Aufzeichnungspflichten sind unabhängig davon zu erfüllen, ob der Betrieb sonst nach handels- oder steuerrechtlichen Vorschriften buchführungspflichtig ist. Schließlich ist auf die Aufzeichnungspflichten des § 4 EStG und §§ 142 bis 144 AO hinzuweisen. Letztere gelten für bestimmte Land- und Forstwirte und für die Aufzeichnung des Wareneingangs- und Warenausgangs bei gewerblichen Unternehmern. Von großer Bedeutung sind auch die Aufzeichnungspflichten des Arbeitge-bers für den gesetzlich vorgeschriebenen Lohnsteuerabzug. Die Buchführungs- und Auf-zeichnungspflichten werden durch die Aufbewahrungspflichten nach handels- und steuer-rechtlichen Vorschriften ergänzt. Erst mit den Belegen und Unterlagen kann eine Buchfüh-rung überprüft und deren Vollständigkeit und Richtigkeit festgestellt werden. Im Folgenden werden deshalb die Aufbewahrungspflichten der Gewerbetreibenden dargestellt.

17.2   Aufbewahrungspflichten

Da die Führung von Aufzeichnungen und Büchern nicht nur dem Unternehmer selbst dient, sondern auch im Interesse Dritter notwendig ist, machen die Aufzeichnungen und die Buch-führung nur dann Sinn, wenn sie mit der Pflicht zur Aufbewahrung für eine bestimmte Zeit verbunden werden. Nur so ist eine korrekte Überprüfung und die Anerkennung als ord-nungsgemäß möglich. Aufbewahrungspflichten ergeben sich aus Handels- und Steuerrecht. Die handelsrechtlichen Aufbewahrungsvorschriften bezwecken vornehmlich, das Interesse der Gläubiger an der Verwirklichung ihrer Ansprüche zu schützen und den jederzeitigen Nachweis der Vermögenslage des Kaufmanns sicher zu stellen, wohingegen nach dem Steu-errecht der Nachweis und die Überprüfbarkeit der Besteuerungsgrundlagen im Interesse einer gleichmäßigen und gerechten Besteuerung gewährleistet werden sollen.

17.2.1   Die aufbewahrungspflichtigen Personen

Nach § 257 HGB ist jeder Kaufmann verpflichtet, bestimmte Unterlagen geordnet aufzube-wahren. Aufgrund der Anknüpfung an die Kaufmannseigenschaft deckt sich der Kreis der nach Handelsrecht aufbewahrungspflichtigen Personen („jeder Kaufmann") grundsätzlich mit dem Kreis der Buchführungspflichtigen. Die steuerlichen Vorschriften gehen über die des Handelsrechts hinaus. Deshalb ist der Kreis der nach Steuerrecht Buchführungspflichti-gen weiter als der Kreis der nach Handelsrecht Buchführungspflichtigen. Das Entsprechende gilt auch für die Aufbewahrungspflichten. Die Abgabenordnung schließt in § 147 AO z. B. auch Nichtkaufleute und Freiberufler mit ein. Aufbewahrungspflichtig sind auch die Erben der unmittelbar Verpflichteten, unabhängig davon, ob sie das Unternehmen oder die Tätig-keit des Erblassers fortführen oder nicht. Betroffen von dieser Pflicht ist nach § 141 Abs. 3 AO auch der Testamentsvollstrecker oder im Falle einer Betriebsübernahme der Übernehmer. Kommt es zu einem Insolvenzverfahren, hat der Insolvenzverwalter die Aufbewahrungspflicht zu übernehmen (§§ 35, 36 Abs. 2 Nr. 1 i.V.m. § 155 Abs. 1 InsO).

17.2.2   Aufbewahrungspflichtiges Schriftgut

Das Handelsrecht fordert, Handelsbücher, Inventare, Bilanzen sowie die zu ihrem Verständnis erforderlichen Arbeitsanweisungen und sonstigen Organisationsunterlagen, empfangene Handelsbriefe, Wiedergaben der abgesandten Handelsbriefe sowie Buchführungsbelege aufzubewahren (§ 257 HGB). Der Begriff des Handelsbriefes umfasst die Dokumente, welche die Vorbereitung, Durchführung oder Rückgängigmachung eines Handelsgeschäftes zum Gegenstand haben. Hierbei muss es sich nicht um Briefe und andere durch die Post zugestellte Schriftstücke im engeren Sinn handeln. Auch Telegramme, Telefaxe und E-Mails gehören hierzu. Buchungsbelege im Sinne des § 257 Abs. 1 Nr. 4 HGB können beispielsweise sein:

- Eigenbelege für Stornobuchungen;
- Lieferscheine, Lohn- und Gehaltsabrechnungen;
- Quittungen;
- Aktennotizen;
- Abgaben- und Beitragsbescheide;
- Zahlungsanweisungen;
- Scheckbücher und Schecks;
- Rechnungen und Rechnungskopien;
- Portokassenbücher.

Diese Beispiele zeigen bereits, dass unter dem Begriff „Buchungsbelege" je nach Geschäftsvorfall noch viele andere Arten an Belegen in Betracht kommen können. Buchungsbelege sind also alle Unterlagen, die dazu geeignet sind, einzelne Geschäftsvorfälle zu dokumentieren und damit zur Grundlage einer einzelnen Eintragung in die Geschäftsbücher oder sonstiger Aufzeichnungen werden. Lediglich wenn die Belege allein zur Erläuterung einer Buchung dienen, brauchen sie nicht als Buchungsbeleg angesehen zu werden. Ähnlich sieht auch die Abgabenordnung bestimmtes Schriftgut für aufbewahrungspflichtig an (§ 147 Abs. 1 AO).

17.2.3   Welche Unterlagen sind im Einzelnen aufzubewahren?

Der Begriff der „Bücher" ist in der Abgabenordnung weiter gefasst als im Handelsgesetzbuch. Bei den Handelsbüchern handelt es sich um Unterlagen, welche die Entwicklung des gesamten Vermögens und die Schulden sowie die Zusammensetzung der Aufwendungen und Erträge ersichtlich machen. Haupt-, Grund- und Nebenbücher sind hiernach für eine ordnungsgemäße Buchführung nötig. Einen besonderen Stellenwert haben das Journal (Grundbuch), die Sachkonten (Hauptbuch) und die Kassen- und Kontokorrentbücher (Nebenbücher). Die Abgabenordnung versteht unter Büchern alle Geschäftsbücher, die der Steuerpflichtige aufgrund gesetzlicher Regelungen führen muss. Diese umfassen die Handelsbücher und die für steuerliche Zwecke nach §§ 142, 143 sowie § 144 AO und nach anderen gesetzlichen Vorschriften zu führenden Bücher. Auftrags-, Rechnungs-, Quittungs- oder Tagesnotizbücher fallen nicht unter den Begriff der Bücher, da sie einen so genannten Belegcharakter haben und damit nur die Grundlage für Buchungen darstellen. Loseblatt- und Karteibuchführungen sind genauso ein Teil der Bücher, wie fest gebundene Bücher. Im heutigen Zeitalter erfüllen aber auch die Möglichkeiten der elektronischen Datenverarbeitung echte Buchfunktion. Voraussetzung ist, dass die gespeicherten Daten bei Bedarf in angemessener Frist ausgedruckt werden können. Generelles Ausdrucken wird allerdings nicht verlangt. Es besteht aber gemäß § 147 Abs. 5 AO eine Verpflichtung auf Verlangen der Finanzbehörde dieses zu tun.

Das Inventar ist das Verzeichnis, das detailliert alle Vermögensgegenstände, die einzelnen Schulden und die Berechnung des Reinvermögens eines Unternehmens aufzeigt. Es kommt durch eine Bestandsaufnahme (Inventur) zustande. Körperliche Gegenstände werden hierbei gemessen, gewogen respektive gezählt. Immaterielle Vermögensgegenstände und Schulden werden dabei anhand von Dokumenten erfasst. Arbeitsanweisungen und sonstige Organisationsunterlagen sind ebenfalls aufzubewahren, da sie dem Verständnis des bereits genannten Schriftgutes dienen. Hierzu gehören Buchungsanweisungen, Erläuterungen, Ablaufdiagramme, Blockdiagramme und ähnliche Organisationsunterlagen. Die Prüfbarkeit durch Dritte muss auch bei diesen Unterlagen gegeben sein. Verträge, Auftragsbestätigungen, Reklamationen, Aufträge und ähnliche Unterlagen werden als Handelsbriefe bezeichnet. Handelsbriefe sind gemäß § 257 Abs. 2 HGB Schriftstücke, die der Vorbereitung, dem Abschluss, der Durchführung oder der Rückgängigmachung eines Handelsgeschäftes dienen. Die Abgabenordnung hat den Begriff der Geschäftsbriefe eingeführt. Geschäftsbriefe gehören zum Schriftgut der Nicht-Kaufleute und sind ebenfalls aufbewahrungspflichtig (§ 147 AO). Buchungsbelege bezeichnen die Unterlagen, welche die Grundlage der zu führenden Bücher und Aufzeichnungen sind. Hierzu zählen die internen wie auch die externen Belege. Buchungsbelege haben die Funktion nachzuweisen, dass einem gebuchten Sachverhalt auch ein tatsächlich existierender Vorgang zugrunde liegt. Zu den sonstigen Unterlagen gehören alle steuerlich relevanten Schriften und die Unterlagen, welche geeignet sind, für Nachkalkulationen und andere Kontrollmöglichkeiten als Anhaltspunkt dienen zu können.

Die Aufbewahrung von Rechnungen ist in § 14b UStG gesondert geregelt. Ein Unternehmer hat danach ein Doppel der Rechnungen aufzubewahren, die er selbst oder ein Dritter in seinem Namen und auf seine Rechnung ausgestellt hat, sowie alle Rechnungen, die er erhalten oder die ein Leistungsempfänger oder in dessen Namen und auf dessen Rechnung ein Dritter ausgestellt hat. Dies gilt auch in Fällen, in denen die Steuerschuld auf den letzten Abnehmer beziehungsweise den Leistungsempfänger verlagert ist. Entsprechend der technischen Entwicklung ist unter bestimmten Voraussetzungen handels- und steuerrechtlich die Aufbewahrung der genannten Unterlagen auf Bildträgern oder anderen Datenträgern zulässig (§ 257 Abs. 3 HGB und § 147 Abs. 2 AO). Ausgenommen hiervon sind jedoch Eröffnungsbilanzen und Abschlüsse. Das Risiko der Lesbarmachung und deren Kosten trägt der Steuerpflichtige.

17.2.4   Aufbewahrungsfristen

Die Zeiträume, in denen die genannten Schriftstücke aufbewahrt werden müssen, werden als Aufbewahrungsfristen bezeichnet. Die normale handelsrechtliche Aufbewahrungsfrist beläuft sich auf zehn Jahre (§ 257 Abs. 4 HGB). Sie gilt für den Änderungsnachweis der EDV-Buchführung, Anlagekarteien, Ausgangsrechnungen, Ausfuhrunterlagen, Belege, soweit sie für die Buchführung verwendet werden, Bilanzen, Depotauszüge, Eingangsrechnungen, die Eröffnungsbilanz, Gewinnermittlungen, Grundstücksverzeichnisse, Inventar, Jahresabschlüsse, Journale, Kassenbücher, Kontoauszüge, Lieferscheine, Lohnbelege, Quittungen, Reisekostenabrechnungen, Sachkonten und Vermögensverzeichnisse, Wareneingangs- und Ausgangsbücher, Zwischenbilanz (bei Gesellschafterwechsel oder Umstellung des Wirtschaftsjahres), Begleitunterlagen einer Zollanmeldung, sofern sie bei der Zollanmeldung nicht bei der zuständigen Behörde verblieben sind. Für alle anderen bedeutsamen Unterlagen sind nach § 257 Abs. 4 HGB als Aufbewahrungsfrist sechs Jahre vorgeschrieben. Hierzu gehören: Abrechnungsunterlagen, soweit keine Buchungsunterlagen, Angebote, Bankbelege, Betriebsprüfungsberichte, Bewirtschaftungsunterlagen, Buchungsanweisungen, Darlehensunterlagen, Gehaltslisten, Geschäftsbriefe, Investitionszulage (Unterlagen), Kalkulationsunterlagen, Lohnlisten und Belege hierzu, Mahnbescheide, Preislisten, Prozessakten, Schadensunterlagen, Schriftwechsel, Steuerunterlagen und Verträge.

Die Abgabenordnung regelt die steuerlichen Aufbewahrungspflichten in § 147 AO. Die Regelungen im HGB und in der AO erwecken auf den ersten Blick den Anschein, als seien sie gleich. Doch dieser Anschein trügt. Denn anders als die Fristen des Handelsrechts sind die Fristen der Abgabenordnung keine absoluten Fristen sondern nur relative. Der Aufbewahrungsumfang, der sich aus dem Steuerrecht ergibt, ist wesentlich größer als der aus dem Handelsrecht. Dieses hat zur Folge, dass die Aufbewahrungspflicht bezüglich der Frist zumeist aus dem Steuerrecht hergeleitet wird. Mit dem Schluss des Kalenderjahres, in dem die letzte Eintragung in das Buch vorgenommen wurde, das Inventar und die Bilanz erstellt, der Handelsbrief empfangen oder versandt wurde, der Buchungsbeleg entstanden ist oder die Aufzeichnungen vorgenommen wurden, beginnt die Aufbewahrungsfrist. Derartige Fristen enden so lange nicht, wie die Verjährung der Steuerzeiträume durch bestimmte Ereignisse gehemmt ist. Darunter fallen z. B. eine laufende Außenprüfung oder ein Einspruchsverfahren (§ 147 Abs. 3 AO).

18 Wer fördert Existenzgründung?

Der Staat unterstützt sowohl bei der Finanzierung von Investitionen und Betriebsmitteln als auch bei der nicht-finanziellen Förderung die gewerbliche Wirtschaft mit einer Fülle von Förderprogrammen. Diese sollen den Wirtschaftsstandort Deutschland stärken, darüber hinaus aber auch insbesondere junge Unternehmen bei der Umsetzung ihrer Gründungs- oder Erweiterungsmaßnahmen unterstützen. Erfahrungen aus der Praxis zeigen, dass eine qualifizierte Beratung für den Erfolg des Unternehmens sehr wichtig sein kann. Junge Gründerinnen und Gründer können inzwischen als Hilfestellung eine Vielzahl von Angeboten zur Information sowie zur Qualifizierung und Beratung heranziehen.

Im Falle eines Fremdkapitalbedarfs bietet sich für Existenzgründer daher die Möglichkeit an, im Rahmen der Beratung eine gezielte Prüfung des Einsatzes von öffentlichen Fördergeldern neben den Krediten der Hausbank durchzuführen. Aufgrund des in Deutschland bestehenden föderalen Systems existieren sowohl bundesweite als auch bundeslandspezifische Fördermöglichkeiten. Im Folgenden werden daher einzelne Fördermöglichkeiten näher erläutert, sowie die Institutionen und Beratungsstellen aufgeführt, die bundesweite oder bundeslandspezifische Unterstützung für Existenzgründer anbieten.

18.1 Geschichtlicher Überblick der Gründungsförderung

Im Jahr 1960 begann die Bundesrepublik Deutschland damit, Existenzgründungen zu fördern. Damals und heute bestand Einigkeit darüber, dass die kleinen und mittleren Unternehmen für einen funktionierenden Wettbewerb als unabdingbar anzusehen sind. Das kontinuierliche Entstehen neuer Unternehmungen und freiberuflicher Existenzen ist erforderlich, um diejenigen zu ersetzen, die mangels Wettbewerbsfähigkeit oder aus anderen Gründen nicht mehr am Wettbewerb teilnehmen. Nach wie vor stellt die Startfinanzierung der Neugründungen eine große Hürde im Rahmen der Realisierung von Geschäftsideen dar. In den meisten Fällen kann ein neues Unternehmen nicht bereits sofort nach der Gründung Gewinne abwerfen. Um den Zeitraum nach der Gründungsphase zu überbrücken, wurde ab dem Jahre 1960 das European Recovery Programm eingeführt. Hieraus bildete sich im weiteren Verlauf ein so genanntes ERP-Sondervermögen des Bundes. Dieses Sondervermögen ermöglichte es, für Gründungsinvestitionen bis Ende 2003 Kredite in Höhe von insgesamt 111 Milliarden Euro bereitzustellen. Erst die öffentlichen Hilfen durch das ERP ermöglichten es, in Zeiten steigender Gründungskosten erfolgversprechende Unternehmungen auf den Weg zu bringen.

Mit der Fusion der Deutschen Ausgleichsbank (DtA) und der Kreditanstalt für Wiederaufbau (KfW) zur KfW-Mittelstandsbank entstand im Jahre 2003 eine zentrale Plattform für die Förderung von mittelständischen Unternehmen und Existenzgründern. Die KfW Bankengruppe ist heute eine Anstalt des öffentlichen Rechts und stellt zu 80% die Bank des Bundes und zu 20% die Bank der Länder dar. Seit mehr als 50 Jahren ist die Kreditanstalt für Wiederaufbau als Förderbank aktiv. Um einen aktuellen Überblick über das Ausmaß der Unterstützungsleistungen zu erhalten, kann der jährlich erscheinende „KfW-Gründungsmonitor" herangezogen werden.

18.2 Ziele und Voraussetzungen der Gründungsförderung

Um sich der Frage nach dem Zweck der Existenzförderung anzunähern, ist Folgendes zu bedenken: In einer Volkswirtschaft spielen Gründungen eine besondere Rolle. Der Wettbewerb steht als zentraler Faktor einer Marktwirtschaft im Vordergrund. Durch neue Existenzen als Marktteilnehmer gewinnt der Markt an Dynamik und Stärke. Darüber hinaus basieren neue Gründungen häufig auf neuen Ideen. Solche Innovationen beleben die Wirtschaftsstruktur im Land und begünstigen Fortschritt, Wachstum und Wettbewerbsfähigkeit. Ein weiteres wichtiges Ziel bei der Förderung von Existenzgründungen ist die Schaffung von neuen Arbeitsplätzen. Die Stabilität einer Volkswirtschaft wird durch neue und gesunde Existenzen ebenfalls gestärkt und gefestigt. Aufgrund der unterschiedlichen mit der Förderung verbundenen Ziele stellt die Kreditanstalt für Wiederaufbau eine hohe Anzahl von Förderprogrammen zur Verfügung. Diese Programme unterscheiden sich nicht nur in den Konditionen, sondern auch in den spezifischen Voraussetzungen. In der Gesamtheit lassen sich jedoch einige grundlegende Gemeinsamkeiten feststellen. So erfolgt bei der Mehrzahl der Programme keine Vollfinanzierung aus öffentlichen Mitteln und es handelt sich um eine zeitlich beschränkte Förderung.

Je früher die Förderanträge im Gründungsprozess gestellt werden, desto mehr Programme können in der Regel potentiell genutzt werden. Grundsätzlich kann festgestellt werden, dass es in der Bundesrepublik Deutschland keine offizielle Fördermitteldatenbank von Bund oder den Ländern gibt. Das Bundesministerium für Wirtschaft und Technologie stellt in seinem Existenzgründerportal unter www.existenzgruender.de eine Datenbank zur freien Verfügung, die ca. 2.000 Adressen von öffentlichen Einrichtungen und Institutionen als Anlaufstelle für Existenzgründer enthält.

18.3 Beratungs- und Informationsstellen

Einen wesentlichen Beitrag zur Qualifizierung des Unternehmers können kostenlose Beratungs- und Informationsstellen leisten, indem sie vor, während oder nach der Gründungsphase helfend zur Verfügung stehen. Neben spezifischen regionalen Netzwerken stehen des Weiteren die allgemeinen Kammern und Fachverbände, die Gründerportale sowie „Coaching"-Einrichtungen für junge Unternehmer beratend zur Verfügung. Fast alle für Existenzgründer und Unternehmer relevanten Informationen laufen in den Industrie- und Handelskammern sowie den Handwerkskammern zusammen. In diesen Organisationen sind die inländischen deutschen Unternehmen per Gesetz Mitglied; wobei freie Berufe und landwirtschaftliche Betriebe hiervon ausgenommen sind. Die IHK repräsentiert im Gegensatz zu anderen in der Wirtschaft vertretenen Organisationen das wirtschaftliche Gesamtinteresse, denn sie zählt ca. 3,6 Millionen gewerbliche Unternehmen als gesetzliche Mitglieder. Diese Größe verschafft der IHK eine gewisse Unabhängigkeit von Einzelinteressen. Konkret unterstützt die IHK die Unternehmensgründer in Fragen der regionalen oder technischen Förderprogramme, in Fragen der Aus- und Weiterbildung oder auch in Fragen der speziellen Antragsvoraussetzungen.

Die KfW-Mittelstandsbank, das Bundesministerium für Wirtschaft und Arbeit sowie regionale Informationszentren stellen im Internet für Existenzgründer eine Vielzahl von Links, Unterlagen oder spezielle Software zur Verfügung. Die Zeitschrift „Gründerzeiten" ist z. B. eine vom Bundesministerium für Wirtschaft und Arbeit herausgegebene kostenlose Zeitschrift, die speziell für Gründer in regelmäßigen Abständen auch als PDF-Format erhältlich ist. Als eine weitere Unterstützungsmaßnahme hat die KfW-Mittelstandsbank in vielen Städten erfolgreich so genannte „runde Tische" organisiert. Hier können kleinere und mittlere Unternehmen, die sich in wirtschaftlichen Schwierigkeiten befinden, einen Berater zu Hilfe holen, der Schwachstellen analysiert und eventuell Sanierungschancen aufzeigt. Hierfür anfallende Kosten trägt zum größten Teil die KfW-Mittelstandsbank.

Informationen und Unterlagen erhält der interessierte Existenzgründer bei den Beratungszentren der KfW Mittelstandsbank:

KfW Mittelstandsbank
Beratungszentrum Berlin
Behrenstraße 31
10117 Berlin
Tel.:   (030) 20264-5050
Fax: (030) 20264-5445
Internet: www.kfw-mittelstandsbank.de

KfW Mittelstandsbank
Palmengartenstraße 5-9
60325 Frankfurt am Main
Tel.:   (069) 7431-0
Fax: (069) 7431-2944
E-Mail: info@kfw.de
Internet: www.kfw.de

KfW Mittelstandsbank – Infocenter
Servicetelefon-Nummer: 01801-241124
E-Mail: infocenter@kfw-mittelstandsbank.de

18.4   Kooperationen

Existenzgründer sollten frühzeitig daran denken, die Leistungskraft ihres Unternehmens durch Kooperationen oder den Aufbau von Netzwerken sinnvoll abzusichern. Denn im Verbund mit anderen Unternehmen und im Gedankenaustausch mit Kooperationspartnern ist die Möglichkeit gegeben, einen Grundstein dafür zu legen, die Selbständigkeit langfristig abzusichern. Vorteile, die eine solche Vorgehensweise dem Jungunternehmer eröffnen kann, sind die Möglichkeit, seine Ressourcen zu erweitern, eine eventuell damit verbundene Senkung der Kosten, das Entdecken neuer Marktchancen und die Nutzung von Synergieeffekten. Damit all die genannten Chancen auch genutzt werden können, ist es für den Existenzgründer wichtig, sich feste und erreichbare Ziele zu setzen. Kooperationen und Netzwerke können nur funktionieren, wenn die daran beteiligten Kooperationspartner eine überschaubare Anzahl tatsächlich erreichbarer Ziele haben. Diese sollte jeder Kooperationspartner zunächst für sich selbst festlegen; dann aber auch mit den Kooperationspartnern darüber sprechen und so unter Wahrung der eigenen Selbständigkeit gemeinsame Ziele entwickeln. Eine Kooperation ist immer dann besonders effektiv, wenn sich für alle daran Beteiligten daraus Vorteile ergeben. Auch die Organisationsstruktur in Kooperationen ist anders als innerhalb eines Unternehmens. Hier herrschen keine hierarchischen Strukturen sondern die Entscheidungen werden auf einer horizontalen Ebene gleichberechtigter Kooperationspartner getroffen. Die Entscheidungen selbst werden determiniert durch die Problemstellung und ihre Entscheidungsalternativen. Im Rahmen der Entscheidungsfindung spielen auch Komponenten wie Realisierungsmöglichkeiten, Input und Leistungsfähigkeit der übrigen Kooperationspartner eine wichtige Rolle. Trotz allem ist in der Praxis festzustellen, dass es keine allgemeingültigen Merkmale einer Organisationsstruktur gibt. Aber nicht nur Entscheidungsprozesse spielen im Rahmen von Kooperationen und Netzwerken eine große Rolle, sondern auch die „Kontrolle". Insbesondere ein derart sensibler Bereich wie die Kontrolle sollte für alle Beteiligten transparent sein und festgelegten „Spielregeln" folgen. Es braucht wahrscheinlich nicht extra betont zu werden, dass Vertrauen in die Integrität der Kooperationspartner ein wesentliches Fundament der Kooperation sein sollte. Das Stichwort „Kontrolle" bezieht sich daher vielmehr auf die Kontrolle des Erreichens von gesetzten Zielen und der Zwischenschritte auf dem Wege dorthin.

Um ein funktionierendes Netzwerk effektiv und leistungsfähig zu halten, bedarf es einer kontinuierlichen Kommunikation. Diese kann am ehesten dadurch erreicht werden, dass regelmäßige Treffen stattfinden. Deshalb wäre es angebracht, im Jahr mehrere Treffen abzuhalten und zumindest eines dieser Treffen allein dafür zu nutzen, gemeinsam zu hinterfragen, ob die Vorgehensweise noch effektiv genug ist, oder ob bestimmte uneffektive Arbeitsmethoden erneuert werden müssen.

Kurz zusammengefasst sollten im Rahmen der Kooperation bzw. im Rahmen der Gründung von Netzwerken folgende Schritte abgearbeitet werden: Um eine sinnvolle Kooperation oder ein funktionierendes Netzwerk aufzubauen, sollte der Existenzgründer sich zunächst über seine Ziele und den Zweck der Kooperation bewusst werden; erst dann wird er in der Lage sein, ein diese Ziele förderndes Netzwerk aufzubauen. Ist dieses geschehen, kann sich der Existenzgründer darum bemühen, potentielle Kooperationspartner anzusprechen und versuchen, sie von seiner Idee zu überzeugen. Aber nicht nur Personen sind hierbei wichtig. Ebenso sollte Wert auf die Gewinnung finanzieller Mittel und Ressourcen gelegt werden. In einem weiteren Schritt sollten mit den Kooperationspartnern gemeinsame Ziele und die interne Aufgabenverteilung besprochen und festgelegt werden, bevor mit der eigentlichen Zusammenarbeit begonnen wird.

18.5   Existenzsicherung

Selbst wenn der Existenzgründer sein Unternehmen erfolgreich geplant und angemeldet hat, sollte er in kurzen und regelmäßigen Zeitabständen dafür sorgen, dass eine Sicherung bzw. Festigung der Existenz gewährleistet ist. Hierbei gibt es einige Punkte die beachtet werden sollten. Der Existenzgründer sollte dafür sorgen, Abhängigkeiten zu vermeiden. Sowohl Abhängigkeiten von Lieferanten als auch Abhängigkeiten von Kunden können zu Engpässen und Problemen führen, wenn diese Personen ausfallen. Aus diesem Grunde sollte der Existenzgründer von Anfang an Lieferantenpreise vergleichen und, sofern sie zuverlässig sind und Qualität haben, bei den günstigsten Lieferanten Ware ordern. Er sollte aber dann nicht vorgegebene Preise akzeptieren. Bei größeren Abnahmemengen oder regelmäßiger Abnahme können durchaus Sonderkonditionen ausgehandelt werden. Dennoch sollte der Existenzgründer immer wieder Angebote der Konkurrenzlieferanten einholen und den Kontakt zu diesen halten. Somit kann er durchaus Argumente finden, den Lieferanten im Preis zu drücken. Hält er nämlich keinen Kontakt zu Konkurrenzlieferanten, so begibt er sich zu sehr in eine Abhängigkeit. Ebenso wie Abhängigkeiten von Lieferanten, sollten aber auch Abhängigkeiten von einzelnen oder wenigen Kunden vermieden werden. Natürlich ist es schön, einen Großkunden zu haben, der den Umsatz erhöht. Doch darf dies nicht dazu führen, dass das Unternehmen bei einer Abwanderung bzw. bei Ausfall des Kunden nicht mehr überlebensfähig bleibt. Die Preisgestaltung für Waren und Dienstleistungen sollte regelmäßig überprüft werden. Gerade ein am Markt noch nicht gefestigtes junges Unternehmen sollte es vermeiden, sich mit der Konkurrenz auf einen Preiskampf einzulassen.

19   Adressen

Ohne einen Anspruch auf Vollständigkeit erheben zu wollen, sind hier einige Adressen für Existenzgründer zusammengestellt. Gründerportale bieten auf Internetseiten Informationen für Existenzgründer unterschiedlicher Bundesländer:

- Bremer Existenzgründungs Initiative (Bremen), www.beginn24.de
- Website für Existenzgründer in Mecklenburg-Vorpommern (Mecklenburg-Vorpommern), www.gruender-mv.de
- ego. – Existenzgründungsoffensive Sachsen-Anhalt (Sachsen-Anhalt), www.ego-on.de
- Existenzgründer Initiative Sachsen (Sachsen), www.existenzgründung-sachsen.de
- Go! Gründungsoffensive NRW (Nordrhein-Westfalen, www.go.nrw.de
- Gründeroffensive (Rheinland-Pfalz), www.mwvlw.rlp.de
- Gründungsnetz Brandenburg (Brandenburg), www.gruendungsnetz.brandenburg.de
- H.E.I. – Hamburger Initiative für Existenzgründung und Innovationen (Hamburg), www.hei-hamburg.de
- ifex – Initiative für Existenzgründungen und Unternehmensnachfolge (Baden-Württemberg), www.newcome.de
- Informationen und Förderprogramme (Schleswig-Holstein), www.ib-sh.de
- Informationsseiten für Existenzgründer/innen (Berlin), www.gruenden-in-berlin.de
- Informationsseiten für Existenzgründer/innen (Hessen), www.existenzgründung-hessen.de
- Investitions- und Förderbank Niedersachsen GmbH (Niedersachsen), www.nbank.de
- Saarland Offensive für Gründer (SOG), (Saarland), www.sog.saarland.de
- Startup in Bayern (Bayern), www.startup-in-bayern.de
- Thüringer Gründer Netzwerk (Thüringen), http://gruenderzentrum.ihk.de/www/netzwerk/

Beratungsförderung des Bundes (Leitstellen)

- Bundesbetriebsberatungsstelle für den Deutschen Groß- und Außenhandel (BBG GmbH), Am Weidendamm 1a, 10117 Berlin, Tel.: 030/5900 99-560, E-Mail: info@bga.de, Internet: www.bga.de
- Bundesverband Güterkraftverkehr, Logistik und Entsorgung (BGL) e.V., Breitenbachstraße 1, 60487 Frankfurt/Main, Tel.: 069/7919-0, E-Mail: bgl@bgl-ev.de, Internet: www.bgl-ev.de
- DIHK – Service GmbH, Breite Straße 29, 10178 Berlin, Tel.: 030/203 08-2353, E-Mail: info@ihk-gmbh.de, Internet: www.ihk-gmbh.de

- Förderungsgesellschaft des BDS-DGV mbH für die gewerbliche Wirtschaft und Freie Berufe, August-Bier-Straße 18, 53129 Bonn, Tel.: 0228/2100-33, E-Mail: info@foerder-bds.de, Internet: www.foerder-bds.de
- Interhoga Gesellschaft zur Förderung des Deutschen Hotel und Gaststättengewerbes mbH, Bornheimer Straße 135-137, 53119 Bonn, Tel.: 0228/8200-837, E-Mail: interhoga-bonn@t-online.de, Internet: www.interhoga.de
- Leitstelle für Gewerbeförderungsmittel des Bundes, Agrippinawerft 28, 50678 Köln, Tel.: 0221/362517, E-Mail: info@leitstelle.org, Internet: www.leitstelle.org
- Zentralverband des Deutschen Handwerks (ZDH), Leitstelle für freiberufliche Beratung und Schulungsveranstaltungen, Mohrenstraße 20-21, 10117 Berlin, 030/20619-0, E-Mail: info@zdh.de, bzw. www.handwerk.de

Business Angels:

Business Angels Netzwerk Deutschland e.V. (BAND)
Semperstr. 51
45138 Essen
Tel.:   0201 / 89415-60
Fax: 0201 / 89415-10
Internet: www.business-angels.de

20   Quellenverzeichnis

- Beck, Rainer: Die Haftung des Geschäftsführers nach § 64 Abs. 2 GmbHG, § 823 Abs. 2 BGB i.V.m. § 64 Abs. 1 GmbHG, ZInsO 2007, S. 1233ff.
- Betz, Roland: Öffentliche Fördermittel – Unternehmen und Existenzgründer, 2008.
- Bittmann, Folker: Die limitierte GmbH aus strafrechtlicher Sicht, GmbHR 2007, S. 70ff.
- Bleiber, Reinhard: Existenzgründung, 4. Aufl., Freiburg i.Br. 2006.
- Böcker, Philipp: Kapitalaufbringungsregeln des GmbH-Rechts, DZWiR 2008, S. 202ff.
- Boehme-Neßler, Volker / Schmidt-Rögnitz, Andreas (Hrsg.): Wirtschaftsrecht, 2. Aufl., München 2005.
- Braun, Beate / Hengst, Janine / Petersohn, Ingmar: Existenzgründung in der Weiterbildung, 2008.
- Brox, Hans / Rüthers, Bernd / Henssler, Martin: Arbeitsrecht, 17. Aufl. 2007.
- Brox Hans / Walker, Wolf-Dietrich: Besonderes Schuldrecht, 31. Aufl., München 2006.
- Bundesministerium für Wirtschaft und Technologie (Hrsg.): Starthilfe – Der Erfolgreiche Weg in die Selbständigkeit, 31. Aufl., Berlin 2008.
- Demmer, Christine: Existenzgründung, 2008.
- Dernedde, Ines: Nach den Reformen – GmbH oder englische Limited als Gesellschaftsform?, JR 2008, S. 47ff.
- Drygala, Tim: Zweifelsfragen im Regierungsentwurf zum MoMiG, NZG 2007, S. 561ff.
- Eckhoff, Frank: Existenzgründung – Chancen und Risiken der betriebswirtschaftlichen Beratung durch Kreditinstitute am Beispiel der Hamburger Sparkasse AG, 2008.
- Fliegner, Kai: Das MoMiG – Vom Regierungsentwurf zum Bundestagsbeschluss, DB 2008, S. 1668ff.
- Fromm, Rüdiger: Rückforderung von Krediten an GmbH-Leitungspersonen wegen Verstoßes gegen den Kapitalerhaltungsgrundsatz, GmbHR 2008, S. 537ff.
- Gehrlein, Markus: Der aktuelle Stand des neuen GmbH-Rechts, Der Konzern 2007, S. 771ff.
- Gehrlein, Markus: Die Behandlung von Gesellschafterdarlehen durch das MoMiG, BB 2008, S. 846ff.
- Geiger, Michael / Thron, Joachim: VOR-Schriften zur Existenzgründung, Berlin 2004.
- Gesell, Harald: Verdeckte Sacheinlage & Co. Im Lichte des MoMiG, BB 2007, S. 2241ff.
- Girlich, Gerhard / Maier, Markus / Steindl, Hermann: Steuerwissen für Existenzgründer, 4. Aufl., München 2007.
- Goette, Wulf: Chancen und Risiken der GmbH-Novelle, WPg 2008, S. 231ff.

- Greulich, Sven: Neues zur Finanzierung der GmbH & Co. KG – Kapitalaufbringung in der Komplementär-GmbH, sj 2008, Nr. 7, S. 44ff.
- Haberstock, Lothar / Breithecker, Volker: Einführung in die Betriebswirtschaftliche Steuerlehre, 14. Aufl., Berlin 2008.
- Hebig, Michael: Existenzgründungsberatung, 5. Aufl., Berlin 2004.
- Heckschen, Heribert (Hrsg.): Private Limited Company, 2. Aufl., Freiburg i.Br. 2007.
- Jung, Hans: Personalwirtschaft, 8. Aufl., München 2008.
- Klunzinger, Eugen: Grundzüge des Gesellschaftsrechts, 14. Aufl., München 2006.
- Klunzinger, Eugen: Grundzüge des Handelsrechts, 13. Aufl., München 2006.
- Klunzinger, Eugen: Einführung in das Bürgerliche Recht, 13. Aufl., München 2007.
- Kühner, Andreas: Konzepte für eine erfolgreiche Existenzgründung in der Gastronomie, 2008.
- Küting, Karlheinz:Saarbrücker Handbuch der betriebswirtschaftlichen Beratung, 2007.
- Kußmaul, Heinz: Betriebswirtschaftslehre für Existenzgründer, München 2008.
- Lüders, Jens / Schulte, Reinhard: Existenzgründung durch Unternehmensnachfolge – Eine Analyse der Finanzierungsmöglichkeiten im Lichte der modernen Finanzierungs-theorie, Marburg 2008.
- Lwowski, Hans-Jürgen / Merkel, Helmut: Kreditsicherheiten, Berlin 2003.
- Magin, Philipp / Kortzfleisch, Harald F.O.: Methoden und Instrumente des Scientific Entrepreneurship Engeneering, 2008.
- Markwardt, Karsten: Kapitalaufbringung nach dem MoMiG, BB 2008, S. 2414ff.
- Memento Rechtshandbücher: Gesellschaftsrecht für die Praxis 2008, 9. Aufl., Freiburg 2008.
- Meyer, Birgit: Businessplan – Theorie und Praxis, 2008.
- Müssig, Peter: Wirtschaftsprivatrecht, 9. Aufl., Heidelberg 2006.
- Nickel, Sylvia: Der Gründungszuschuss, 2008.
- Opoczynski, Michael: WISO Existenzgründung, 2006.
- Oppenhoff, Christine: Die GmbH-Reform durch das MoMiG – ein Überblick, BB 2008, S. 1630ff.
- Otto, Hansjörg: Arbeitsrecht, 4. Aufl., Berlin 2008.
- Palandt, Otto: Bürgerliches Gesetzbuch, Kommentar, 67. Aufl., München 2008.
- Pierson, Matthias / Ahrens, Thomas / Fischer, Karsten: Das Recht des geistigen Eigen-tums, München 2007.
- Reich, Dietmar O.: Einführung in das Bürgerliche Recht, 4. Aufl., Wiesbaden 2007.
- Reinicke, Dietrich / Tiedtke, Klaus: Kreditsicherung, 5. Aufl., Neuwied 2006.
- Römermann, Volker: Private Limited Company in Deutschland, Bonn, Berlin 2006.
- Schlembach, Claudia / Schlembach, Hans-Günther: Businessplan, 3. Aufl., 2008.
- Schmude, Jürgen / Leiner, Robert: Unternehmensgründungen – Interdisziplinäre Beiträge zum Entrepreneurship Research, 2007.
- Schoeffling, Helmut: So erstellen Sie einen Businessplan – Handbuch für Existenzgrün-der, 1. Aufl., 2005.
- Schrank, Isabel: Auswirkungen wirtschaftspolitischer Fördermaßnahmen auf Unterneh-mensgründungen – Eine empirische Analyse, 2008.

- Schumacher, Peter / Leister, Martin: Buchführungsfehler und Betriebsprüfung, 4. Auflage, Berlin 2007.
- Senne, Petra: Arbeitsrecht, 4. Aufl., Köln 2007.
- Wellmann, Andreas: Betriebswirtschaftliche Beratungspraxis für Steuerberater, 2007.
- Wien, Andreas: Internetrecht – Eine praxisorientierte Einführung, Wiesbaden 2008.
- Wilhelm, Jan: Kapitalgesellschaftsrecht, 2. Aufl., Berlin 2005.

21   Stichwortverzeichnis

www.ingramcontent.com/pod-product-compliance
Lightning Source LLC
Chambersburg PA
CBHW081103220326
41598CB00038B/7214